全国高等职业教育技能型紧缺人才培养培训推荐教材

安防与电视电话系统施工

（楼宇智能化工程技术专业）

本教材编审委员会组织编写

黄　河　主编

孙景芝　主审

中国建筑工业出版社

图书在版编目（CIP）数据

安防与电视电话系统施工/黄河主编. —北京：中国
建筑工业出版社，2005（2021.9重印）
全国高等职业教育技能型紧缺人才培养培训推荐教材.
楼宇智能化工程技术专业
ISBN 978-7-112-07160-9

Ⅰ．安… Ⅱ．黄… Ⅲ．①房屋建筑设备：安全设
备-施工技术-高等学校：技术学校-教材②电视监视器-施
工技术-高等学校：技术学校-教材③电话通讯系统-施工
技术-高等学校：技术学校-教材 Ⅳ．①TU89②TN948.43

中国版本图书馆 CIP 数据核字（2005）第 080876 号

全国高等职业教育技能型紧缺人才培养培训推荐教材
安防与电视电话系统施工
（楼宇智能化工程技术专业）
本教材编审委员会组织编写
黄 河 主编
孙景芝 主审

*

中国建筑工业出版社出版、发行（北京西郊百万庄）
各地新华书店、建筑书店经销
北京京华铭诚工贸有限公司印刷

*

开本：787×1092毫米 1/16 印张：17¾ 字数：427千字
2005 年 8 月第一版 2021 年 9 月第八次印刷
定价：**25.00**元
ISBN 978-7-112-07160-9
（13114）

本书根据高等职业教育建设行业技能型紧缺人才培养培训指导方案编写，从项目教学概念出发，分项目安排教学内容，作为楼宇智能化工程技术专业推荐教材。

全书共分7个单元，单元1介绍了电话通信系统的基本概念和组成；单元2介绍了入侵防范系统的构成以及各种探测器的应用；单元3介绍了闭路电视监控系统的组成和应用；单元4介绍了有线电视系统；单元5介绍了门禁系统、巡更系统和车库管理系统；单元6和单元7介绍了传输系统施工方面的相关知识。

*   *   *

本书在使用过程中有何意见和建议，请与我社教材中心（jiao cai @china-abp.com.cn）联系。

责任编辑：齐庆梅　牛　松
责任设计：郑秋菊
责任校对：刘　梅　李志瑛

本教材编审委员会名单

主　任：张其光

副主任：陈　付　刘春泽　沈元勤

委　员：（按拼音排序）

陈宏振　丁维华　贺俊杰　黄　河　蒋志良　李国斌

李　越　刘复欣　刘　玲　裴　涛　邱海霞　苏德全

孙景芝　王根虎　王　丽　吴伯英　邢玉林　杨　超

余　宁　张毅敏　郑发泰

序

改革开发以来，我国建筑业蓬勃发展，已成为国民经济的支柱产业。随着城市化进程的加快、建筑领域的科技进步、市场竞争的日趋激烈，急需大批建筑技术人才。人才紧缺已成为制约建筑业全面协调可持续发展的严重障碍。

面对我国建筑业发展的新形势，为深入贯彻落实《中共中央、国务院关于进一步加强人才工作的决定》精神，2004 年 10 月，教育部、建设部联合印发了《关于实施职业院校建设行业技能型紧缺人才培养培训工程的通知》，确定在建筑施工、建筑装饰、建筑设备和建筑智能化等四个专业领域实施技能型紧缺人才培养培训工程，全国有 71 所高等职业技术学院、94 所中等职业学校、702 个主要合作企业被列为示范性培养培训基地，通过构建校企合作培养培训人才的机制，优化教学与实训过程，探索新的办学模式。这项培养培训工程的实施，充分体现了教育部、建设部大力推进职业教育改革和发展的办学理念，有利于职业院校从建设行业人才市场的实际需要出发，以素质为基础，以能力为本位，以就业为导向，加快培养建设行业一线迫切需要的高技能人才。

为配合技能型紧缺人才培养培训工程的实施，满足教学急需，中国建筑工业出版社在跟踪"高等职业教育建设行业技能型紧缺人才培养培训指导方案"编审过程中，广泛征求有关专家对配套教材建设的意见，组织了一大批具有丰富实践经验和教学经验的专家和骨干教师，编写了高等职业教育技能型紧缺人才培养培训"建筑工程技术"、"建筑装饰工程技术"、"建筑设备工程技术"、"楼宇智能化工程技术" 4 个专业的系列教材。我们希望这4 个专业的系列教材对有关院校实施技能型紧缺人才的培养培训具有一定的指导作用。同时，也希望各院校在实施技能型紧缺人才培养培训工作中，有何意见和建议及时反馈给我们。

建设部人事教育司

2005 年 5 月 30 日

前　　言

　　智能建筑电话通信技术、安全防范技术和有线电视技术都是建筑智能化技术中的重要分支。电话通信技术不但解决建筑内外的语音通信需要，同时还可以解决传真、互联网、电话会议等多种信息的交流。有线电视技术不但是人们获得大量图文信息的渠道，而且近年来，有线电视技术向着交互式、数字化信息通信方式发展。建筑安全防范技术所包含的技术门类很多，也是近年来在建筑弱电领域发展最快的技术之一，它包括入侵防范技术、闭路电视监控技术、门禁技术、出入口管理、巡更等与安全相关的技术。

　　本书作为楼宇智能化工程技术专业系列教材之一，介绍了电话通信技术、安全防范技术和有线电视技术的内容，并且从实际工程出发，介绍了建筑弱电工程的相关施工技术。

　　由于建筑电话通信技术、建筑安全防范技术和有线电视技术涉及到现代信息通信技术、计算机网络技术、自动化控制技术、图像显示及处理技术等多个技术领域，所以在教学内容的安排上以建筑电话通信技术、建筑安全防范技术和有线电视技术应用为主。

　　本书从项目教学概念出发，分项目安排教学内容，建议性地列举了教学目标，供使用者在教学和学习中参考。

　　本书共分 7 个单元，单元 1 介绍了电话通信系统的基本概念和组成；单元 2 介绍了入侵防范系统的构成以及各种探测器的应用；单元 3 介绍了闭路电视监控系统的组成和应用；单元 4 介绍了有线电视系统；单元 5 介绍了门禁系统、巡更系统和车库管理系统；单元 6 和单元 7 介绍了传输系统施工方面的相关知识。

　　为了使读者在学习中对相关技术产品有一个较直接的认识，本书编入了大量的图片。

　　本书的编写工作由广东建设职业技术学院黄河和邵虹完成，黑龙江建筑职业技术学院孙景芝教授担任主审。

　　本书在编写过程中，得到了许多同行的大力支持，采纳和引用了参考书目所列同行的资料和成果，在此谨向这些著作的作者致以深切的谢意。

　　由于编写者水平有限和时间仓促，书中难免有错漏之处，敬请广大读者和同行批评指正。

目　　录

单元 1　电话通信系统

知识点：通信系统的组成，通信原理，通信信号，通信信号的传输。交换系统的组成，交换机，数字程控交换机。通信系统的基本构成，拓扑结构。线路交接、通信设备、通信线缆引入，电话站。室内配线，竖井内配线。数据业务，ADSL，ISDN，智能电器控制。

教学目标：了解通信系统的基本构成和原理。了解交换机组成、配置及功能，掌握交换机在通信系统中的作用。掌握组成电话通信系统的基本方式和连接方法。掌握建筑内电话通信系统的构成。掌握建筑内通信电缆的敷设要求和敷设方法。了解电信增值业务的种类和应用。

从远古开始，人类就不断地创造人与人之间语音交流的手段和条件。根据中学物理知识可知，人所发出的语音信号（声波）属于机械波，该信号通过空气等载体传播，振动人耳鼓膜使人接收。由于声波在空气中衰减很快，传输距离很短，且无法实现个体与个体之间的点对点单独通信。1876 年美国人贝尔发明了电话，他利用声电转换技术使得声音信号转换为电信号，使得人类可以借助电导线实现远距离的通信。电话已经成为人们生活中必不可少的获取信息方式。在建筑领域，电话通信系统是建筑电气弱电部分重要的系统之一。本单元所述的电话通信系统，主要是指建筑物或建筑群内的电话通信系统。

课题 1　实现两个人之间的语音通信

1.1　通信系统的基本构成

电话通信系统最基本的功能是可以使两个相隔千里的人实现实时交流。交流的内容可以是语音，也可以是图像，见图 1-1。由图可知组成两个人的语音通信系统最基本的元件有送话器、受话器和传输电缆。送话器类似于我们常用的麦克风，它是将语音信号变换为电信号的器件。受话器类似于我们常用的扬声器，它是将电信号还原成声音信号的器件。它们统称为电声变换器件。送话器输出的电信号能量很小，无法实现远距离的传输。实际的电话传输系统中还需要电源、放大器（中继器）等，有了这些器件就可以实现相隔千里的语音通信了。

以上我们介绍的是通信系统最基本的模型。现代通信系统不仅仅需要传输语音信息，还需要传输各类数字信息。所以，在图 1-1 所示的基本模型基础上进行扩展形成新的通信模型见图 1-2。也就是说通信系统的基本构成为"发信—传输—收信"。这里所说的发信和收信指的是发送信息和接收信息，信息可以是语音信息也可以是图像等其他信息，可以是模拟信息，也可以是数字信息。实现不同类型信息的通信，需要用不同类型的器件构成。

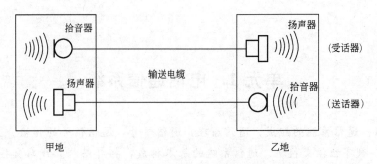

图 1-1 最简单的通信系统

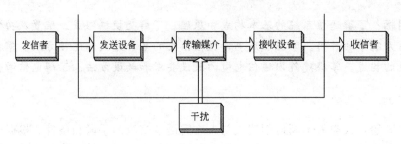

图 1-2 通信模型

1.2 通信信号的形式

通信过程中,通信线路上可以传输模拟的语音信号,也可以传输由数字组成的数字信号。这些信号可以以信号的原始状态在线路中传输,也可以经过某种改变依附于其他信号之中进行传输。

1.2.1 模拟数据、数字数据与模拟信号、数字信号

随着信息技术的发展,数据这个词汇的含义已非常广泛。数据分为模拟数据与数字数据,凡在时间和幅度上是连续取值的为模拟数据,如温度的高低,声音的强弱,一幅图像内容的演进等都是连续变化的模拟数据;凡在时间和幅度上是离散取值的为数字数据,如经过路口的汽车数的多少,足球、篮球赛的进球数目都是数字数据,计算机内部所传达的二进制数字序列也是离散的数字数据,参见图1-3。

数据信息一般均用信号进行传输,例如电信号、光信号等。信号是数据的具体表示形

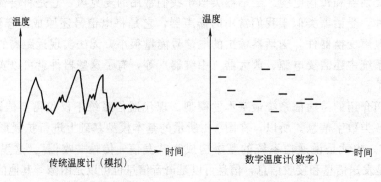

图 1-3 模拟信息的连续分布与数字信息的离散分布

式，它和数据有一定的关系。信号又分为模拟信号和数字信号，凡表示数据的信号在时间上和幅度上是连续变化的则为模拟信号，如电话通信系统中的话音信号、电视系统中的图像信号等为模拟信号；凡表示数据的信号在时间上和幅度上是离散变化的则为数字信号，如军舰上信号兵打的"灯语"信号、计算机内部所传送的代表"0"和"1"的电脉冲信号等为数字信号。

1.2.2 模拟通信、数字通信、数据通信

模拟数据可以用模拟信号传输，也可以用数字信号传输；同样，数字数据可以用数字信号传输，也可以用模拟信号传输，这样就有4种传输方式，如图1-4所示。

模拟信号传输模拟数据，例如声音在普通电话系统中的传输。人的语音为连续变化的模拟数据，电话线中所传输的是模拟信号。

模拟信号传输数字数据，最典型例子就是目前通过电话系统实现两台计算机之

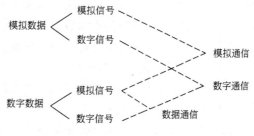

图1-4 数据的4种传输方式

间的通信。例如Internet网中计算机之间的通信，计算机只能发送和接收数字数据，但我们可用某种设备（Modem）将数据变成模拟信号在电话系统中传输。

数字信号传输数字数据，最简单的例子就是将计算机通过接口直接相连。例如计算机局域网中一般均采用这种形式，这时，计算机发送和接收的是数字数据，传输线中传输的是脉冲数字信号。

数字信号传输模拟数据，例如数字电话系统以及目前广泛使用的数字移动电话系统，还有正努力推广应用的高清晰度数字电视系统等，这些系统将声音、图像等模拟数据变成数字信号进行传输。

以上前两种传输方式中，无论是模拟数据还是数字数据，均是用模拟信号来传输，这种传输方式就称为模拟通信，相应的传输系统就称为模拟通信系统。后两种传输方式中，无论是模拟数据还是数字数据均是用数字信号来传输，这种传输方式称为数字通信，相应的传输系统就称为数字通信系统。因为数字信号比模拟信号设备成本低廉，而且容易集成化和微型化，所以数字通信显示出强大的生命力，大有取代模拟通信之势。目前电话、电视、广播音响、雷达等纷纷向数字化方向发展。

以上第二、三种方式中，无论是用模拟信号还是数字信号，传输的均为数字数据，这种传输方式习惯上称为数字通信，相应的传输系统就称为数据通信系统。例如计算机网络中的计算机是数字设备，它们发送和接收的均是数字数据，但在传输线路上传输时，既可用数字信号也可用模拟信号。我们常接触的计算机局域网，传输路线上传输的一般是数字信号，而人们熟悉的Internet网，常常是利用普通电话网的传输线，线路上传输的就是模拟信号，所以，在电话通信息系统中，信号的形式一般为模拟信号，但传输的内容则可以是模拟信息，也可以是数字信息。

1.2.3 信道

通信的目的就是传递信息。通信系统中产生和发出信息的一端称为信源，接受信息的一端称为信宿，信源和信宿之间的通信道路称为信道。携带信息的信号通过信道从信源端

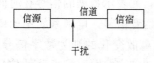

图 1-5　通信系统的模型

传输到信宿端，通信系统的模型如图 1-5 所示。信道是指信号的传输媒介，其中包括传输介质和相关的通信设备（如信号放大设备，信号处理设备等）。不同性质的信道对通信信号的传输质量和传输速率有不同的影响。另外，信号在传输过程中不可避免地受到外界各种各样干扰的侵袭，不同信道的抗干扰能力也有很大差别。

通信信道有各种不同的分类方法，按传输介质的视觉来分，有有线信道和无线信道；按传输介质的物理性质来分，有线信道又可分为电缆信道和光缆信道等；按所传输信号的类型来分，又可分为模拟信道和数字信道等。大多数传输介质既能传输模拟信号也能传输数字信号，但信道中的通信设备一般则只能传输一种信号。

1.2.4　信道通频带与信道带宽

信道的通频带是指信道的下限频率与上限频率所包含的频率范围，可简称为通带。例如，一条通信道路的下限频率是 45MHz 上限频率是 750MHz，则这条通信线路的通频带就为 45～750MHz。信道的上限频率与下限频率之差就是信道的通频带宽度，可简称为通带宽或带宽。上例中这条信道的带宽为 750MHz－45MHz＝705MHz。信道通频带与信道带宽是衡量通信系统的两个重要指标，信道的容量、信道的最大传输速率和抗干扰性等均与其带宽密切相关。信道的带宽是由信道的物理性质决定的，不同的传输介质，其带宽大不一样，为增大信道的容量和提高其抗干扰性，应选用带宽宽、抗干扰性强的传输介质，如同轴电缆、高类别双绞线、光缆等。

1.2.5　信号的基带传输

所谓基带是指基本频带，即原始电信号所占有的频率范围，这个原始电信号就称为基带信号（有时称基频信号）。例如，普通电话机输出的就是话音基带信号，它所占有的基本频带为 300Hz～3.4kHz；电视摄像机输出的是视频基带信号，它所占有的基本频带为 25Hz～6MHz；计算机输出的是二进制数据基带信号，是代表"0"和"1"的跳变的数字信号，所以它所占有的基本频带非常宽。在信道中直接传输基带信号时，称为基带传输，基带传输包括模拟基带信号传输和数字基带信号传输。闭路电视系统中一般传输的就是视频基带信号，电话系统中普通话机到市话终端局交换机之间传输的就是话音基带信号，这两种情况都是属于模拟基带信号传输。而计算机局域网中一般都是将计算机通过接口与网络电缆线相连，所以网线中传输的是二进制基带信号，因此这种情况是属于数字基带信号传输。

1.2.6　信号的频带传输

频带传输就是把基带模拟信号或数字信号经调制变换后，使调制后的信号成为能在公共电话线上传输的模拟信号（音频信号），将模拟信号在模拟传输媒体中传送到接收端后，再将信号还原成原来的信号的传输。在电话系统中，电话局与电话局之间的传输或用户利用电话线路拨号上网（INTERNET）都是频带传输。频带传输实际上是一种模拟传输。

1.3　通　信　方　式

1.3.1　单工通信

在通信上，信号只能朝一个方向传送，发送端不能接收，接收端不能发送。例如，无

4

线电广播、建筑物内的公共广播、绝大多数的 CATV 系统、无线传呼等均为单工通信。

1.3.2 半双工通信

在信道上，信号可以向两个方向的任一方向传送，但同一时刻只能朝一个方向传送，信道两端均可以发送或接收信号，但只能交替进行。例如对讲机就是按半双工通信方式工作的，因为在这种通信方式中要频繁调换信号的传输方向，所以效率较低，一般在要求不高的场合采用。

1.3.3 全双工通信

在信道上，信号可以同时双向传送。例如，我们日常用的电话和无线移动电话等均为全双工通信，计算机网络中计算机之间的通信一般也为全双工通信方式。全双工通信效率高、控制简单，它相当于二路相向单工通信，它是一种最理想的通信方式，所以目前一般均推广采用全双工通信。

课题 2　多方语音通信

2.1　电话交换机

自电话发明一百多年以来，电话通信得到巨大的发展和广泛的应用，现在用一部电话就可以打往世界各地。但是，在电话发展之初却没有这么方便。最初的电话通信只能在固定的两部电话机之间进行，如图 1-6（a）所示。这种固定的两部电话机之间的通话显然不能满足人们对社会交往的需要，人们希望有选择地与对方通话，例如用户 A 希望有选择地与用户 B 或用户 C 通话。为了满足 A 的要求，就需要为 A 安装两部电话机，一部机与 B 相连，另一部机与 C 相连。同时，要架设 A 到 B 以及 A 到 C 的电话线，如图 1-6（b）所示。可以想像，按照这样的方法，随着通话方数量的增加，需要安装的电话机和需要架设的电话线数量将会迅速增加，显然是不可取的。因此，要想办法解决这个问题，也就是既需要实现一方有选择地与其他各方通话，又要使配置的设备最经济、利用率高。

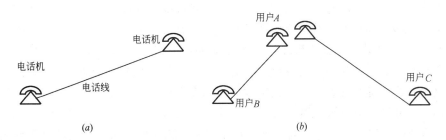

图 1-6　电话机间的固定连接

（a）两个用户时的连接情况；（b）三个用户时的连接情况

为了解决上面的问题，人们想到建立一个电话交换站，所有交换机都与这个交换站相连，如图 1-7 所示。站里有个人工转接台，转接台的作用是把任意两部电话机接通。当某一方需要呼叫另一方时，先通知转接台的话务员，告诉话务员需要与谁通话，话务员根据他的请求把他与对方的电话线接通。这就解决了一方有选择地与其他各方面通话的问题，

5

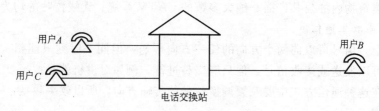

图 1-7　电话机与电话交换站的连接

而且连线也少。

　　这种电话交换站的功能就是早期的电话交换，属于人工交换，依靠的是话务员的大脑和手。1878 年，美国人设计并制造了第一台磁石人工电话交换机。用户打电话时，需要摇动磁石电话机上的发电机。发送一个信号给交换机，话务员提起手柄，询问用户要和谁通话，然后按用户要求将接线塞子插入被叫用户插孔，并摇动发电机，使被叫电话机铃响，被叫用户拿起话机手柄即可进行通话。通话完毕，双方挂机，相应指示灯灭，这时话务员将连接双方的接线塞子拔下，整个通话过程结束。

　　磁石交换机自身需要安装干电池来为碳粒送话器供电，加上手摇发电振铃的方法极不方便。为了解决这些问题，1882 年出现了共电人工交换机和与之配套的共电电话机。与磁石电话机相比，共电电话机去掉了手摇发电机，也不用安装干电池，用户电话机的通话电源和振铃信号都由交换机集中供给，用户呼叫和话终信号通过叉簧的接通与断开来自动控制。

　　人工交换的缺点是显而易见的，速度慢，容易发生差错，难以做到大容量。如果能用机器来代替话务员的工作，那就大大提高电话交换的工作效率，并且能大大增加交换机的容量，适应人们对电话普及的要求。这就引出了自动电话交换机。

　　1892 年，美国人史瑞乔发明了第一台自动电话交换机，起名史瑞乔交换机，又叫步进制交换机，采用步进制接线器完成交换过程。步进制交换机是第一代自动交换机，以后步进制交换机又经过不断改进，成为 20 世纪上半叶自动交换机的主要机种，因而为电话通信立下汗马功劳。后来瑞典人发明了一种交换机，叫做纵横制交换机，采用纵横制接线器。与步进制交换机相比有以下改进：入线数量和出线数量可以更多，级与级之间的组合更加灵活；机械磨损更小，维护量相对更小；它的持续过程不是由拨号脉冲直接控制的，而是由叫做"记发器"的公共部件接收拨号脉冲，由叫做"标志器"的公共部件控制接续。简单地说，纵横制交换机的接续过程是这样的，用户的拨号脉冲由"记发器"接收，记发器通知标志器建立接续。交换机接续方式如图 1-8 所示。

　　由图 1-8 可见，当 No. 1 用户与 No. 3 用户需要通话时，若 3 号线空闲，将 K_{1-3} 和 K_{3-3} 接点闭合就可以通话。同样当其他号线空闲时，相应接点闭合，也可以实现通话。在两个用户通话时，各自占据一条实线通路，在通话期间一直保持闭合，由此可见，平时各个通话路由是在空间上用导线及器件互相分隔的。

　　步进制交换机和纵横制交换机都属于机械式的，入线和出线的连接都是通过机械触点，触点的磨损是不可避免的，时间一长难免接触不良，这是机械式交换机固有的缺点。随着电子技术的发展，人们开始改进交换机。从硬件结构上来说，交换机可分成两大部分：话音通路部分和接续控制部分，对交换机的改造也要从这两方面入手。

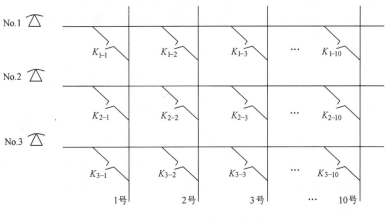

图 1-8　交换机接续方式图

2.2　数字程控交换机

计算机技术的产生和发展为人类技术进步、征服自然创造了有力的武器。随着计算机技术的发展，人们逐步建立"存储程序控制"的概念。交换机中接续控制部分的工作由计算机完成，这样的交换机叫做"程控交换机"。1965 年世界上第一台程控交换机开通运行，它是美国贝尔公司生产的 ESS No.1 程控交换机。这种程控交换机的话路部分还是机械触点式的，传输的还是模拟信号，固有的缺点仍没有克服，它实际上是"模拟程控交换机"，后来出现一种新技术，使话路部分的改造出现了曙光，这就是脉冲编码调制技术，简称 PCM。1970 年世界上开通了第一台"数字程控交换机"，它就是在程控交换机中引入 PCM 技术的产物，由法国制造。从此以后，数字程控交换机的话路部分完全由电子器件构成，克服了机械式触点的缺点。从此以后，数字程控交换机得到迅猛的发展。目前世界上公用电话网几乎全部是数字程控交换机。数字程控交换机有许多优点，它可以为用户提供一些新型业务，如缩位拨号、三方通话、呼叫转移等。本节提到的程控交换机实际均是指数字程控交换机。

数字程控交换机是指用计算机来控制交换系统，它由硬件和软件两大部分组成。这里

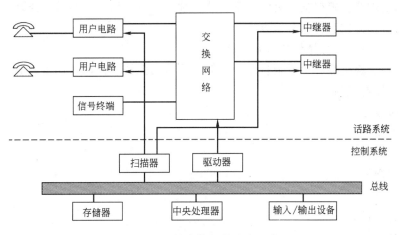

图 1-9　程控交换机的基本组成

7

所说的基本组成只是它的硬件结构。图1-9是程控交换系统的基本组成框图，它的硬件部分可以分为话路系统和控制系统两个子系统。整个系统的控制软件都存放在控制系统的存储器中。

2.2.1 话路系统

它由交换网络、用户电路、中继器和信号终端等几部分组成。交换网络的作用是为话音信号提供接续通路并完成交换过程。用户电路是交换机与用户之间的接口电路，它的作用有两个：一是把模拟话音信号转变为数字信号传送给交换网络，二是把用户线上的其他大电流或高电压信号（如铃流等）和交换网络隔离开来，以免损坏交换网络。中继器是交换网络和中继线之间的接口，中继器除了具有与用户电路类似的功能外，还具有码型变换、时钟提取、同步设置等功能。信号终端负责发送和接收各种信号，如向用户发送拨号音、接收被叫号码等。

2.2.2 控制系统

控制系统的功能包括两个方面：一方面是对呼叫进行处理；另一方面对整个交换机的运行进行管理、监测和维护。控制系统的硬件由扫描器、驱动器、中央处理器、存储器、输入输出系统等几部分组成。扫描器是用来收集用户线和中继线信息的（如忙闲状态），用户电路与中继器状态的变化通过扫描器送到中央处理器中。驱动器是在中央处理器的控制下，使交换网络中的通路建立或释放。中央处理器也叫CPU，它可以是普通计算机中使用的CPU芯片，也可以是交换机专用的CPU芯片。存储器负责存储交换机的工作程序和实时数据。输入/输出设备包括键盘、打印机、显示器等；从键盘可以输入各种指令，进行运行维护和管理等；打印机可以根据指令或定时打印系统数据。

控制系统是整个交换机的核心，负责存储各种控制程序，发布各种控制命令，指挥呼叫处理的全部过程，同时完成各种管理功能。由于控制系统担负如此重要的任务，为保证其完全可靠地工作，提出了集中控制和分散控制两种方式。

所谓集中控制是指整个交换机的所有控制功能，包括呼叫处理、障碍处理、自动诊断和维护管理等各种功能，都集中由一部处理器来完成，这样的处理器称为中央处理器，即CPU。基于安全可靠起见，一般需要两片以上CPU共同工作，采用主备用方式。

分散控制是指多台处理器按照一定的分工。相互协同工作，完成全部交换的控制功能，如有的处理器负责扫描，有的负责话路接续。多台处理器之间的工作方式有功能分担方式、负荷分担方式和容量分担方式三种。

2.2.3 数字程控交换机的服务功能

数字程控交换机能够提供很多服务功能。这些功能使用方便，也很灵活。

1) 自动振铃回叫；
2) 缩位拨号；
3) 热线服务；
4) 呼叫转移；
5) 呼出限制；
6) 呼叫等待；
7) 三方通话；
8) 免打扰；

9）闹钟叫醒。

课题 3　电话通信系统

3.1　电话网的组成

随着社会经济的发展，人们不仅需要进行本地电话交换，而且需要与世界各地进行通话联系。这样就要考虑如何把各地的电话连接起来，也就是是如何组建电话网。

如果现在想打一个国际长途电话，那么只要按照被叫号码拨够足够的位数，就能与国外的某个用户通话。这样的通话由于距离很远，只经过一个交换机是不可能接通的。一定要经过多个交换机才能完成。

图 1-10 是一次国际通话的连接示意图，用户连接在本地的某一台交换机上，这个交换机叫做"端局"。

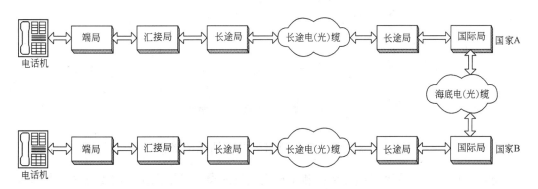

图 1-10　国际通话举例

端局将用户的国际呼叫连接到"汇接局"，汇接局的作用是将不同端局来的呼叫集中后送到"长途局"。长途局与长途线路相连，它的任务是将呼叫送到长途线上。经过几个长途局中转后，这个呼叫就被送到"国际局"，国际局是对外的出入口，国际局通过国际电路与对方国家的国际局连通，呼叫就被接到对方的国际局，再经过对方国家的长途局、汇端局、端局到达被叫用户。

交换局和交换局之间连接电路称为"中继线"。由各类交换局和中继线构成电话交换网。最大的交换网是公用电话交换网，它是由电信局部门经营、向全社会开放的通信网。此外，还有一些专用电话交换网，这些电话网是由一些特殊部门管理的（如公安、铁路、电力等部门），只为本部门服务，不对外经营。由于公用电话网很大，网络组成比较复杂，所以人们又把公共电话网划分为三个部分：本地电话号网（或市话网）；国内长途电话网；国际长途电话网。

下面，我们来看一看本地电话网的组成，图 1-11 是本地电话网组成的一个例子。本地网是指覆盖一个城市或一个地区的电话网，网内各用户之间的通话不必经过长途局。本地网内仅有端局和汇接局，端局是直接连接用户的交换局，汇接局不直接连接用户，它只连接交换局（如端局、长途局）。在本地网中，由于端局数量比较多，如果在每个端局与

9

其他端局之间都建立直达中继线，也叫"直达路由"，那么中继线的数量就会很多，敷设中继线的投资就会很大，如果某两个端局之间用户通话的次数不多，这两个端局间中继线的利用率就不会高。因此，本地网中各端局之间不一定都有直达中继线，仅在两个端局之间的通话量比较大或两个端局之间的距离比较短时可能会有。当端局之间没有直达中继线时，端局和端局之间的连接是靠汇接局来建立的，这叫"迂回路由"。如图 1-11 所示，两个端局之间可能直接连接，也可能通过一个汇接局或多个汇接局建立连接；每个汇接局之间都有直达中继线。

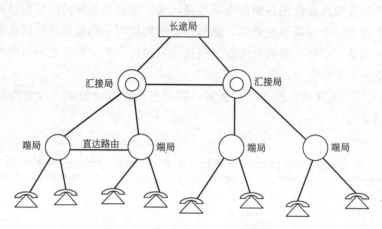

图 1-11　本地电话网组成示意图

3.2　用户交换机与公共电话网的连接

交换机按用途可分为局用交换机和用户交换机两类。局用交换机用于电话局所辖区域内用户电话的交换与局间电话的交换，一般端局和汇接局内采用的都是局用交换机。它有两种接口：一种是用户接口，通过用户线与用户电话机连接，所传送的信号一般为基带信号；另一种是中继接口，通过局间的中继线路与其他交换机相连接，所传送的信号一般是多路复用信号，属于频带信号。用户交换机也称为小交换机（PBX），用于单位内的电话交换以及内部电话与公共电话网的连接，它实际上是公共电话网的一种终端，可用用户线与局用交换机连接，也可以用中继线与局用交换机连接。小交换机与局用交换机之间的连接方式有多种，最常见的是半自动中继方式和全自动中继方式。

3.2.1　半自动中继方式

在半自动中继方式下，小交换机的用户呼出时，信号不经过话务台，而是直接通过用户线到市话端局。用户听到两次拨号音，第一次是用户交换机送出的拨号音，第二次是市话端局送出的拨号音，听到第二次拨号音后即可开始拨号。公用网用户呼入时，信号从市话端局经过用户线传到小交换机的话务台，话务员接听后再转接到分机用户。图 1-12 是半自动中继方式的示意图，这种中继方

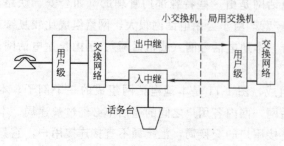

图 1-12　半自动中继方式

10

式，适合容量较小的小交换机的入网。

3.2.2 全自动中继方式

在全自动中继方式下，小交换机不设话务台。公用网用户呼入时，通过两局之间的中继线直接与分机用户接通；呼出时，分机用户可直接拨号，只听一次拨号音。中继方式如图 1-13 所示，中继电路从小交换机的中继接口连到市话端局的中继接口。这种入网方式适合于较大容量的小交换机。

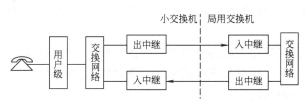

图 1-13　全自动中继方式

3.2.3 出中继与入中继

在如图 1-12 与图 1-13 所示的中继方式连接图中，可以看到小交换机与市话端局的中继电路分为入中继和出中继两种，实际上是规定了中继电路的呼叫方向；具体地说就是，入中继电路上的通话都是由公用网用户向小交换机的分机用户发起呼叫的通话。换句话说，也就是此时公用网用户为通话的主叫方；出中继电路上的通话是小交换机的分机用户向公用网用户呼叫的通话，小交换机的分机用户为主叫方；还有双向中继电路，其通话的呼叫方向是双向的。规定中继电路的呼叫方向，是为了简化设备对中继电路的管理。

3.2.4 中继电路的数量

小交换机和公用网之间的话路数就是中继电路的数量。一个小交换机根据其分机用户的数量能够确定中继电路的数量。如何确定这个数量呢？首先要承认这样一个事实，就是所有分机用户不可能在同一个时间内都与公用网上的用户通话，同一时间内只能保证部分分机用户与公用网通话。基于这个事实，两局之间的话路数量必然小于分机用户的数量。在这个前提下，话路数量配置太多，将会造成不必要的浪费；话路数量太少，有可能造成分机用户经常打不出去或外部用户打不进来。出现打不出或打不进来的情况，称做"呼损"，也就是呼叫失败。工程设计中常用"呼损率"来衡量"呼损"情况，它是一个百分比，是呼叫失败次数与总呼叫次数之比。在确定两局之间的话路数量时，既要考虑减少呼损率，又要考虑提高电路利用率。一般分机用户呼出的呼损率不应大于 1%，公用网呼入的呼损率不应大于 0.5%。

课题 4　智能楼宇电话通信系统

现代智能楼宇中，电话通信系统是必不可少的基本建筑弱电工程。一般由用户交换机、传输系统、用户终端设备组成。根据建筑规模的大小，建筑内的电话通信系统可以设置用户交换机，也可以不设用户交换机。传输系统主要包括传输电缆、配线架、交接箱、终端模块等。用户终端设备主要是电话机、传真机、计算机等。

4.1 电 话 站

电话站，也称为站房、电话机房，包括话务台和交换机室，是进行话务处理和安装电话交换设备的房间。

电话站中的话务台室宜与电话交换机室相邻，话务台的安装宜能使话务员通过观察窗正视或侧视到机柜上的信号灯。总配线架或配线箱应靠近自动电话交换机；电缆转接箱或用户端子板应靠近人工电话交换机，并均应考虑电缆引入、引出的方便和用户所在方位。

电话站中交换机的容量在200门及以下（程控交换机500门及以下），总配线架（箱）采用小型插入式端子箱时，可置于交换机室或话务台室；当容量较大时，交换机话务台与总配线架应分别置于不同房间内。

4.1.1 成套设备

容量在360回线以下的总配线架落地安装时，一侧可靠墙；大于360回线时，与墙的距离一般不小于0.8m。横列端子板离墙一般不小于1m，直列保安器排离墙一般不小于1.2m。挂墙装设的小型端子配线箱底边距地一般为0.6m。

成套供应的自动电话交换机的安装金属件，列间距离应按生产厂家的规定，一般情况下，机柜间净距为0.8m，如机架面对面排列时，净距为1.0～1.2m。机柜与墙间作为主要走道时，净距为1.2～1.5m；机柜背面或侧面与墙或其他设备的净距不宜小于0.8m；当机柜背面不需要维护时，可靠墙安装。

电话站内机柜、总配线架、整流器和蓄电池等通信设备的安装，应采取加固措施。当有抗震要求时，其加固要求应按当地规定的抗震烈度再提高一度来考虑。配线架与机柜间的电缆敷设方法宜采用地面线槽或走线架。交直流线路可穿管埋地敷设。电话站内机架正面宜与机房窗户垂直布置。

4.1.2 机房布置

交换机房面积要求如图1-14所示。高度要求如图1-15所示，500～1000门程控电话站平面布置示例如图1-16所示。电话站典型布置方案如图1-17所示。

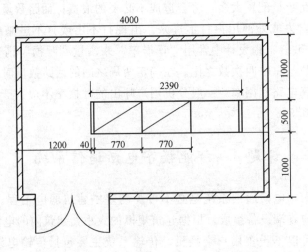

图1-14 交换机房面积要求示意图

4.1.3 机房电源

电话站的电力室应靠近机房负荷中心,电池室应与电力室相邻。采用交流直供方式供电的电话站,电源设备用蓄电池组,且整流器应有稳压及滤波性能。当电话站受建筑条件限制时,蓄电池可选用密封防爆型蓄电池组。

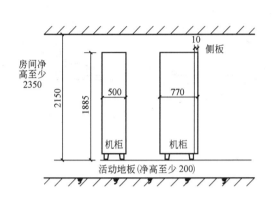

图 1-15 交换机房高度要求示意图

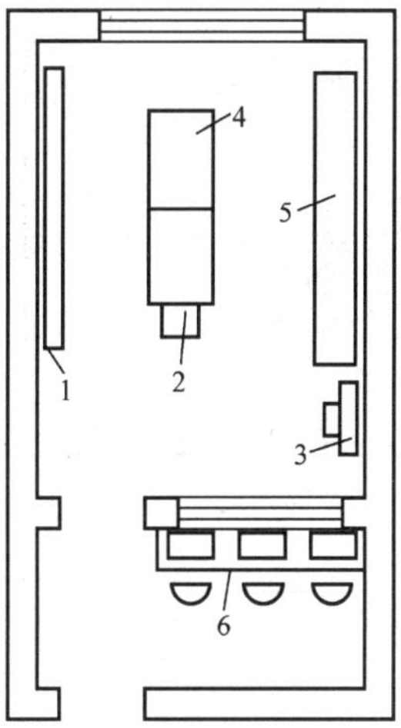

图 1-16 500~1000 门程控电话站平面布置示意图

1—配线箱;2—机柜;3—打印机;4—蓄电池;

5—电源设备;6—话务台

直流配电屏(盘)宜装于蓄电池室一侧,交流配电屏(盘)宜靠近交流电源线引入端。小容量电话站的配电屏(盘)和整流器屏,可与通信设备合装在一个房间内。直流配电屏(盘)的容量应根据通信设备繁忙时最大电流来确定。一般 200 门及以下的电话站,可不装置直流配电屏(盘),但必须考虑直流供电线路的保护措施。

蓄电池组要求蓄电池台(架)之间的走道宽度应不小于 0.8m;蓄电池台(架)的一端应留有主要走道,其宽度一般为 1.5m,但不宜小于 1.2m,另一端与墙的净距应为 0.1~0.3m;同一组蓄电池分双列平行安装于同一电池台(架)时,列间的净距一般为 0.15m;双列蓄电池组与墙间的平行走道宽度应不小于 0.8m,单列蓄电池组可靠墙安装。蓄电池与墙间的距离一般为 0.1~0.2m;与采暖散热器的净距不宜小于 0.8m,蓄电池不得安装在暖气沟上面。蓄电池台的高度一般为 0.3~0.5m。排列不宜采用双层(房间面积受限制除外)。

4.2 交 换 机

小型交换机一般不需要固定在地面上,可以立放在平整的地板上,机柜的四角有可以调整的螺栓,对机柜进行水平和竖直方向上矫正。中、大型的程控交换机和配线架一般安装基础底座。基础底座可高出地面 100~200mm,成排安装几台机柜时,底座上应预埋基础槽钢,设备不宜固定在活动地板上。基础底座有混凝土和木制两种,制作尺寸应根据设备的底面尺寸,电缆进出线方位,按照施工图标注的尺寸进行施工,基础型钢应做可靠接地,设备直接安装在槽钢基础上。

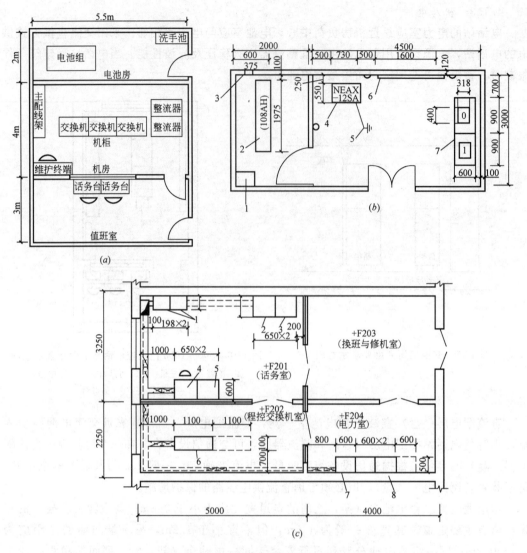

图 1-17 程控交换机电话站房平面布置

(a) 方案一

(b) 方案二

1—水槽；2—蓄电池组；3—通风机；4—主机；5—接地；6—挂墙式配线箱；7—话务台

(c) 方案三

1—总配线架；2—用户传真机；3—用户电传机；4—话务台；5—维护终端；6—程控交换机；

7—电源架；8—电池架

　　为了防止静电的影响，交换机和配线架（箱）等有时安装在木质底座上，设备底座一般采用白松木制作，木材应干燥平直，表面无裂纹，其外形尺寸应与设备底面尺寸相适宜。有时设计不采用基础木框，而是在设备下安装木龙骨或垫木，高度为 150mm。

　　安装时应先安装竖直件，将竖直件基本调竖直后，再安装水平件和斜拉件。竖直偏差度应不大于 3mm。主走道必须对成直线，误差不大于 5mm；相邻机架应紧密靠拢；整列机面应在同一平面上，无凹凸现象。

4.3　通信缆线的引入

电话线路的引入位置应尽量选择在高层建筑的后面或侧向，引入处的人孔或手孔，应避开高层建筑的正面出入门或交通要道和邻近易燃、易爆、易受机械损伤的地方，也不应选择穿越高层建筑的伸缩缝（或沉降缝）、主要结构或承重墙等关键部分。

高层建筑通信电缆进楼时，应在楼外进线设置手孔或人孔，一般手孔可用素混凝土做底，采用 240mm 砖墙，水泥砂浆抹面，手孔内平面最小尺寸为 600mm×800mm，预留管孔，管孔底离井底 200mm。所有手孔或人孔均应采用专用铁盖（人行道铁盖和车行道铁盖）。自手孔（或人孔）预埋钢管进入楼内，1000 对线以下时，敷设 2×φ100 的钢管；2000 对线以下时，敷设 4×φ100 的钢管；3000 对以上时，敷设 6×φ100 的钢管，其中均为 50% 套管穿线，50% 套管留作备用或供检修之用。

进户管线有两种方式，即地下进户和外墙进户。

4.3.1　地下进户

当建筑物设有地下层，地下进户管直接进入地下层，采用的是直进户管；当建筑物无地下层时，地下进户管只能直接引入设在底层的配线设备间或分线箱（小型多层建筑物没有配线或交接设备时），进户管为弯管。电话线路地下进户方式如图 1-18 所示。

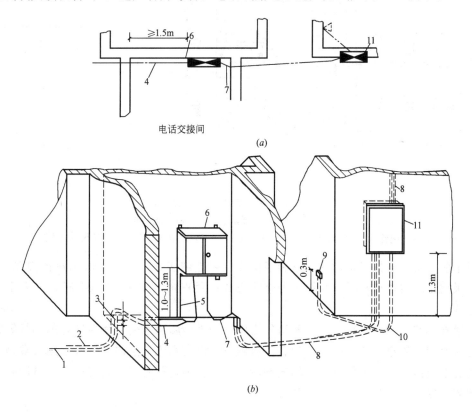

图 1-18　电话线路地下进户方式

（a）底层平面图；（b）立体图

1—主干电话电缆；2—地下进户管；3—接地线；4—气塞或成端接头；5—接地连线；6—交接箱；
7—配线电话电缆；8—电缆管；9—用户出线盒；10—用户线管；11—壁龛式分线箱

4.3.2 外墙进户

外墙进户方式是在建筑物第二层预埋进户管至配线设备间或配线箱（架）内。进户管应呈内高外低倾斜状，并做防水弯头，以防雨水进入管中。进户点应靠近配线设施，并尽量选在建筑物的后面或侧面。这种方式适合于架空或挂墙的电缆进线，如图1-19所示。

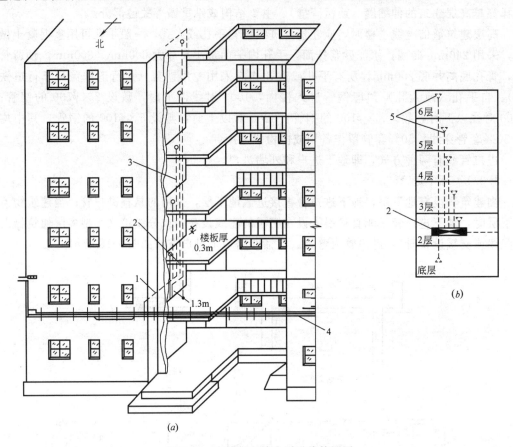

图 1-19　多层住宅楼电话进线管网图
(a) 外墙进管网户立体示意图；(b) 暗配线管网图
1—配线电缆管；2—壁龛分线箱；3—用户线管；4—挂墙或架空电缆；5—共用用户出线盒

对于住宅楼，应按建筑物的体形和规模确定一处或多处进线。一般用户预测在90户以下（采用100对电缆）时，宜按一处进线方式；用户预测在90户以上时，可采用多处进线方式。

管道穿越墙壁时，应采取防水和堵气措施。防水措施除采用密闭性能好的钢管等管材外，还应将引入管道由室内向室外稍有倾斜铺设，以防水流入室内。堵气措施通常是对已占用管孔的电线四周用环氧树脂等填充剂堵塞。对空闲管孔先用麻丝等堵口，再用防水水泥浆堵封严密，使外界有害气体无隙可入。

4.4　电话交接设备

电话交接间应设在建筑物底层，宜靠近竖向电缆管路的上升点。线路网中心应靠近电话局或室外交接箱一侧。

4.4.1 电话交接间

电话交接间的使用面积应不小于$10m^2$，室内净高不小于$2.4m$，设置宽度为$1m$的外开门，通风应良好，有保安措施，设置照明灯及$220V$电源插座。电话交接间内通信设备可用建筑物综合接地线作保护接地（包括电缆屏蔽接地），其综合接地时电阻不宜大于1Ω，独自接地时，其接地电阻应不大于4Ω。

通信交接设备在电话交接间内安装，宜采用嵌入式、架式、墙挂式或落地式设备。电话交接间布置示意图如图1-20所示。

图1-21所示为配线架在电话交接间内的安装。地下电缆槽道，宽度不小于$0.6m$，深

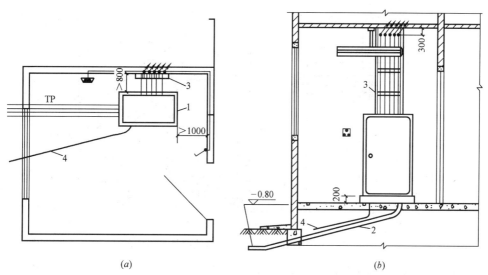

(a) (b)

图1-20　电话交接间布置示意图

（a）平面图；（b）立面图

1—交接箱；2—入户线管；3—用户线管；4—接地

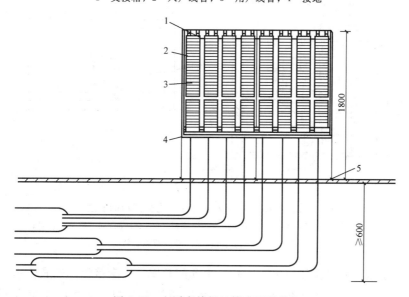

图1-21　电话交接间地槽小型配线架

1—标志牌；2—卡接模块；3—金属列架；4—地线排；5—连接螺栓

度为 0.4m，槽道上口装有盖板。若电话交接间内无法作电缆道时，也可以铺设地板。

立式交接配线架应设置在地槽的一侧，墙壁式交接配线架的上端穿钉距地面不得超过 1.8m，接线端子可采用模块接线排和旋转卡夹端子。各条电缆屏蔽接地及接地线应连接到接地排。

4.4.2 落地式电话交接箱

引进建筑物的电缆如果多于 200 对时，可设置交接箱或电缆进线箱。楼梯间电话交接间内可设置落地式交接箱，落地电话交接箱可以横向也可以竖向放置，如图 1-22 所示。楼梯间电话交接间也可安装嵌入式交接箱，如图 1-23 所示。

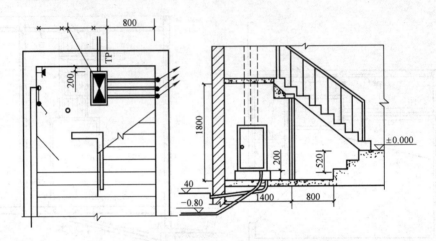

图 1-22　楼梯间电话交接间落地式交接箱的安装

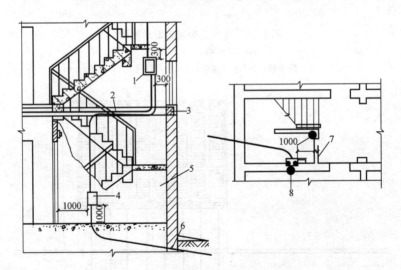

图 1-23　楼梯间电话交接间嵌入式交接箱的安装

1—分线箱；2—用户管线；3—圈梁；4—交接箱；5—交接间；6—穿墙钢护管；
7—至共用电表管线；8—至分线箱管线

落地式交接箱应和交接箱底座、人孔、手孔配套安装。交接箱基础底座用不小于 C10 混凝土制作，底座的高度不应小于 200mm。在底座的四个角上应预埋 4 根 M10×100 长的镀锌地脚螺栓，固定交接箱，底座中央预留长方形孔洞作电缆及电缆保护管的出入口，如图 1-24 所示。

安装交接箱放在底座上，箱体下边的地脚孔应对正地脚螺栓，拧紧螺母加以固定。为了防止水流进底座，将箱体底边与基础底座及底座四周用水泥砂浆抹平。住宅电话交接箱应进行接地，接地电阻不大于 5Ω。落地式电话交接箱接地做法如图 1-25 所示。

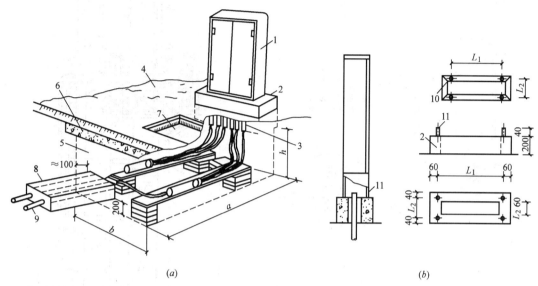

图 1-24　室外落地式电话交接箱的安装

(a) 示意图；(b) 安装图

1—交接箱；2—混凝土底座；3—成端接头（气闭接头）；4—地面；5—手孔；6—手孔上覆；7—手孔口圈；
8—电缆管道；9—电缆；10—交接箱底面；11—M10×100 镀锌地脚螺栓

4.4.3　架空式电话交接箱

与高压线路接近或在雷击危险地区，明线或架空电缆从室外引入室内时，电缆交接箱或分线盒等应装设保安装置。架空式电话交接箱的结构如图 1-26 所示。

架空式电话交接箱可以安装在木杆或"H"形水泥电杆上。两杆相距 1.3m，距地面 3.3m。工作台用槽钢制成，每根电杆上要加装支撑角钢。为了防雨和日光照射，在距工作台上 2m 处加装罩棚。电缆引上钢管固定在杆间横梁上，在杆根处钢管要加弯头，以便引入交接箱前的人孔（或手孔），引上管在人（手）孔的内壁入口成喇叭口。在交接箱左侧电杆上安装爬梯。交接箱应装设保护线。从人孔（手孔）通过引上钢管到交接箱内的全塑电缆，如果为非填充型全塑电缆，则应在箱底部另加气塞。

4.5　配线架的安装

在安装配线架之前，应核对各项配件的规格、数量，并检查各项配件是否完整。预装配总配线架的列片，按照图样将每个列片的立柱、横档用螺栓加以固定，横档和立柱应当相互垂直，用角尺将首尾两根横档的垂直校好，拧紧螺栓，然后再拧紧其余各列的螺栓。

4.5.1　立架

立架时用水平尺检查地面地平，确定成端电缆孔距墙的尺寸及孔之间的距离，将总配线架底座铁件搬至成端电缆孔处进行定位装配，先定位装配（预固定）好总配线架的首尾两组底座，使底座铁件、成端电缆孔和墙面三者之间的关系符合设计要求，然后定位装配

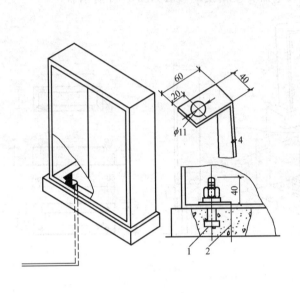

图 1-25 落地式电话交接箱接地安装

1—M10×100 地脚螺栓；2—40mm×4mm 镀锌扁钢接地线

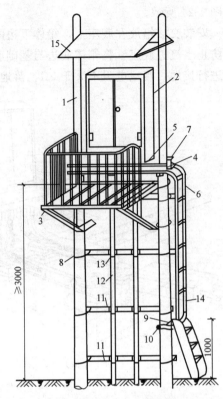

图 1-26 架空式电话交接箱的结构

1—水泥电杆；2—交接箱；3—操作站台；4—抱箍；5—槽钢；6—折梯上部；7—穿钉；8—U形卡；9—折梯穿钉；10—角钢；11—上杆管固定架；12—上杆管；13—U形卡；14—折梯下部；15—防雨棚等附件

中间的各组底座，每组底座接头处应有 1mm 的空隙。检查底座的水平，可用铁垫片加以校正，校正完毕后将螺栓拧紧。

4.5.2 列架

竖立已装配好的列片时，将列片抬至底座上竖立固定，完毕后将顶上的连固角钢装配好。立好配线架以后，装上两根连固扁钢和固定扁钢的跳线环，然后用吊锤校正立柱的垂直，校正完毕后将全部螺栓拧紧。

列架的垂直和水平校正好以后，即可装上槽钢，作为加固装置。先将加固角钢（其长度应与槽钢短边的宽度相等）用膨胀螺栓与墙面固定，然后槽钢与加固角钢用螺栓连固；注意槽钢的顶端与墙面要留 2mm 的间隙，槽钢应在同一水平面上，并成一条直线。

4.5.3 架上走道

架上走道分直列走道和横列走道。从上横角钢起到直列面的成端电缆孔方向的 200mm 的空间用于电缆下线。架上走道的高度宜比加固槽钢高出 200mm。从机房电缆孔下来的用户电缆走道与架上走道交叉时，用户电缆走道宜比架上走道高 200～250mm。总配线架上电缆走道如延伸至现装的总配线架以外时，可暂用吊挂固定。电缆走道边铁在拟扩充的一端，应超出横铁 80mm，并预留接头孔洞，以便电缆走道延伸。安装试线模块时，宜配合安装穿线板，以便施工和维护。

4.5.4 接地

总配线架的接地必须可靠，安装接地接头时，其接触面应平整。安装接地铜条时，应对铁件表面处理，以保证整个列架接地良好。安装滑动扶梯时，注意滑梯轨道槽钢连接处要平整，以使导轮能平滑通过；各阶梯踏步的平面应保持水平，手刹动作要可靠。最后安装指示板、信号灯、测试塞孔等部件。测试塞孔应安装牢固，其安装位置应符合设计要求。

靠墙式总配线架宜安装在木质底板上，底板再固定在墙面上。

总配线架的位置应符合设计规定，误差应小于 10mm。吊锤检查直列的垂直，上下相差应小于 3mm。用水平尺测量底座水平，误差不超过水平尺准线。走道边铁、滑梯槽钢、直列面保安器和横面试线模块接线排等，在安装完成后呈一条直线，无歪斜或起伏不平。铁架应接地良好，告警装置完整、可靠。

4.6 壁龛的安装

嵌入式电缆交接箱、分线箱及过路箱统称为壁龛，以供电话电缆在上升管路及楼层管路内分支、接续，安装分线端子排用。壁龛可设置在建筑物的底层或二层，其安装高度宜为其底边距地面 0.5～1m，如图 1-27 所示。

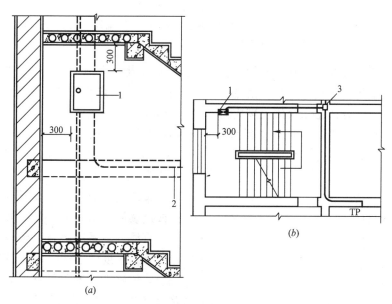

图 1-27 壁龛式组线箱的安装位置

(a) 立面图；(b) 平面图

1—壁龛式组装箱；2—用户管线；3—分线盒

壁龛的安装与电力、照明线路及设施的最小距离应为 300mm 以上。与燃气、热力管道等最小净距应不小于 300mm。接入壁龛内部的管子，管口光滑，在壁龛内露出的长度应小于 5mm。钢管端部应有丝扣，并用锁紧螺母固定。

一般情况下，壁龛主进线管和出线管应敷设在箱内的两对角线的位置，各分支回路的出线管应布置在壁龛底部和顶部的中间位置上，如图 1-28 所示。

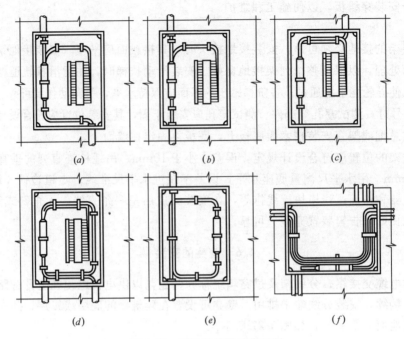

图 1-28　壁龛暗管敷设位置图

(a) 管线左上右下分支式；(b) 管线同侧上下分支式；(c) 管线右上左下分支式；

(d) 管线过路分支式；(e) 单条电缆过路式；(f) 多条电缆横向过路式

　　在暗装线箱内分线时，在干燥的楼室内可安装端子排，在地下室或潮湿的地方应装设分线盒。接线端子排上线序排列应由左至右，由上至下。用户线在箱内留置余线长度应绕箱半周或一周，在盒内留出余线长度应为 150～200mm。

　　分线箱（盒）暗设时，一般应预留墙洞。墙洞的大小应按分线箱尺寸留有一定的余量，即墙洞上、下边尺寸增加 20～30mm，左、右边尺寸增加 10～20mm。安装高度底边距地为 0.5～1m。

　　过路箱一般作暗配线时电缆管线的转接或接续用，箱内不应有其他管线穿过。

　　直线（水平或垂直）敷设电缆管和用户线管，长度超过 30m 时，应加装过路箱（盒），管路弯曲敷设两次时，也应加装过路箱（盒），以方便穿线施工。

　　过路盒应设置在建筑物内的公共部分，底边距地宜为 0.3～0.4m。住户内过路盒安装在门后时，如图 1-29 所示。

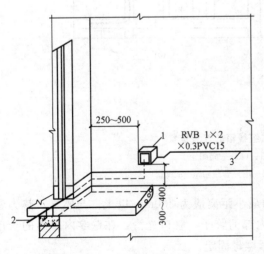

图 1-29　过路盒的安装

1—过路盒；2—来自分线箱管线；3—至出线盒管线

4.7　分线盒、电话出线盒的安装

　　住宅楼房电话分线盒的安装高度应为上边距顶棚 0.3m，如图 1-30 所示。

　　电话出线盒宜暗设，电话出线盒应是

22

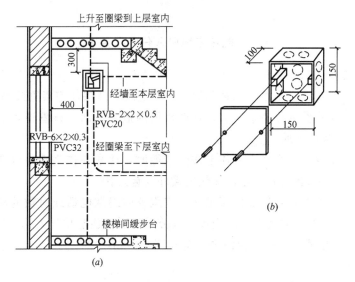

图 1-30　分线盒的安装

(a) 安装图；(b) 难燃塑料分线盒

专用出线盒或插座，不得用其他插座代用。电话机出线盒为 0.2~0.3m。若采用地板式电话出线盒时，宜设在人行通路以外的隐蔽处，其盒口应与地面平齐。电话出线盒的安装如图 1-31 所示。

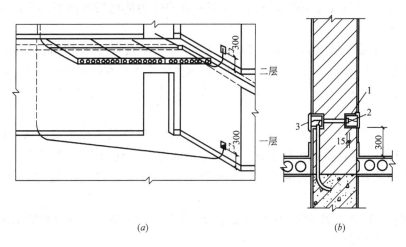

图 1-31　电话出线盒的安装

(a) 安装示意图；(b) 局部剖面图

1—接线盒；2—塑料卡环；3—电话插接板

电话机一般是由用户将电话机直接连接在电话出线盒上。传真机可以与电话机共用一个电话交换网络和双向专用线路，安装方法与电话机相同。

课题 5　通信缆线的敷设

通信系统在室外的传输介质主要有铜芯双绞线市话通信电缆和光缆，室内主要是铜芯

23

双绞线市话通信电缆。

5.1 电话电缆引入住宅楼要求

5.1.1 住宅楼引入线缆要求

多层住宅楼宜按 2～3 个单元（楼门洞）一处进线，高层住宅楼宜按每单元一处进线。

1）住宅楼必须建设从住宅楼外引入住宅楼内的地下电话支线管道，电话支线管道必须与小区电话主干管道连通。

2）当由电话支线管道直接引入住宅楼分线箱时，通常在住宅楼外设置手孔。当由电缆交接间引出电话支线管道时，通常在住宅楼外设置人孔。

3）电话支线管道的管孔数量应满足其相应服务内终期电话线对数的需要，且管孔数量不得少于 2 个孔。由住宅楼内电缆交接间或分线箱引至住宅楼外人孔或手孔的电话支线管道必须采用镀锌钢管，镀锌钢管内径不应小于 80mm，壁厚为 4mm。电话支线管道的埋深不小于 0.8m。

5.1.2 住宅楼电话暗配线要求

住宅楼电话暗配线系统是由弱电竖井、电话电缆暗敷设管道、电话线暗敷设管道、电话分线箱、过路箱、过路盒和电话插座组成。

1）住宅楼内暗敷设管的数量和规格，应满足建筑物终期对电话线对数的需要。每套住宅电话线最少配备 2 对，如有特殊需要应另行增加。

2）由电话分线箱或过路箱或过路盒至每一住户室内的电话线路不得经过其他住户室内的电话出线盒。

3）每套住宅的起居室必须设置过路盒（或电话出线盒），其他房间设直通暗线时必须经过此过路盒（或电话出线盒）进行布线。其他房间设置非直通暗线时，另一端应接在过路盒（或电话出线盒）中。卫生间设置非直通暗线时，另一端应接在过路盒（或电话出线盒）中。

4）电话电缆采用型号为 HYV 型（铜芯聚乙烯绝缘聚氯乙烯护套市话电缆）、HYA 型（铜芯聚乙烯绝缘涂敷铝带屏蔽聚氯乙烯护套市话电缆）或 HPVV 型（铜芯聚氯乙烯绝缘聚氯乙烯护套配线电缆）线径 0.5mm 的电缆，电缆的终期电缆芯数利用率不大于 80%。

HYV 型、HYA 型及 HPVV 型电话电缆的规格、参考重量、穿保护管和线槽要求详见表 1-1～表 1-4 所示。

HYV 型、HYA 型、HPVV 型电话电缆的规格及参考重量　　　　表 1-1

| 标称对数 | 导电线芯直径 0.5mm | | | | | |
| | HYV 型电话电缆 | | HYA 型电话电缆 | | HPVV 型电话电缆 | |
	外径(mm)	参考重量(kg/km)	外径(mm)	参考重量(kg/km)	外径(mm)	参考重量(kg/km)
5	9	88.1			9	83
10	11	124	10	119	11	125
15	12	161	12	149	13	193
20	13	196	13	179	14	231

标称对数	导电线芯直径 0.5mm					
	HYV 型电话电缆		HYA 型电话电缆		HPVV 型电话电缆	
	外径（mm）	参考重量（kg/km）	外径（mm）	参考重量（kg/km）	外径（mm）	参考重量（kg/km）
25	14	230	13	208	16	272
30	15	266	14	238	17	311
40	17	330	16	287	18	374
50	19	430	17	357	20	453
80	23	620			25	726
100	25	741	22	640	27	859
150	31	1097	25	908	31	1199
200	35	1392	30	1176	36	1541
300	41	1966	36	1667	42	2191
400	47	2621	41	2217	48	2837

HYV 型、HYA 型、HPVV 型电话电缆穿保护管最小管径一览表　　　　表 1-2

保护管种类	保护管弯曲数	电缆对数													
		5	10	15	20	25	30	40	50	80	100	150	200	300	400
		最小管径（mm）													
电线管（TC）聚氯乙烯（PC）	直通	20	25				32	40		50					
	一个弯曲时	25	32			40		50							
	二个弯曲时	40			50										
焊接钢管（SC）水煤气钢管（RC）	直通	15	20			25		32		40		50	70	80	
	一个弯曲时	20	25	32				40		50			70	80	
	二个弯曲时	32			40			50		70		80			

注：穿管长度 30m 及以下。

HYV 型、HYA 型、HPVV 型电话电缆穿在线槽内允许根数一览表　　　　表 1-3

电缆对数	金属线槽容纳导线根数				塑料线槽容纳导线根数				
	45×30	55×40	45×45	120×65	40×30	60×30	80×50	100×50	120×50
5	5	9	7	30	5	7	16	20	25
10	3	6	5	21	3	5	11	14	16
15	3	5	5	20	3	4	10	13	16
20	2	4	4	15	2	3	8	10	12
25	2	4	4	14	2	3	8	10	12
30	2	3	3	11	1	2	6	7	8
40	1	2	2	8	1	2	3	7	8
50		2	2	7	1	1	3	4	5
80		1	1	5		1	2	3	4

电缆对数	金属线槽容纳导线根数				塑料线槽容纳导线根数				
	45×30	55×40	45×45	120×65	40×30	60×30	80×50	100×50	120×50
100			1	4			2	3	3
150				3			1	1	2
200				2			1	1	2
300				2				1	1
400				1				1	1

线槽内电话线电缆与电话电缆换算表　　　　表 1-4

电缆对数	电缆对数								
	400	300	200	150	100	80	50	40	30
	相当于电缆根数								
5	27	21	15	12	8	7	5	4	3
10	18	14	10	8	5	4	3	3	2
15	15	12	9	7	4	4	3	2	2
20	11	9	6	5	4	3	2	2	1
25	10	7	5	4	3	2	2	1	1
30	8	6	4	3	3	2	1	1	
40	7	5	4	3	2	2	1		
50	6	5	3	3	2	1			
80	4	3	2	2	1				
100	4	3	2	1					

5) 电话线采用 HYV-2×0.5mm 或 HPV-2×0.5mm、RVS-2×0.2mm、RVB-2×0.2mm² 电线。由电话分线箱至电话插座间暗敷电话线的保护管,可采用钢管(SC 或 RC)或电线管(TC)、硬质聚氯乙烯(PC)管。在弱电竖井内可在线槽内敷设。电话线穿保护管和线槽的要求详见表 1-5 和表 1-6 所示。

HYV 型、HPV 型、RVS 型、RVB 型电话线穿保护管最小管径一览表　　　表 1-5

保护管种类	电话线规格型号	电话线穿管对数								
		1	2	3	4	5	6	7	8	9
		最小管径(mm)								
电线管(TC) 聚氯乙烯(PC)	HPV-2×0.5 RVB-2×0.2	16			20			25		32
	HYV-2×0.5 RVS-2×0.2			20	25			32		40
焊接钢管(SC) 水煤气钢管(RC)	HPV-2×0.5 RVB-2×0.2	15			15			20		25
	HYV-2×0.5 RVS-2×0.2				20			25		

线槽内电话线电缆与电话线换算表　　　　表 1-6

电话线型号	HYV 型、HYA 型、HPVV 型电话电缆									
	5	10	15	20	25	30	40	50	80	100
HYV-2×0.5 RVS-2×0.2 HPV-2×0.5 RVB-2×0.2	4	8	10	12	14	16	20	25	37	44

6) 有特殊屏蔽要求的电话电缆或电话线，应采用钢管作为保护管，且应将钢管接地。

7) 电话分线箱应采用符合国标 GB 10754—89 标准的分线箱，其规格及外形尺寸详见表 1-7 所示。

电话分线箱规格及外形尺寸一览表　　　　表 1-7

规格(对)	外形尺寸(mm)(长×宽×深)	规格(对)	外形尺寸(mm)(长×宽×深)
10~20	280×200×120	60~100	650×400×160
30~50	650×400×160	110~200	900×400×160

注：1. 表中的规格为接线对数。

2. 电话分线箱规格大小的选用与进出电话分线箱的电话电缆根数、芯数及端子板安装的数量有关。

3. 过路箱宜采用规格为 30 对电话分线箱箱体代替。

8) 过路盒及电话出线盒内部尺寸不小于 86mm（长）×86mm（宽）×90mm（深）。电话出线盒上必须安装电话插座面板（符合国标 GB 10753—89 标准的规定），其型号为 SZX9-06。过路盒上必须安装尺寸与电话插座面板相同的盖板。

9) 根据所安装的场所不同，电话插座类型可选择防尘型或防水型。

10) 电话分线箱及过路箱嵌入墙内安装时，其安装高度为底边距地面 0.5~1.4m。电话分线箱在弱电竖井内明装时，其安装高度为底边距地面 1.4m。

11) 过路盒及电话出线盒安装高度为底边距地面 0.3m，卫生间内的电话出线盒安装高度为底边距地面 1.0~1.4m。

12) 电话暗敷设管线与其他管线之间应保持必要的间距，其最小净距应符合表 1-8 的规定。

电话暗管线与其他管线的间距　　　　表 1-8

管线种类	最小平行净距 (mm)	最小交叉净距 (mm)	管线种类	最小平行净距 (mm)	最小交叉净距 (mm)
电力线路	150	50	热力管(不包封)	1500	500
压缩空气管	150	20	热力管(包封)	300	300
给水管	150	20	煤气管或天然气管	300	20

5.2　室外电缆的敷设

5.2.1　电缆管道敷设

管道内一般布放裸铅包电缆或塑料护套电缆，不得布放铠装电缆，在管道内不应作电缆接头。电缆在管孔内的排列顺序为：先下排后上排，先两侧后中间。同一条电缆在管道段的孔位不应改变。一个管孔内一般布放一条电缆，特殊情况下可布放两条电缆，但两条电缆总容量不宜大于 200 对，外径之和不得大于管孔内径的 2/3。电缆管道一般宜留 2~3

个备用管孔。

当采用电缆管道小于或等于 24 孔时，宜采用小号人孔或手孔。管道及人孔、手孔均应作良好的防水处理。电缆管道的基础一般为素混凝土。在地质不好、地下水位较高、冰冻线较深和要求抗震设防的地区，则宜采用钢筋混凝土基础和钢筋混凝土人孔。人孔应采取排水措施。

电缆管道宜采用混凝土排管、塑料管、钢管和石棉水泥管。混凝土管的管孔内径一般为 70mm 或 90mm，塑料管、钢管和石棉水泥管等用作主干管道时可用内径大于 75mm 的管子，用作配线管道时可用内径大于 50mm 的管子。

每段管道的最大段长一般不宜大于 120m，最长不超过 150m，并应有不小于 0.25％的坡度。管道的埋深一般为 0.8～1.2m。

5.2.2 直埋电缆

直埋电缆一般采用铠装电缆或塑料直埋电缆，在坡度大于 30°或电缆可能承受张力的地段，宜采用钢丝铠装电缆，并应采取加固措施。

直埋电缆四周应铺 50～100mm 的砂或细土，并在上面覆盖红砖或混凝土板。穿越车行道时，应采用管子保护，并宜适当预留备用管。在直埋段每隔 200～300m、电缆接续点、分支点、盘留点、电缆路由方向改变处以及与其他专业管道的交叉处等应设置电缆标志。

直埋电缆应避免在土壤有腐蚀性介质的地区、预留发展用地和规划未定的用地、堆场、货场及广场、往返穿越干道、公路及铁路上敷设。

直埋电缆不得直接埋入室内。需引入建筑物内分线设备时，应换接或采取非铠装方法穿管引入。若引至分线设备的距离在 10m 以内时，则可将铠装层脱去后穿管引入。

直埋电缆的埋深不宜小于 0.7m，与其他管线的最小净距应满足表 1-8 的规定。

5.2.3 架空电缆

架空电缆宜采用全塑自承式电缆或实心绝缘非填充型电缆，也可采用钢绞线吊挂全塑电缆或铅包电缆。覆冰严重地区不宜采用架空电缆。沿海地区及腐蚀较严重的地区宜采用全塑式自承电缆。

通信架空电缆一般不宜与电力线路同杆架设。在特殊情况下若同杆架设时，通信架空电缆与其他线路的间距应满足表 1-9 的规定。

通信架空电缆与其他线路的间距（单位：m） 表 1-9

线 路 名 称	间 距	备 注
低压电力线（380V 及以下）	≥1.50	
高压电力线（10kV 及以下）	≥2.50	
广播线	≥1.20	特殊情况可不小于 0.60
通信明线	≥0.60	

架空电线距地面最小距离为 4.5m，距路面最小距离为 5.5m。

架空电缆的容量不宜超过 200 对，一般一条吊线只挂一条电缆，当一条吊线需吊挂两条电缆时，则两条电缆的总重量不得大于吊线和挂钩的承载能力。

架空电缆与电力架空线同杆时，宜挂一条吊线，架空电缆专杆架设时，不宜超过两条吊线。不同杆架设时，杆间距宜为 35～45m，并应采用钢筋混凝土电杆。

电话用户线沿杆架设时，宜采用多沟瓷瓶固定。如电话用户线布放在电缆挂钩之内时，宜采用室外电话线，其数量应不超过 4 对，并不宜在吊线的中间下线。

5.2.4 墙壁电缆

住宅小区室外配线宜采用墙壁电缆，墙壁电缆可分为吊线和卡钩式两种。墙壁电缆宜采用全塑电缆，每条以 50 对以下为宜，最大应不超过 100 对。墙壁电缆的卡钩间距不宜大于 0.7m，其卡设高度宜为 3.5～5.5m。跨越建筑物时，如果跨距大于 20m 或电缆数量大于 30 对时，其吊线两端应做终端。墙壁电缆吊线的选择如表 1-10 所示。

墙壁电缆吊线选择

表 1-10

电缆程式（对数）	吊线程式（股数/线径 mm）	吊线固定点间距（m）
30×0.5 30×0.6	1/4.0 铁线 7/1.0 钢绞线	≤6
50×0.5 100×0.5 50×0.6 100×0.6	7/2.0 钢绞线 3/4.0 铁线	≤15

墙壁电缆与防雷接地的金属引下线等接触，交叉时应加保护装置。在易受电磁干扰影响的场合敷设时，应加铁管保护，并将铁管作良好的接地。

5.2.5 沿电力电缆沟敷设的托架电缆

通信电缆与 1kV 以下的电力电缆同沟架设时，宜各置地沟的一侧，或置于同侧托架的上面层次。其间距应满足表 1-9 的规定。

在地沟托架上敷设电缆宜采用铠装电缆，如室内地沟环境较好，亦可采用全塑电缆。

托架的层间间距和水平间距一般与电力电缆相同。

5.3 室 内 配 线

建筑物室内配线方式有明配线和暗配线以及室内桥架和封闭线槽配线。室内配线宜采用全塑电缆和一般塑料电缆。

配线区域按楼层划分，特殊情况个别用户线可跨越两个楼层。分线箱（盒）应位于负荷中心，容量应不大于 50 对。采用直接配线为主，特殊情况部分用户采用复接配线。

捆绑电缆要牢固、松紧适度、平直、端正，捆扎线扣要整齐一致。转弯要均匀、圆滑，曲率半径应大于电缆直径的 10 倍，同一类型的电缆弯度要一致。槽道内电缆要求顺直，无大团扭绞和交叉，转弯要均匀、圆滑，曲率半径应大于电缆直径的 10 倍，电缆不溢出槽道。

室内配线电缆不宜在楼板内作横向敷设，特殊情况下需作横向敷设时，电缆容量以不超过 50 对为宜。配线电缆在竖井内作纵向敷设时，以不大于 100 对为宜。

引出建筑物的用户线在 2 对以下、距离不超过 25m 时，采用铁管埋地引至电话出线盒，若超过上述规定时，则应采用直埋电缆。但该段管路应采取一定的耐腐蚀措施。

软光纤应采用独用塑料线槽敷设，与其他缆线交叉时，应采用穿塑料管保护。敷设光纤时，不得产生小圈。

电缆或光纤两端成端后，应按照设计作好标记。

5.4 竖井内配线

引至各楼层上升电缆较多时，宜设置电缆竖井。如果与其他管线（电力线等）合用竖

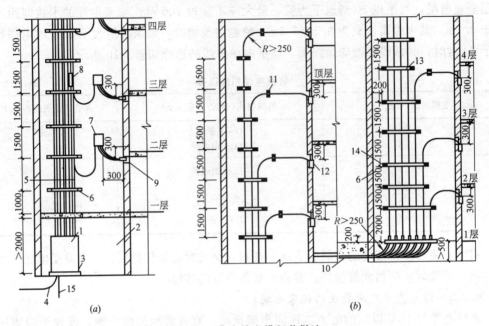

图 1-32 住宅楼电缆竖井做法

（a）做法一；（b）做法二

1—交接箱；2—电缆交接间；3—底座；4—来自外管网电缆；5—明敷上升电缆；6—电缆支架；
7—明装分线箱；8—电缆接头；9—圈梁；10—交接箱电缆；11—电缆卡子；12—嵌入式
分线箱；13—4号钢丝绑扎；14—M8膨胀螺栓；15—40mm×4mm扁钢接地线

井时，应各占一侧敷设。如果在竖井内采用钢管敷线时，应预留 1～2 条备用管，如采用

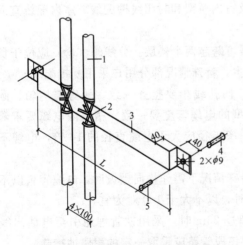

图 1-33 竖井电缆支架安装固定做法

1—电缆；2—4 号钢丝绑扎；3—40mm×4mm 扁
钢；4—M8 金属膨胀管；5—M8×40 膨胀螺栓

封闭型电缆桥架或封闭线槽等敷设方式。通信电缆应绑扎于电缆桥架梯铁或线槽内横铁上，以减少电缆自身承受的重力。

电缆竖井的内壁应设固定电缆的铁支架，并应有固定电缆的支架预埋件，铁支架上下间隔宜为 0.5～1.0m。竖井内检修距离不得小于1.0m，若小于 1.0m 时，必须设安全保护措施。

安装在电缆竖井内的分线设备，宜采用室内电缆分线箱。电缆竖井分线箱可以明装在竖井内，也可以暗装于井外墙上，如图 1-32 所示。

竖井内电缆要与支持架间使用 4 号钢丝绑扎，也可用管卡固定，要牢固可靠，电缆间距应均匀整齐，如图 1-33 所示。

5.5 电 源 线

安装机房直流电源线的路由、路数及布放位置应符合施工图的规定，使用导线（铝、铜条或塑料电源线）的规格、器材绝缘强度及熔丝的规格均应符合设计要求。电源线应采用整段的线料，不得在中间接头。交换机系统使用的交流电源线（110V 或 220V）必须有接地保护线。直流电源线成端时，应连接牢固，接触良好，保证电压降指标及对地电位符合设计要求。

电源布线应平直、整齐，没有明显的起伏不平的现象及锤痕。导线的固定方法和要求，应符合施工图的规定。采用电力电线作为直流馈电线时，每对馈电线应保持平行，正负极线两端应有统一的红蓝标志，安装后的电源线末端必须用胶带等绝缘物封头，电缆剖头处必须用胶带和护套封扎。走道或槽道上布放电源线的质量要求与放绑电缆的质量要求相同。

铝（铜）排安装完毕后，应在正极线上涂上红色油漆，负极线涂上蓝色油漆。油漆应当均匀光滑，不应有漏涂和流痕。

汇流条接头处应平整、清洁，铜排镀锡，铝排镀锌锡焊料。汇流条转弯和电源线在转弯时的曲率半径应符合相关要求。汇流条鸭脖弯连接的搭接长度，铜排等于其宽度，铝排等于其宽度的 1.3 倍。鸭脖长度为汇流条厚度的 2.3 倍。

5.6 系 统 接 地

5.6.1 电话站接地

电话交换机供电用直流电源，无特殊要求时，宜采用正极接地。

交流配电屏（盘）、整流器屏（盘）等供电设备的外露可导电部分，当不与通信设备在同一机架（柜）内时，应采用专用保护线（PE 线）与之相连。直流屏（盘）的外露可导电部分，当通过加固装置在电气上与交流配电屏（盘）、整流器屏（盘）的外露可导电部分互相连通时，应采用专用保护线（PE 线）与之相连；当不连通时，应采用接地保护，接到通信接地装置上。

交直流两用通信设备的机架（机柜）内的供电整流器盘的外露可导电部分，当与机架（机柜）不绝缘时，应采用接地保护，接到通信用接地装置上。

电话站的通信接地不宜与工频交流接地互通。当电话站有专用交流供电变压器或位于有专用交流供电变压器的建筑物内时，其通信用接地装置可与专用交流变压器中性点的接地装置合用。此时各种需接地的通信设备应设专用保护干线（PE 干线）引至合用接地体或总接地排。不应采用有三相不平衡电流通过的接零干线与之相连。

电话站与办公楼或高层民用建筑合建时，通信用接地装置宜与建筑物防雷接地装置分开设置；如因地形限制等原因无法分设时，通信用接地装置可与建筑物防雷接地装置以及工频交流供电系统的接地装置互相连接在一起，其接地电阻值应不大于 1Ω。

不利用大地作为信号回路的机电制电话交换机、载波机、调度电话总机、会议电话汇接机或终端机等通信设备的接地装置，对于直流供电的通信设备其接地电阻，应不大于 15Ω。

交流供电或交、直流两用的通信设备的接地电阻值，当设备的交流单相负荷小于或等于 0.5kVA 时，应不大于 10Ω；大于 0.5kVA 时，应不大于 4Ω。

程控式交换机的接地电阻值一般应不大于 4Ω。

当电话站的接地同时又作为外线电缆防止交流电气化铁道干扰影响的终端防干扰接地时，其工频接地电阻应不大于 1Ω。

电话站通信设备接地装置如果与电气防雷接地装置合用时，应用专用接地干线引入电话站内，其专用接地干线应采用截面积不小于 25mm^2 的绝缘铜芯导线。

电话站内各通信设备间的接地连接线应采用铜芯绝缘导线。

5.6.2 线路接地

地下敷设的通信电缆的金属外护层或屏蔽层应接地，对于接地电阻值，当 $\rho \leqslant 100\Omega \cdot$ m 时，$R \leqslant 20\Omega/km$；当 $\rho > 100\Omega \cdot m$ 时，$R \leqslant 40\Omega/km$。其中 ρ 为土壤电阻率，R 为接地电阻值。

架空电缆用的钢绞线及电缆铅皮的接地电阻值，应符合表 1-11 的规定。

架空电缆用的钢绞线及电缆铅皮的接地电阻值 表 1-11

土壤电阻率(Ω·m)	$\rho \leqslant 100$	$100 < \rho \leqslant 300$	$300 < \rho \leqslant 500$	$\rho > 500$
接地电阻值(Ω)	≤20	≤30	≤35	≤45

电缆分线箱避雷器的接地电阻值，应符合表 1-12 的规定。

电缆分线箱避雷器的接地电阻值表 表 1-12

土壤电阻率(Ω·m)	$\rho \leqslant 100$	$100 < \rho \leqslant 300$	$300 < \rho \leqslant 500$	$\rho > 500$
接地电阻值(Ω)	≤10	≤15	≤18	≤24

用户终端设备装设的避雷器，其接地电阻值应符合表 1-13 中的规定。

用户终端设备避雷器的接地电阻 表 1-13

共用一个接地装置的避雷器数	1	2	4	5 及以上
接地电阻值(Ω)	≤50	≤35	≤25	≤20

架空电缆金属护套及其钢绞线应每隔 250m 左右做一次接地，空旷地区每隔 1000m 左右应做一次接地。在电缆分线箱处，架空电缆金属护套及其钢绞线应与电缆分线箱合用接地装置。

5.6.3 接地施工

接地装置采用共用接地极。共用接地网应满足接触电阻、接触电压和跨步电压的要求。

机房的保护接地采用三相五线制或单相三线制接地方式。

一般情况下，最好在机房内围绕机房敷设环形接地母线。环形接地母线作为第二级节点，按一点接地的原则，程控交换机的机架和机箱的分配点为第三级节点，第四级节点是底盘或面板的接地分配点，第三级节点的接地引线直接焊接到环形接地母线上。与上述第三级节点绝缘的机房内各种电缆的金属外壳和不带电的金属部件，各种金属管道、金属门框、金属支架、走线架、滤波器等，均应以最短的距离与环形接地母线相连，环形接地母线与接地网多点相连。

有条件的电话站还须设立直流地线，一般用 120mm×0.35mm 的紫铜带敷设而成。

图 1-34 为程控交换机星形接地方式示意图。

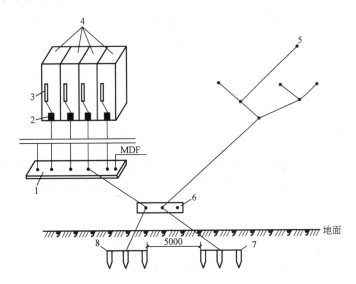

图 1-34　程控交换机星形接地方式（工作接地）示意图

1—带形工作接地（设置在机房活动地板下）；2—机房分配点（防静电活动地板）；3—键盘；4—程控交换机机组；5—接地点（如蓄电池一个极接地）；6—工作接地排（设置在站房内）；7—第二组工作接地；8—第一组工作接地

直流接地用 35mm² 铜芯绝缘线，从总等电位铜排上引出，严禁再与任何"地"连接。在弱电用竖井中穿金属管或槽直接引至机房供信号接地用。

安全接地用绝缘铜芯线，截面积选 6mm² 以上，从最近的楼层保护接地的辅助等电位铜排上引接。对于洁净、干燥的机房地坪，必须用抗静电地板，其接地可与保护接地连在一起。

功率接地用与相导体等截面的绝缘铜芯线从楼层配电箱与相导体一起引来，在 TN-C-S 系统中，N 线在变压器中性点接地后，不能与任何"地"有电气连接。

屏蔽接地时系统中的金属管、槽、设备外壳，都必须连接到保护接地 PE 线上。机房内的等电位接地，需把机房内的其他金属构件与 PE 线相连一体。

课题 6　电信增值服务

随着电信技术的发展以及用户业务发展的需要，利用电信基础设施实现电信增值服务成为电信技术发展的方向。目前，在电话通信系统中开展的电信增值服务主要有：数据业务、INTERNET 接入、视频电话会议、图文信息等。

6.1　综合业务数字网（ISDN）

由于数字技术的发展，使得话音和非话音业务等都能以数字方式统一起来，综合到一个数字网中传输、交换和处理。用户只要通过一个标准的用户/网络接口即可接入被称作综合业务数字网（ISDN）的系统内，实现多种业务的通信，ISDN 网组成如图 1-35 所示。

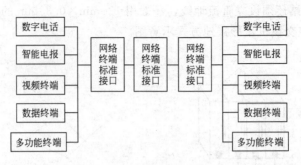

图 1-35　ISDN 网组成框图

ISDN 是以电话 IDN 的概念为基础发展而成的网络，它提供端对端的数字连接，用来提供包括话音和非话音业务在内的多种业务，用户能够通过一组标准多用途的用户/网络接口接入到整个网络。

6.1.1　结构和工作原理

（1）ISDN 信道类型

信道是提供业务用的具有标准传输速率的传输信道，它表示接口信息传送能力。信道根据速率、信息性质以及容量可以分成几种类型，称为信道类型。

1）B 信道。B 信道用来传送用户信息，传输的速率 64kbit/s，B 信道上可以建立三种类型的连接：电路交换连接、分组交换连接、半固定连接（等效于租用电路）。

2）D 信道。D 信道的速率 16kbit/s 或 64kbit/s，它有两个用途：第一，它可以传送公共信道信令，而这些信令用来控制同一接口上的 B 信道上的呼叫；第二，当没有信令信息需要传送时，D 信道可用来传送分组数据或低速的遥控、遥测数据。

3）H 信道。H 信道用来传送高速的用户信息，如高速传真、图像、高速数据、高质量音响及分组交换信息等。H 信道有三种标准速率：

H_0 信道——384kbit/s

H_{11} 信道——1536kbit/s

H_{12} 信道——1920kbit/s

（2）ISDN 接口结构

1）基本接口。基本接口（BRI）也叫基本速率接口，是把现有电话网的普通用户作为 ISDN 用户线而规定的接口，它是 ISDN 最常用、最基本的用户网络接口，是为了满足大部分单个用户的需要设计的。基本接口由两条传输速率为 64kbit/s 的 B 信道和一条传输速率为 16kbit/s 的 D 信道构成，即 2B＋D。两个 B 信道和一个 D 信道时分复用在一对用户线上。由此可得出用户可以利用的最高信息传输速率是 $2 \times 64 + 16 = 144$kbit/s，再加上帧定位、同步及其他控制比特，基本接口的速率达到 196kbit/s。

2）基群速率接口。基群速率接口（PRI）或一次群速率接口主要面向设有 PBX 或者具有召开电视会议所需的高速信道等业务量很大的用户，其传输速率与 PCM 的基群相同。由于国际上有两种规格的 PCM 的基群速率，即 1544kbit/s 和 2048kbit/s，所以 IS-DN 用户-网络的基群速率接口也有两种速率。

采用 1544kbit/s 时，接口的信道结构为 23B＋D，其中 B 信道的速率为 64kbit/s，考虑到基群所要控制的信道数量大，所以规定基群速率接口中 D 信道的速率是 64kbit/s。

23B＋D 的速率为 23×64＋64＝1536kbit，再加上一些控制比特，其物理速率是 1544kbit/s。

采用 2048kbit/s 时，接口的信道结构为 30B＋D，其中 30 个 B 信道的速率为 30×64＝1920kbit/s，加上 D 信道及一些控制比特，30B＋D 基群速率接口的物理速率为 2048kbit/s。

基群速率接口还可用来支持 H 信道，例如，可以采用 $mH_0＋D$，$H_{11}＋D$ 或 $H_{12}＋D$ 等结构，还可以采用既有 B 信道又有 H_0 信道的结构：$nB＋mH_0＋D$。表中列出了 ISDN 等各种用户网络接口结构。

6.1.2 业务功能

ISDN 在语音方面的应用，如同声广播、高质量语音广播、会议电话。

ISDN 在局域网的应用。

ISDN 的视频应用，如：桌面系统、集中图像管理、远端教学、医疗。

6.2 不对称数字用户系统（ADSL）

与普通音频 Modem 利用 0～4kHz 频段进行数据传输不同，ADSL 系统也是利用双绞铜线对作为传输媒介，增加了两段频谱，一段用于上行数据的传送，另一段用于下行数据的传送。可向用户提供单向宽带业务（如：HDTV）、交互式中速数据业务和普通电话业务，它与 HDSL 系统相比，最主要的优点是能够实现宽带业务的传输，为只具有普通电话又希望具有宽带视频业务的分散用户提供服务。

6.2.1 基本结构与工作原理

ADSL 技术结构图如图 1-36 所示。图中所示的双绞线上的传输信号的频率可分为三个频带（对应于三种类型的业务）：普通电话业务（POTS）；上行信道，通过 144kbit/s 或 384kbit/s 的控制信息（如：选择节目）；下行信道，传送 6Mbit/s 的数字信息（如：高清晰度电视节目）。通过 ADSL 系统中的局端设备和远程设备，即可使一般的交换局向用户提供上述宽带业务。

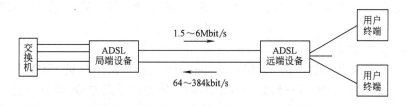

图 1-36　ADSL 系统结构

ADSL 系统中所说的"不对称"是指上行和下行信息速率的不对称，一个高速，一个低速。即高速的视频信号下行传输到用户和低速的控制信号上行从用户到交换局，且允许实现双向控制信令，使用户能交互控制输入信息来源。另外还可使用户在进行电话联络时不影响数字信号的传输。

ADSL 系统中采用的线路编码技术优先采用离散多音频（DMT）调制方式。

6.2.2 业务功能

ADSL 系统利用一对双绞铜线对可同时提供三类传输业务，即普通电话业务、单向传输的影视业务和双向传输的数据业务。新增的这些业务是以无源方式耦合进普通电话线的，ADSL 系统的相关设备出现故障，并不影响用户打电话。

表1-14 给出了 ADSL-T1E1.4 工作组建议的 ADSL 传输业务分类，表1-15 给出了相应的业务功能及所需带宽，表1-16 给出了速率、线径与距离的对应关系。

ADSL 传输业务分类 表 1-14

类　别	单工（视像）	双工（数据）	基本电话业务
1	6.144Mbit/s	160～576kbit/s	4kHz
2	4.608Mbit/s	160～384kbit/s	4kHz
3	3.072Mbit/s	160～384kbit/s	4kHz
4	1/536Mbit/s	160kbit/s	4kHz

业务功能及所需带宽 表 1-15

业 务 种 类	所 需 频 带	
	下 行 信 道	上 行 信 道
电视	3～6Mbit/s	0
电视点播	1.5～3Mbit/s	16～64kbit/s
交互式可视游戏	1.5～6Mbit/s	低
电视会议	384kbit/s	384kbit/s
N-ISDN 基本速率	160kbit/s	160kbit/s

传输速率、线径与距离的对应关系 表 1-16

传输速率（Mbit/s）	铜线线径（mm）	传输距离（km）	传输速率（Mbit/s）	铜线线径（mm）	传输距离（km）
6.0	0.4	1.8	3.0	0.5	3.7
4.6	0.4	2.4	1.5	0.4	5.5
3.0	0.4	2.7			

（1）下行数字信道

下行数字信道传输速率为 6Mbit/s 左右，可提供 4 条 1.5Mbit/s 的 A 信道（相当于 4 条 T1 业务信道），每条信道可传送 MPEG-1 质量的图像；或 2 条 A 信道组合起来传送更高质量的图像（如 2 套实时体育节目转播）；或 1 套 HDTV 质量的 MPEG-2 信号（6Mbit/s）。

（2）双工数字信道

双工数字信道高传输速率为 394kbit/s，可提供 1 条 384kbit/s 的 ISDN Ho 双向信道；或 1 条 ISDN 基本速率 2B＋D 信道（144kbit/s）；还提供 1 条信令/控制信道，用于视频点播时，可通过该信道遥控下行 A 信道上的传送节目，如"快进"、"搜索"、"暂停"等。

（3）普通电话信道

普通电话业务占据基带。

综合上述，ADSL 系统使用灵活，投资少，见效快，不仅可以提供传统的电话业务，还能为用户提供多种多样的宽带业务，是一种较好的铜线接入方式，它目前存在的主要缺点是：容量小，用户的模拟电视机需加机顶盒，环境噪声影响接收机灵敏度、频谱兼容性等。这些缺点尚需进一步研究解决。

6.2.3　ADSL 的连接方式

由于 ADSL 传输技术是在 1 对铜线对上同时传输 ADSL 数据业务和 POTS 电话业务，

所以 ADSL 接入时需要使用 POTS 分离器。其作用为：

1）组合和分离信号；

2）防止 POTS 音频信号所引起的干扰；

3）防止接收器受拨号脉冲、振铃信号的干扰；

4）保证 ADSL 两端设备关闭或供电中断时，电话业务不被中断；

5）POTS 与 ADSL 信号的组合和分离分别由一个低通和高通滤波器完成，POTS 信号占 3.4kHz 以下的频带，ADSL 上行和下行占有频带由厂商产品决定。

ADSL 的系统连接如图 1-37 所示。

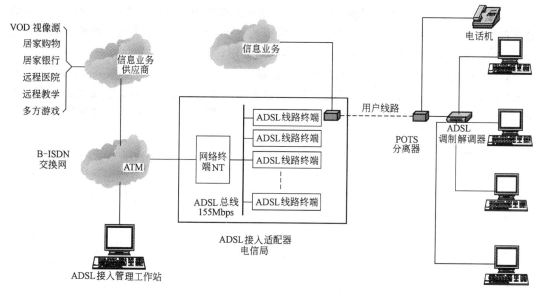

图 1-37　ADSL 的系统连接图

6.3　智能电器控制

利用电话通信线路进行家居电器控制是电话通信的又一个增值服务内容。在家电设备上如果设计有电话通信接口，人们可以在远端通过电话拨号控制家电的运行状态。

习　　题

1. 一般用户电话线路传输的信号是模拟信号还是数字信号？

2. 模拟信号可以传输数字数据吗？数字信号可否传输模拟数据？

3. 什么是信号的基带传输？

4. 什么是信道？什么是信道的通频带和信道带宽？

5. 简述交换机在电话通信中的作用。

6. 一般分机用户呼出的呼损率不应大于＿＿＿＿＿＿，公用网呼入的呼损率不应大于＿＿＿＿＿＿。

7. 电话交接间的使用面积应不小于＿＿＿＿＿＿，室内净高不小于＿＿＿＿＿＿，设置宽度为

_____的外开门，通风应良好，有保安措施，设置照明灯及220V电源插座。

8. 电话交接间内通信设备采用综合接地时电阻不宜大于_____，独自接地时，其接地电阻应不大于_____。

9. 电话电缆一般采用型号为_____（铜芯聚乙烯绝缘聚氯乙烯护套市话电缆）或型号为_____（铜芯聚乙烯绝缘涂敷铝带屏蔽聚乙烯护套市话电缆）、型号为_____（铜芯聚氯乙烯绝缘聚氯乙烯护套配线电缆）线径0.5mm的电缆，电缆的终期电缆芯数利用率小于或等于_____。

10. 简述ADSL接入技术中的POTS分离器的作用。

11. 画图说明电缆在竖井中的绑扎方法。

12. 壁龛的安装与电力、照明线路及设施的最小距离应为_____以上。与燃气、热力管道等最小净距应不小于_____。接入壁龛内部的管子，管口光滑，在壁龛内露出的长度应小于_____。钢管端部应有丝扣，并用锁紧螺母固定。

13. 电话线路的引入位置应尽量选择在高层建筑的_____或_____，引入处的人孔或手孔，应避开高层建筑的_____出入门或交通要道和邻近易燃、易爆、易受机械损伤的地方，也不应选择穿越高层建筑的伸缩缝（或沉降缝）、主要结构或承重墙等关键部分。

单元 2　入侵防范系统

知 识 点：安全防范、设防、发现、处置。前端系统，传输系统，控制报警系统。门磁开关，玻璃破碎传感器等。微波入侵探测器、主动红外探测器、激光入侵探测器。被动红外探测器，微波探测器，超声波探测器，双技术探测器。设计原则，单级报警，多级报警，联网报警。风险等级，防护级别，防护区域。布线，供电，接地保护。施工图、系统图。

教学目标：了解安全防范的重要性、主要技术手段和要求。掌握安全防范系统三大组成部分的相互关系和作用。掌握开关报警探测器原理和应用；掌握玻璃破碎探测器原理和应用。掌握直线型入侵探测器的原理和应用。掌握空间区域的安全防范技术。掌握一般防盗报警工程系统设计的原则、步骤和方法。银行等重要场所的安全防范设计要求。掌握防盗报警工程的布线要求，供电和接地要求。掌握防盗报警系统的系统图设计、施工图设计以及系统安装方法。

课题 1　安全防范系统概述

1.1　重　要　性

　　盗窃是和平时期的最大危害之一，是破坏社会安定的重大隐患，是当前社会普遍关注的问题。国家建没部、公安部于 1996 年 1 月 5 日联合颁发《城市居民住宅安全防范设施建设管理规定》，要求加强城市居民住宅安全防范设施的建设和管理，保障人民人身和财产的安全，要求安全防范设施的建设应纳入建筑的规划，并同时设计、同时施工、同时投入使用，要真正做到有备无患，防范未然，把改善安全性能，防止盗窃和暴力犯罪的特殊措施作为提高房屋使用价值的一个重要举措，并将人身安全放在安防设计的首位。

　　安全防范是保障人们在生产、生活和一切社会活动中人身、生命、财产和生产、生活设施不受侵犯。它包括防侵犯、保安全的思想意识、安全法律法规、组织行为和安全设施以及科学技术等方面，可概括为"人防"、"物防"和"技防"。

　　安全防范系统实施的原则是"以防为主，打防并举"，其基本功能是设防、发现和处置。在安全防范系统中，设防、发现、和处置三个基本功能是直接相关、不可分割的，其中任一环节功能若不能发挥作用，都将使整个安全防范系统失去作用。

1.2　主要安全防范技术

　　安全防范技术可理解为预防对人身和贵重物品有刑事犯罪危险所需的保安措施。为了做到万无一失，首先要根据实际情况调查了解存在的危险及可能的特殊表现形式，然后才能确定采用何种防范措施。这种措施通常分为两大类：

（1）机械措施

是在建筑上采取防盗设施给罪犯设置障碍的预防措施，如防盗门、防护网等。这是一种简便可行但被动的措施，可留下作案的痕迹，对破案有一定的帮助。

（2）电子报警措施

通常采用进入报警装置、袭击报警装置和破坏报警装置。这些装置的输出端都可接入报警器件，如喇叭、警笛、警灯，也可自动启动监控录像、强光照明，还可启动电话报警，如与110联网则可直接向110报警。这样的装置具有主动性、先进性，属于智能化系统。

智能化防盗系统的基本要求为：

1）安全、可靠、实用、美观、经济。

2）符合有关法律、法规、技术标准及规范。

3）满足建筑物的使用功能要求。

4）具有扩充更新性，适应一定时期发展需要。

1.3   防盗设施的规划

（1）防范设施必要性分析

分析哪些地点需采取安全措施。若需采取安全措施，原则上应首先采取机械安全措施，然后辅以电子安全措施，以提高安全防盗系统的可靠性和效能。

（2）安全性分析

应仔细进行安全性分析，以便及时了解各个薄弱环节，采取相应的对策。

（3）防盗设备的选择

根据建设投资及实际要求，分析各种设备的性价比，充分考虑各种设备的实用性、可靠性、经济性，选择合适的设备。

课题2   安全防范系统的三大组成部分

2.1   安全防范系统的组成

安全防范系统与大多数楼宇智能系统相同，由前端系统、传输系统和控制报警系统三部分组成。

前端系统包括各类探测器、变送器、电源等，其主要功能是探测监测区域（防区）内安全状态，并将该状态以电信号形式发送。同时，一些前端系统还需要接受来自控制中心的动作控制信号改变自身工作状态。

传输系统包括有线传输和无线传输两大类，它是联络控制中心与前端系统的物理通道。其技术特点是高保真信号传输，应尽可能解决好传输系统的抗干扰、低衰减、信号保真等问题。

控制报警系统包括控制主机和报警器，是安全防范系统的中心。它负责处理各个探测器监测到的安全信息，做出判断后发出报警控制信号。同时，控制报警系统还应该具有信息存档、查询、打印等功能。

2.2 防盗报警探测器及主机

2.2.1 报警器的类型

（1）防盗报警探头的分类

目前分类方法很多，常用方法有按场所分类见表 2-1、按部位分类见表 2-2。

按场所分类表　　　　　　　　　　　　　　　　　　　　　　表 2-1

防护场所	适用报警器探头类型
点型	压力垫、点探器、平衡磁开关及微动开关
线型	微波、红外、激光阻挡式、周界报警器
面型	红外、电视报警器、玻璃破碎、墙壁振动、栅栏式
空间型	微波、被动红外、声控、超声波、移动报警、双鉴和三鉴式

按部位分类表　　　　　　　　　　　　　　　　　　　　　　表 2-2

防护部位	适用报警器探头类型
开口部位	电视、红外、玻璃破碎、各类开关
通道	电视、微波、红外、移动、双鉴、三鉴
室内空间	微波、声控、超声波、红外、移动、双鉴、三鉴
周界	微波、红外、周界

按场所分类：

点型：对某点进行探测。

线型：对射式进行探测。

面型：对某一平面区域进行探测。

空间型：对某个空间区域进行探测。

（2）常用报警探头

用于监控现场目标，以探测目标处的各种物理量变化（光、声、压力、频率、温度、振动等）作为探测对象，并将变化的物理量转变为控制器处理要求的电信号。

常用探头有微波式、线红外式、面红外式、空间红外式、开关式、超声波式、振动式、视频移动式、玻璃破碎等。

1）主动红外式：对射被阻断报警。

2）被动红外式：接收人体红外线报警。

3）微波式：发射微波，应用目标的多普勒效应探测移动目标。

（3）新型探测器

1）双鉴探测器：微波/红外双技术完美的结合，双重鉴定，提高可靠性。

2）三鉴探测器：微波/红外/人工智能处理三技术完美的结合，由微处理器对探测的信号进行思考、分析后，做出判断，捕获性能更可靠。

（4）对探测器的基本要求

由于探测器的特殊安装位置决定着整个报警系统的可靠性，因此对它有如下基本要求。

1）隐蔽性：体积不能太大。

2）稳定可靠：优质元器件，比较宽的工作环境。

3）防破坏性：具有防破坏设计。

4）抗干扰性：电磁辐射、雷电、风雨等。

5）连续工作性：长时间工作。

（5）探测器的组成

探测器主要由传感器、信号放大处理器、输出电路组成，它是将被测物理量转换为电信号的器件。

（6）探测器的主要技术指标

对探测器的各项指标设计人员应充分了解，才能正确设计、选择。

1）漏报率：当非正常情况出现时，由于种种原因，探测器没有探测到信号，产生漏报。漏报占总报警次数的百分比。此值越小越好。

2）探测率：探测到入侵占总入侵的百分比。此值越大越好。

3）误报率：不应报警的却发生了报警。误报占总报警次数的百分比。此值越小越好。

4）警戒范围：根据实际需要选择，此值不一定越大越好。

5）探测类型：根据实际需要选择。

6）报警传输方式：有线或无线。

7）最大传输距离：有效的、保证可靠的最大距离。

8）工作时间：能稳定连续工作的最大时间。

9）探测灵敏度：指最小探测信号。

10）功耗：正常工作时所耗电能。

11）工作电压、电流。

12）环境条件。

2.2.2 报警器探头安装原则

1）对于采用阻挡式遮断波束原理的微波被动红外、超声、激光等阻挡式报警器，其安装方向应与目标移动方向垂直切割。

2）对于采用多普勒效应移动探测原理的微波、超声波、红外等报警探测器，其安装方向应正对目标运动方向，并注意根据所选探头的技术指标确定安装距离及角度、高度。

3）探测器对横向切割（即垂直于）探测区方向的移动目标最敏感，设计时应尽量利用这个特性，如图 2-1 中 A 点布置就比 B 点效果要好。

4）设计探测器安装位置时要注意探测器的探测范围和水平视角，如图 2-2 所示，可以安装在顶棚上（也是横向切割方式），也可安装在墙画或墙角，但要注意探测器的窗口（菲涅耳镜头）与警戒的相对角度，防止"死区"。

5）探测器不要对准加热器、空调出风口。警戒区内最好不要有热源，如无法避免热源，则应与热源保持至少 1.5m 以上的间隔距离。

6）探测器不要对准强光源和受阳光直射的门窗。

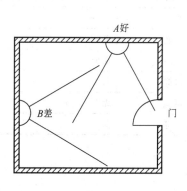

图 2-1　探测器布置之一

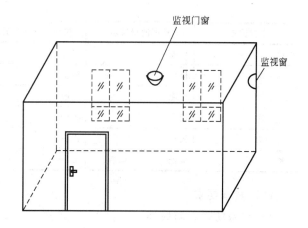

图 2-2　探测器布置之二（顶装、角装）

7）警戒区内注意不要有高大的遮挡物和电风扇叶片的干扰，探测器不要安装在强电处。

8）选择墙面或墙角安装时，安装高度在 2～4m，最好 2～2.5m。

探测器安装实例，如图 2-3 所示。

2.2.3　误报警

有关因素可能引起误报警情况见表 2-3。

2.2.4　报警主机

（1）作用

安置于控制中心，接受探测器传来的探测信号，并对此信号进行分析、处理、判断，确认为非法入侵，发出声光报警，输出显示入侵位置，向上一级报警中心发出报警。

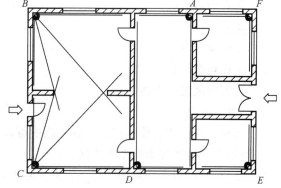

图 2-3　探测器安装实例（A、B、C、D、E、F 为六个探头）

若干因素引起误报情况表　　　　表 2-3

干扰因素	超声波报警器	被动红外线报警器	微波报警器	微波/红外双技术报警器
振动	平衡调整后无问题	极少	可能	无
湿度变化	少有	无	无	无
温度变化	少有	可能	无	无
大金属物反射	极少	无	可能	无
小动物	接近时有	接近时有	接近时有	一般无
玻璃外移动物体	无	无	极少	无
通风、空气流	极少	少	无	无
窗外阳光及移动光	无	极少	无	无
超声波	可能	无	无	无

干扰因素	超声波报警器	被动红外线报警器	微波报警器	微波/红外双技术报警器
火炉	可能	可能	无	无
开动机械	极少	极少	可能	无
无线电波	可能	可能	可能	极少
雷达干扰	极少	极少	可能	无
门窗抖动	极少	极少	可能	无
价格	较低	低	中等	高

（2）基本要求

1）自身防拆、防破坏。

2）对传输途径监测。

3）具有自检功能。

4）宽电压输入。

5）具有后备电源。

6）具有显示部件。

7）操作使用方便。

8）工作稳定可靠。

9）具有防区设置功能。

（3）防区概念

1）防区：探测器监控的范围，在系统中可以被控制主机识别，并相互区分的保护区域，一般防盗报警系统都有多个防区。

2）布防（设防）：需要探测器正常工作起来，对探测到的移动（入侵）信号作出报警判断的工作状态。

3）撤防：人们在探测区内正常工作、生活、学习，暂不需要防盗报警系统对探测到的信号做出报警的工作状态。

4）退出延时：对系统布防时，报警系统需延迟一段时间，此时间内不会因为触发探头引起报警，便于设防人员退出。

5）进入延时：操作者需对系统撤防时，可能触发探头，这时系统应能延迟一段时间，等待撤防操作，超过此时间便报警。

设防、撤防、退出、延时、进入延时等工作状态由主机根据需要设置。

（4）防区类型

1）出入防区：用于主要出入口，防区的布防在退出延时结束后生效。撤防时，必须在延时结束前操作完毕，否则报警。

2）周边防区：用于外部门、窗、墙等周界防范。布防后有效，没有延时。

3）内部防区：用于内部房间进入需报警的地方，布防生效，撤防无效。

4）日夜防区：用于敏感地区的门、窗、柜，无延时。

（5）报警功能

1）现场声光报警（恐吓作用）。

44

2）电话联网报警。

3）报警中心报警。

4）胁持报警：当用户受到罪犯胁持，被迫撤防系统时，可用胁持密码撤防系统，系统被撤防的同时，会向外部或上级报警中心报警求援。这是一个非常重要的功能，设计防盗报警系统时必须要考虑。

2.2.5 传输

探测器信号与报警主机、报警中心的通道，分为有线传输和无线传输两大类。它们各有优缺点，设计时根据实际情况及要求和现场条件进行选择。

2.2.6 联网报警系统

一般由用户端报警系统和接警中心组成，按用户的性质可分为固定目标联网报警系统（如银行、博物馆等）和移动目标联网报警系统（如出租车等）。

课题3 门窗上的安全防范技术

3.1 开关报警探测器

开关报警器是一种电子装置，它可以把防范现场传感器的位置或工作状态的变化转换为控制电路通断的变化，以此触发报警电路。由于这类报警器的传感器工作状态类似于电路开关，故称之为开关报警器，属于点控型报警器。需要说明的是，许多报警探测器输出信号为开关信号，但并不属于开关报警探测器。

开关报警器常用的传感器有磁控开关、位置开关、微动开关、接近开关、易断金属条等。当它们发生状态变化时，传感器输出开关信号控制电路通断，触发报警装置发出声光报警。

开关报警探测器常用于被测对象位置、形状等机械状态有明显变化的场合，例如门、窗的开合，物件的位移，压力、震动的变化等。

3.1.1 磁控开关

磁控开关由干簧管和磁铁组成。干簧管内有两个或三个带触点的金属簧片，封装在充满惰性气体的玻璃管内，如图 2-4 所示。

当磁铁靠近干簧管时，管中带金属触点的两个簧片，在磁场的作用下被吸合（当触点

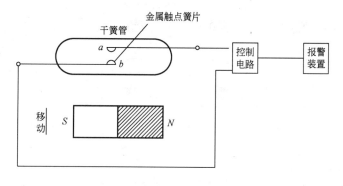

图 2-4 磁控开关报警示意图

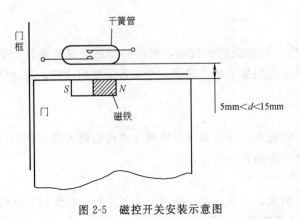

图 2-5 磁控开关安装示意图

为常闭时，则被断开），a、b 接通；磁铁远离干簧管达一定距离时，干簧管附近磁场减弱，簧片靠自身弹性作用复位，a、b 断开。

使用时，一般将磁铁安装在被测物体的活动部件上（如门扇、窗扇），干簧管则安装于被测物体的固定部件上（如门框、窗框），如图 2-5 所示。

磁铁与干簧管的安装位置需要保持适当的距离，以保证门、窗关闭时干簧管内金属触点受磁场作用可靠动作。当门、窗打开时，磁场远离干簧管，使干簧管内金属触点复位，控制其产生断路报警信号。

磁控开关也可以多个串联使用，把它们安装在多处门、窗上，无论任何一处门、窗被入侵者打开，控制电路均可发出报警信号。这种方法可以扩大防范范围。如图 2-6 所示。图中开关 K 可以起到布、撤防作用，K 闭合为撤防，断开为布防。

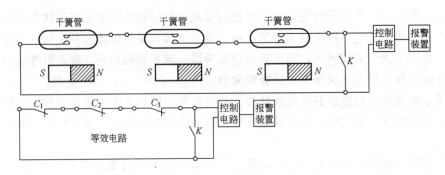

图 2-6 磁控开关的串联使用

当需要多个房间使用磁控开关时，可以使用多路控制器分防区控制报警。如图 2-7 所示。

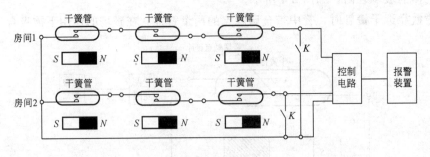

图 2-7 磁控开关的多路控制

3.1.2 微动开关

微动开关是一种依靠外部机械力的推动，实现电路通断的电路开关。如图 2-8 所示。

46

外力通过传动元件（如按钮）作用于动作簧片上，使其产生瞬时动作，簧片末端的动触点 a 与静触点 b、c 快速接通和切断。外力移去后，动作簧片在压簧的作用下，迅速弹回原位，电路恢复原始状态。

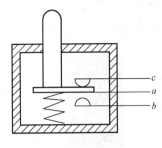

图 2-8　微动开关

微动开关具有抗震性能好，触点通过电流大，型号规格齐全，可在金属物体上使用等特点，但是其耐腐蚀性、动作灵敏度方面不及磁控开关。

在现场使用微动开关作开关报警器的传感器时，需要将它固定在一个物体上（如展览台），将被监控保护的物品（如贵重的展品）放置在微动开关之上，展品的重量将微动开关压下，一旦展品被意外的移动、抬起时，微动开关复位，控制电路发生通断变化，引起报警装置发出声光报警。微动开关也可以安装在门、窗上。

3.1.3　易断金属导线

易断金属导线是一种用导电性能好的金属材料制作的机械强度不高，容易断裂的导线。用它作为开关报警器的传感器时，可将其捆绕在门、窗把手或被保护的物体之上，当门窗被强行打开或物体被意外移动搬走时，金属线断裂，控制电路发生通断变化，产生报警信号。目前，我国使用直径在 0.1～0.5mm 之间的漆包线作为易断金属导线。国外采用一种金属导电胶带，可以像胶布一样粘贴在玻璃上并与控制电路连接。当玻璃破碎时，金属胶带断裂而报警。易断金属导线具有结构简单、价格低廉的优点，缺点是不便于伪装。

3.1.4　压力垫

压力垫也可以作为开关报警器的传感器。压力垫通常放在防范区域的地毯下面（如门垫），如图 2-9 所示。将两条长形金属带平行相对应的分别固定在地毯背面和地板之间，两条金属带之间有几个位置使用绝缘软材料支撑，使两条金属带互不接触。当入侵者进入防区，踩踏地毯，地毯相应部位受重力作用而凹陷，使地毯下两条金属带接触，造成控制电路通断变化，发出控制报警信号。

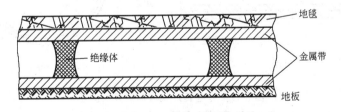

图 2-9　压力垫

3.2　玻璃破碎探测器

当玻璃门破碎时，利用振动传感器或冲击传感器都可以探测到破碎时产生的信息。但是这些传感器，经常会因为探测到行驶中的车辆或风吹动门窗振动所产生的信息，而产生误报警。因此，需要研制探测玻璃破碎的专用传感器。

玻璃破碎探测器是用于探测玻璃破裂时发出的声音和振动的探测装置，主要用于防护玻璃窗、玻璃门、玻璃展柜等具有玻璃的保护场所。玻璃破碎探测器一般采用压电材料作为传感器件，用于探测玻璃破碎时，对其产生的特有的高频声波和低频振动，进行分析、判断和产生报警输出。玻璃破碎探测器采用的分析技术和传感器件不一样，它的安装探测要求也不相同。使用中应按说明书的要求进行安装，才能达到较好的探测效果。玻璃破碎探测器实例，如图 2-10 所示。

图 2-10　玻璃破碎探测器

例如 2100EX 双技术玻璃破碎探测器，除了分析玻璃破碎时产生的特有高频声波外，同时还探测由玻璃破碎时产生的低频振动。从而避免风扇、钥匙、门铃、压缩机等可能产生的高频声波干扰现象。因为要探测玻璃破碎时产生的低频振动，所以 2100EX 玻璃破碎探测器要安装在与玻璃同一面墙的位置。探测 8m 范围内的玻璃破碎时产生的信号。

2520 智能型玻璃破碎探测器采用双频率分析技术，对玻璃破碎时产生的声音和振动信号，与探测器内存的样本信号进行比较分析，从而作出判断，因此它的防误报性能更加可靠，同时因为灵敏度不需要在安装时调试校验，使得安装更为方便。2520 智能型玻璃破碎探测器需要安装在正对玻璃的位置，探测范围可达 8m，中间不能有阻挡物体。如果把 2520 智能型玻璃破碎探测器安装在与玻璃同一面墙上时，它的探测范围会减少 40％左右。

3.2.1　导电簧片式玻璃破碎探测器

一种具有弯形金属导电簧片的玻璃破碎探测器的结构如图 2-11 所示。

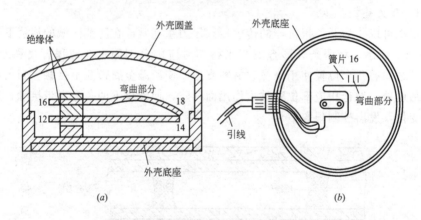

图 2-11　导电簧片式玻璃破碎探测器

(a) 玻璃探测器剖面图；(b) 玻璃探测器仰视

两根特制的金属导电簧片 12 和 16，它们的右端分别置有电极 14 和 18。簧片 16 横向略呈弯曲的形状，它对噪声频率有吸收作用。绝缘体、定位螺丝将金属导电簧片 12 和 16 左端绝缘，使它们的电极可靠地接触，并将簧片系统固定在外壳底座上。两条引线分别将簧片 12 和 16 连接到控制电路输入端。

玻璃破碎探测器的外壳需用粘接剂粘附在需防范玻璃的内侧。环境温度和湿度的变化及轻微振动产生的低频率、甚至敲击玻璃所产生的振动，都能被簧片 16 的几处弯曲部分所吸收，不影响电极 14 与 18，使其仍能保持良好接触。只有当探测到玻璃破碎或足以使玻璃破碎的强冲击力时，这些具有特殊频率的振动，使簧片 16 和 12 产生振动，两者的电极呈现不断开闭状态，触发控制电路产生报警信号。

此外，还有水银开关式、压电检测式、声响检测式等玻璃破碎探测器，它们都是以粘贴玻璃面上的形式，当玻璃破碎或强烈振动时检测报警。因此，这些粘贴式玻璃破碎探测器在布线施工时要仔细、小心。

3.2.2 声音分析式（SAT）玻璃破碎探测器

近年来，随着数字信号处理技术的迅速发展，新型的声音分析式玻璃破碎探测器被开发出来，它是利用微处理器的声音分析技术（SAT）来分析与玻璃破碎相关的特定声音频率后进行准确的报警。

例如，美国迪信安保系统公司生产的 DS1100i 系列玻璃破碎探测器就是利用了微处理器的声音分析式探测器。它安装在天花板、相对的墙壁或相毗邻的墙壁上。探测距离对 0.3m×0.3m 大小的玻璃为 7.5m，探测范围与房间的隔声程度和窗口的大小有关。

该系列采用 ABS 高强度树脂塑料外壳，有三种型号：DS1101i 为圆形，直径 8.6cm，厚 2.1cm；DS1102i 为方形，尺寸为 8.6cm×8.6cm×2.0cm；DS1103i 为嵌入式矩形，尺寸为 12cm×8.4cm×2.0cm。

电源为 9～15V（DC）。在 12V 时，DS1101i 和 DS1102i 的标准电流为 23mA，DS1103i 为 21mA。报警输出：DS1101i 和 DS1102i 为 C 型（NO/C/NC）静音舌簧继电器，在 28V 时，最大额定输出值为 3.5W，125mA；DS1103i 为常闭舌簧继电器，额定值同上。

该系列产品有防拆输出，配有分离式接线端子，常闭外罩打开时启动防拆开关。在接最大 28V（DC）时，防拆开关的最大额定电流为 125mA，并有很强的抗射频干扰能力。存储和工作温度为－29～49℃。

美国 C&K 公司开发生产 FG 系列双技术玻璃破碎探测器，其特点是需要同时探测到玻璃破裂时产生的振荡和声频，才会产生报警信号，因而不会受室内物体移动的影响产生误报。极大地降低了误报率，增加了警报系统的可靠性，适于作昼夜 24h 的周界防范之用。

FG 系列双技术玻璃破碎探测器的探测原理，是采用超低频检测和音频识别技术对玻璃破碎进行探测。如果超低频检测技术探测到玻璃被敲击时所发生的超低频波，而在随后的一段特定时间间隔内，音频识别技术也捕捉到玻璃被击碎后发出的高频声波，则双技术探测器就会确认发生玻璃破碎，并触发报警。其可靠性很高。

FG 系列双技术玻璃破碎探测器的产品型号如表 2-4 所示。其中 FG-730S 型装有一种音频监控电路，可以自动核查传声器（话筒）和音频电路的功能是否正常；FG-830 为卧式安装（装在标准开关盒内）；FG-930 装有两只传声器，分别探测超低频和音频信号，其中超低频传声器配有先进的音频滤波器，能防止强信号引起的过载。

玻璃破碎探测器安装在镶嵌着玻璃的硬墙上或天花板上，如图 2-12 所示的 *A*、*B*、

型　号	FG-715/731	FG-730S	FG-830	FG-930
探测距离 m	4.5/9	9	9	9
电源（DC）	10～14V,25mA(12V)			
报警继电器	C 型 500mA,30V	C 型 500mA,30V	A 型 500mA,24V	C 型 500mA,24V
防拆开关	A 型（常闭）50mA,30V	A 型（常闭）25mA,30V	—	A 型（常闭）50mA,30V
工作温度℃	0～49	－20～55	0～49	0～49
玻璃类型	1/8in,3/16in 平板玻璃 1/4in 层压、嵌线、钢化玻璃 最小尺寸 10 7/8in×10 7/8in 单块玻璃			
尺寸(高×宽×厚)	98mm×61.5mm×20mm		114mm×74mm×28mm	同 FG-730S
重量 g	85	85	74	85

C、D 等。探测器与被防范玻璃之间的距离不应超过探测器的探测距离。探测器与被防范玻璃之间，不要放置障碍物，以免影响声波的传播。探测器也不要安装在过强振荡的环境中。

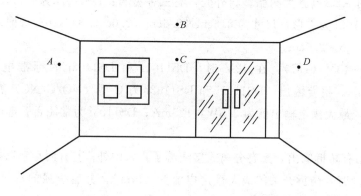

图 2-12　玻璃破碎探测器安装示意图

课题4　通道上的安全防范技术

　　通道上的安全防范技术主要采用直线型入侵探测器，此类探测器的警戒范围是一条或多条直线、也可以是许多直线段组成的折线。当警戒线上的警戒状态被破坏时，发出报警信号。常用的直线型入侵探测器有对射型微波入侵探测器、主动红外入侵探测器、激光入侵探测器、双技术周界入侵探测器、电场感应周界入侵探测器等。应用于通道，走廊，围墙等区域的安全防范。

4.1　对射型微波入侵探测器

　　对射型微波入侵探测器主要用于室外周界防护，采用场干扰原理。安装时，发射机与接收机分开相对而立，其间形成一个稳定的微波场，用来警戒所要防范的场所。一旦有人闯入这个微波建立起来的警戒区，微波场就受到干扰，微波接收机就会探测到一种异常信息。当这个异常信息超过事先设置的阈值时，便会触发报警，如图 2-13 所示。

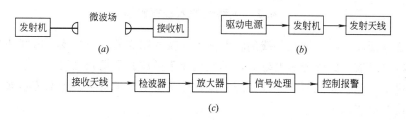

图 2-13　室外微波探测器框图
(a) 总框图；(b) 发射机框图；(c) 接收机框图

室外微波探测器，要求所发射的微波束长且发散角小，同时波束最好无旁瓣。因此，发射天线最好采用指向型天线。指向型天线发射的微波场分布模式是宽眼泪型或长眼泪型。在较窄防护区使用时，最好采用长眼泪型且无旁瓣，因为旁瓣有可能超出防护区，而易受区域外其他因素，如车辆、行人、树木等的影响。这些因素都可能引起误报警，这是我们所需要避免的。

室外微波探测器具有以下一些特点：

1) 与室内用的主动红外入侵探测器和激光探测器相比，微波能束发散角较大，收发机之间的校直要求严格。此外，微波对金属以外的其他物质的穿透能力比较强，风、雪、雾等自然现象对微波影响很小，不会影响其探测距离，是室外较理想的一种探测器，故称为"全天候"探测器。

2) 由于它是靠发射机和接收机之间微波能量的变化来实现报警的，与入侵物体的速度无关。无论人的行走或跑步还是爬行或其他物体在防范区内的活动都能触发报警。因此在使用时也要特别注意，在收发机之间的防护区内不应有任何活动的物体存在。例如，树木花草在风中的摇动，动物的穿过等。

3) 由于微波和主动红外、激光一样，都具有光的直线传播性质，因此，要求在收发机之间不能有任何障碍物，地形弯弯曲曲高低不平的地段不宜采用这种类型的探测器。

4) 由于微波场具有大面积及长距离覆盖的特点，所以非常适用于大场所，例如，机场、大型露天仓库、武器库、各种军事基地、战略油库、大使馆、监狱和机要工厂等。在大区域中使用多对微波束探测时，要注意系统互扰问题。解决互扰问题方法有三：第一，在安装时要注意每对收发机要交叉安装，尽量避免相互之间的影响。如图 2-14 所示。第二，采用调制方法。假如以两个微波频率为基频，再用 5 个低频加以调制，便可做到 10 对收发机在同一个地区工作而不互相干扰，且还能排除外部无线电频率引起的干扰。第三，采用数字编码技术，对每台收发机进行编码。编码后每台发射机能发射预编码信号中的任何一个编码信号，此信号只能被相应预编程的接收机解码接受。这个办法能有效地解

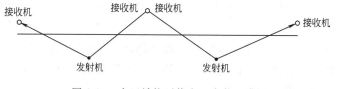

图 2-14　大区域抗干扰交叉安装示意图

决系统互扰问题。

4.2　主动红外入侵探测器

主动红外探测器是利用红外线的辐射和接收技术制成的报警装置，由红外光发射机和红外光接收机组成。红外光是电磁波，其波长介于微波和可见光之间。

发射机由电源、发光源和光学系统组成；接受机由光学系统、光电传感器、放大器和信号处理器等组成。

主动红外报警器是一种红外线光束遮挡型报警器。发射机中的红外发光二极管在电源的激发下，发出一束经过调制的红外光束（此光束的波长约 $0.8\sim0.95\mu m$），经过光学系统的作用变成平行光发射出去。此光束被接收机接收，由接收机中的红外光电传感器把光信号转换成电信号，经过电路处理后传给控制告警器。由发射机发射出的红外线经过防范区到达接收机，构成了一条警戒线。正常情况下，接收机收到的是一个稳定的信号，当有人侵入该警戒线时，红外光束被遮挡，接收机收到的红外信号发生突变。提取这一变化，经放大和适当处理，即控制发出报警信号。目前此类探测器有单束、双束和 4 束 3 种类型。

主动红外探测器的原理如图 2-15 所示。

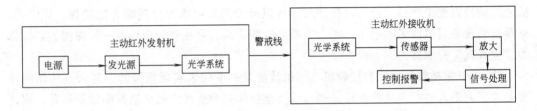

图 2-15　主动红外探测器原理图

其中：

1）发射机发出一束经调制的红外光束，被接收机接收，形成一条红外光束组成的警戒线；

2）主动红外发射的光源通常为红外发光二极管，其特点是体积小，重量轻，寿命长。采用双光路的主动红外探测器可以大大提高抗噪音和误报的能力；

3）当被探测目标入侵警戒线时，红外光束被部分或全部遮挡，接收机接收信号发生变化，经放大处理后发出报警信号。

对光束遮挡型的探测器，要适当选取有效的报警最短遮光时间。遮光时间选取太短，会引起不必要的噪声干扰，如小鸟飞过，小动物穿过都会引起报警；而遮光时间选取太长，则可能导致漏报。通常以 10m/s 的速度通过镜头的遮光时间，来定最短遮光时间。若人的宽度为 20cm，则最短遮光时间为 20cm/(10m/s)＝20ms。大于 20ms，系统报警；小于 20ms 不报警。

主动红外探测器由于体积小，重量轻，便于隐蔽。采用双光路的主动红外探测器可大大提高其抗噪声和误报的能力。而且主动红外探测器寿命长，价格低，易调整，因此，被广泛使用在安全技术防范工程中。

当主动红外探测器用在室外自然环境时，比如无星光和月亮的夜晚，以及夏日中午太阳光的背景辐射的强度比超过 100dB 时，就会使接收机的光电传感器工作环境受到影响。为此通常采用截止滤光片，滤去背景光中的极大部分能量（主要滤去可见光的能量），使接收机的光电传感器在各种户外光照条件下的使用基本相似。

另外室外的大雾会引起传输中红外的散射，大大缩短主动红外探测器的有效探测距离。实测某红外探测器的结果如表 2-5 所示：

红外探测器室外有效探测距离表			表 2-5
室 外 情 况	有效探测距离（km）	室 外 情 况	有效探测距离（km）
无雾时有效探测距离	7	中雾时有效探测距离	0.6
浅雾时有效探测距离	2.5	重雾时有效探测距离	0.3
轻雾时有效探测距离	1		

4.3 激光入侵探测器

激光入侵探测器同主动红外探测器一样，都是由发射机和接收机组成，都属于视距离遮挡型探测器。发射机发射一束近红外激光光束，由接收机接收，在收发机之间构成一条看不见的激光光束警戒线。当被探测目标侵入防范警戒区域时，激光光束被遮挡，接收机接收到光信号发生突变。提取这一变化的信号，经放大后作适当处理发出报警信息。

激光探测器原理如图 2-16 所示。

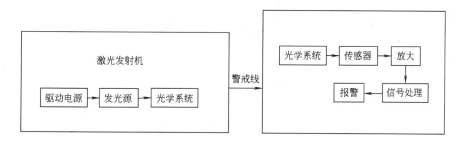

图 2-16　激光探测器原理图

激光探测器的特点：

1）激光具有高亮度、高方向性，所以激光探测器是用于远距离的直线报警装置。

2）激光探测器采用半导体激光器的波长，属于红外波段，处于不可见光范围，便于隐蔽。

3）激光探测器采用脉冲调制技术，抗干扰能力强，稳定性好。

激光探测器有如下优点：

1）方向性好，亮度高

一束激光的发散角可以做到小于 $10^{-3}°\sim10^{-5}°$，即使在几千米以外激光光束的直径也只扩展到几毫米或几厘米。由于这一特点，激光光束几乎是一束平行光束。激光能在很小的平面上聚焦，并产生很大的光功率密度，所以亮度很高。

2）单色性和相干性好

激光是单一频率的单色光，如氦氖激光器的波长为6328nm。其相干性取决于单色性。一般光源的相干性仅为几个毫米，而氦氖激光器相干性可达40km。

除了以上介绍的三种探测器之外，直线型入侵探测器还有电场感应周界入侵探测器、磁震动电缆传感器、泄露电缆入侵探测器、驻极体电缆入侵探测器，等等。

4.4　直线型入侵探测器的应用

直线型入侵探测器以主动红外探测器应用最为广泛。下面主要介绍此类探测器的安装。

主动红外探测器外形如图2-17所示。

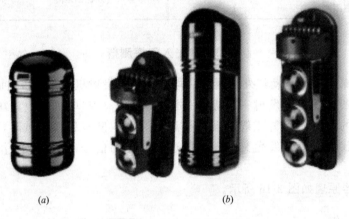

图 2-17　主动红外探测器

（a）双光路；（b）三光路

4.4.1　单光路应用

单光路由一只发射器和一只接收器组成，如图2-18所示。它可以安装在通道、围墙、门、窗等处。见图2-19。

图 2-18　单光路示意图

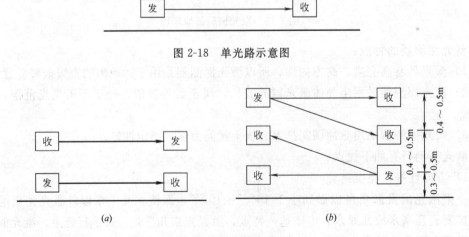

图 2-19　双光路和多光路

4.4.2 双光路应用

图 2-19 (*a*) 中的两对收发装置分别相对设置，是为了消除交叉误射。现在很多双光路的产品通过选择振荡频率的方法来消除交叉误射，这样的产品可以同侧安装。

图 2-19 (*b*) 是多光路构成警戒面。

图 2-20 是用主动红外探测器构成周界防范的示例。

图 2-21 是用激光探测器构成房间内警戒区的示例。

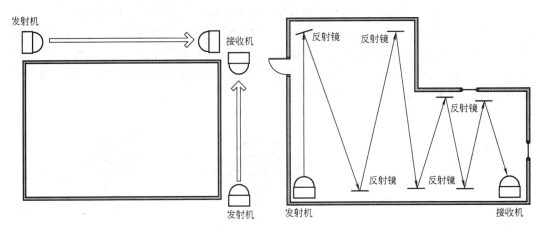

图 2-20　主动红外探测器构成周界防范的示例　　图 2-21　激光探测器构成房间内警戒区的示例

课题 5　空间防范技术

空间的安全防范技术主要应用于室内安全防范。它警戒的范围是一个空间，当被探测目标侵入所防范的空间时，即发出报警信号。这类探测器的主要类型有被动红外入侵探测器、微波入侵探测器、声控入侵探测器、声发射入侵探测器、次声波入侵探测器、超声波入侵探测器、视频运动探测器等等。这里主要介绍被动红外入侵探测器和微波入侵探测器。

5.1　被动红外入侵探测器

与主动红外探测器不同的是，被动红外入侵探测器没有发射机，只有接收机。从中学物理可知，凡是温度高于绝对零度 0K（0K≈−273℃）的物体都能产生热辐射，而温度低于 1725℃ 的物体，产生的热辐射光谱集中在红外区域，因而自然界的所有物体都能向外辐射红外热。由于物体本身的物理化学性质不同，其本身的温度也不相同，所产生的红外辐射的波长、距离、强度也不尽相同。所以，被动红外入侵探测器就是利用自然界物体的这一特性制成。

空间中的被动红外入侵探测器正常情况下，会检测到一个稳定的或变化相对很缓慢的红外光辐射强度（温度场），当有人侵入这一空间，会立刻打破空间温度场的平衡，将引起该区域红外辐射的变化，探测器检测到这个变化后，经信号处理输出报警信息。

实际应用中，被动红外入侵探测器对缓慢变化的红外辐射不敏感，例如白天、黑夜的温度差异。

被动红外入侵探测器根据不同的光学结构分为反射式和透射式两种；按照不同的安装结构又分为壁挂式和吸顶式两种。

5.1.1 按照光学结构分

1）反射式，其原理是被探测目标的红外辐射，经反射镜反射，聚焦到红外传感器上。

2）透射式，透射式透镜罩是一个能透过红外辐射的塑料压膜罩，也称为菲涅尔透镜。被探测目标的红外辐射经该透镜装置聚焦到红外传感器上，把温度信号转换成电信号，经过电路对其信号进行处理，后送入控制其发出报警。这也是目前较为常用的形式。

为了更好的发挥光学视场的探测效果，可把光学系统的视场探测模式设计成多种样式。如小角度长距离、广角近距离、整体幕帘、双层幕帘或两者组合、三者组合在一起的视场模式。见图 2-22、图 2-23 所示。如美国 Visonic 公司生产的 SRN-2000 型被动红外探测器，就有 47 种不同的镜头，供用户选择。

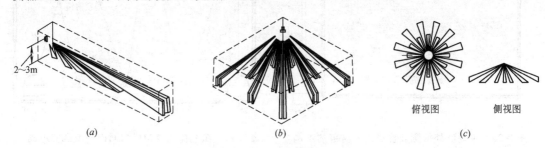

图 2-22　被动红外探测器的视场模式

（a）长廊型（壁装）；（b）广角型（壁装）；（c）全方向型（顶装）

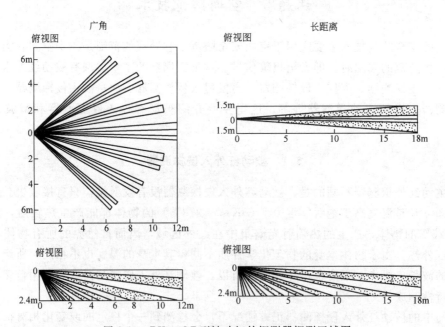

图 2-23　RX-40QZ 型被动红外探测器探测区域图

5.1.2 按不同的安装结构分

为满足不同场合的使用，人们从安装角度出发不断推出一些新的结构设计。但目前就总的情况而言，可分为壁挂式和吸顶式两种。

1）壁挂式，壁挂式被动红外探测器的结构形式很多，有长方体、正方体、扇方体和三角形等，但在使用上都可以满足要求。有旋转式安装，墙壁上和墙角处悬挂安装等各种类型。

各种各样的被动红外探测器无论在内部结构上或外部造型上，其设计越来越科学，也越来越精美，可靠性也越来越高。挂到墙上就像一只精巧的壁灯，装在高级建筑物内，即雅观又不易被外人看出它的本质。安装在天花板上的探测器如吸顶灯，有的和防火探测器极为相似，所以更具有混淆外界视线的能力。

2）吸顶式和壁挂式相比较，受室内家具布局的影响较小，所以使用范围更广阔。像商店、展览厅等，凡不宜选用壁挂式的场所，大都可以选用吸顶式探测器。

5.1.3 被动红外探测器的特点

被动红外探测器探测移动目标自身发出的红外辐射，它可以控制、警戒一个宽的空间或一个或两个条形空间（即可以应用于室内，也可以用于室外）。与其他各类报警器比较，它有如下特点。

1）依靠入侵者自身的红外辐射作为触发信号，即以被动式工作，设备本身不发射任何类型的辐射，隐蔽性好，不易被入侵者察觉。

2）不计较照明条件，昼夜可用，特别适合在夜间或黑暗环境中工作。

3）不发射能量，没有易磨损的活动部件，因而仪器功耗低，结构牢固，寿命长。

4）由于是被动式的，也不存在发射机与接收机之间的调校问题。

5）与微波探测器相比，红外波长不能穿越砖头、水泥等一般建筑物，所以被动红外探测器不必担心室外运动目标对探测区域的影响。

6）大面积室内多个探测器安装时，被动红外探测器不会引起系统互扰现象。

5.2 微波入侵探测器和超声波入侵探测器

微波入侵探测器和超声波入侵探测器都是利用了多普勒原理制成。

5.2.1 多普勒频率效应

由物理学知识可知，频率为 f_0 的波（声波、电磁波等），以一定速度 v 向前传播，遇到固定目标（山、房屋、家具等）会反射回来，反射波频率仍为 f_0。但若遇到运动目标，反射波的频率会改变为

$$f = f_0 \pm f_d$$

即在发射频率 f_0 上叠加上一个频率 f_d，f_d 称为多普勒频移。由多普勒原理可知，多普勒频移的大小与波的传播速度 v 和目标的径向速度 v_r 有关，关系式如下：

$$f_d = \frac{2v_r}{v} f_0$$

5.2.2 超声波探测器

（1）超声波探测器工作原理

超声波探测器的组成和基本原理如图 2-24 所示。超声波探测器由发射机、接收机和探测器三部分组成。工作时，由电子振荡器发出一个单频电振荡信号，通过发射传感器（换能器）变换为 f_0 的超声波信号，以一定的分布模式充满被探测的整个空间。超声波遇

到墙壁、屋顶、地板、家具等物体时被反射，部分反射的超声波能量被接收传感器接收。当空间内没有移动物体时，接收机接收到的超声波频率不变，与发射机发出的超声波频率一致，不发出报警；当有人进入探测空间，根据多普勒原理，反射波将产生频移，接收机接收到的超声波频率与发射机发出的超声波频率不一致，提取并处理这一信息，即可控制发出报警信号。

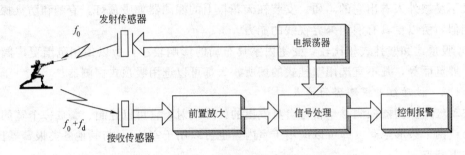

图 2-24　超声波探测器基本原理方框图

（2）超声波探测器的特点

1）超声波是机械波，不受外界电磁波的干扰。但对那些同频带的超声波，是无法排除的。

2）适用于对移动目标的探测，对固定目标不敏感。

3）安装方便、灵活。可以把接收机和发射机装在同一机壳内，也可以把接收机和发射机分开安装。

（3）安装注意事项

1）防范区域一般应为密闭的室内。门、窗要求关闭，其缝隙也应足够小，以免因外界因素影响而报警。室内电扇、空调设备均应关闭，因为这些都可造成空气流动而误报警。

2）墙壁要求隔声效果好（一般砖墙均可，但不要使用纤维板墙），以免室外超声波干扰源（汽笛、蒸汽泄漏声、排气声等）引起误报警。

室内电话铃声是否引起误报警，要在安装好探测器后通过测试确定，如果可以引起误报警应更换电话机。

3）室内的家具应尽量靠墙摆放，尽量减少人为的探测死区。

4）根据使用环境的要求，选择适当的超声波探测器和选择适当的安装布局方式。超声波探测器可以安装在墙上，也可以安装在天花板上。若室内有许多较高的柜子、货架、展台等，采用天花板上安装形式较好。当采用这种安装方式时，超声波的能量场将呈现一个锥形场向下辐射。当安装高度为 3～4.6m 时，其能量场覆盖直径约为 10m。若在走廊中使用，采用长距离性超声波探测器较好，可在超声波收发机前放一个偏转器来实现。

5.2.3　微波多普勒空间探测器

微波多普勒空间探测器不同于室外微波探测器，同超声波探测器一样，也是采用多普勒移频效应。所不同的是，微波多普勒空间探测器发射的微波信号为电磁波，而超声波是机械波。

（1）微波多普勒空间探测器的基本原理

微波多普勒探测器的基本原理，如图 2-25 所示。

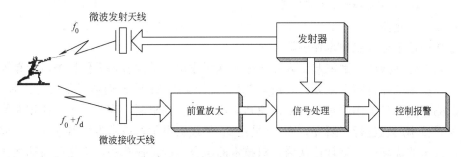

图 2-25　微波多普勒探测器的基本原理框图

微波多普勒探测器的发射器由一个微波小功率振荡源，它通过天线向所防范的区域发射微波信号。同时，其中的一部分微波信号进入混频器。当该区域内无移动目标时，即由静止目标（如墙壁、家具等物）反射回来的微波信号频率与发射器的发射频率相同时，混频后输出的信号是直流。由移动目标反射回来的微波信号，由于多普勒频移效应，其频率高于或低于发射信号的频率，经混频后可产生差频。此差频经放大、滤波及检波等一系列处理后，控制发出报警信号。

微波多普勒探测器发射的微波长的分布模式与天线形状有关。全向型天线发射的微波场分布模式是圆形、半球形或椭圆形。指向型天线发射的微波场分布模式是宽眼泪型或长眼泪型。

（2）微波多普勒探测器的特点

1）微波多普勒探测器是空间移动探测器，如果在其防范空间有移动目标，就会产生报警信号。因此，入侵者无论从门、窗、还是天花板、墙打洞进入，都无法逃脱探测器的监视。

2）微波对废金属物体具有一定的穿透作用。它可以穿透较薄的墙、玻璃、木材和塑料等。这类探测器可以伪装，隐蔽性好。

3）可靠性好。微波探测器工作时不受空气流动、光源及热源的影响，如电话铃声、开启冷气和暖气、空调设备等，不会引起误报警。

（3）安装使用注意事项

1）微波多普勒探测器的探头不能直接对着易活动物体，如门帘、窗帘、货架盖布和风扇等。他们一旦被风吹动，相当于移动目标，会引起误报警。

2）由于微波可以穿透墙、玻璃等物，所以安装时一定要注意安装位置，适当调整灵敏度，以避免室外的运动物体（如行人、车辆、小动物、树木的摇动等）引起误报警。

3）微波多普勒探测器安装时，必须固定牢靠，不能晃动。自身的晃动相当于有移动目标存在，会产生误报警。

4）微波多普勒探测器的探头不能直对闪烁的日光灯、水银灯等光源，因灯内的电离气体可以反射微波。闪烁的灯相当于运动的反射体，可能引起误报警。

5）微波在传播途中遇到金属物体会产生反射。安装时必须注意到反射波区域内不能有运动物体，否则可能引起误报警。

6) 在有老鼠、猫和鸟常出没的房间（如旧仓库）内安装使用此种探测器时，要注意它们的干扰。若在探头附近活动，由于反射信号较强，可能产生误报警。

5.2.4 双鉴探测器和三鉴探测器

(1) 双鉴探测器

双鉴探测器也称为双技术探测器。

虽然以上各种探测器都能起到入侵防范的探测作用，虽说各种入侵探测器均有各自独特的优点，但也有各自不足之处。在报警其发展过程中，尽管人们作了很大努力来改进，但有些探测器因本身工作原理的原因而使其应用范围受到限制。为此，人们就扩大使用范围和减少误报率问题进行了研究。在 20 世纪 70 年代提出了双技术报警器理论，从理论上论证了双技术的优越性。该理论认为：双技术的组合不能是任意的，不是随便地把任何两种技术组合在一个机壳里就能解决误报警问题，而是必须遵循以下原则来选择才能达到解决问题的目的。

1) 组合中的每个传感器，必须具有不同的工作原理，或者说有不同的误报机理。即对不同的误报源都能产生响应，同时两个传感器必须对希望的目标具有相同的灵敏度。

2) 上述原则不能满足时，应选择两个或起码其中的一个对公共误报源发生反应最小的传感器进行组合。如果两个传感器对同一个误报源的反应都很灵敏，即使组合在一起也不能降低误报率。

3) 选择的传感器应对外界经常发生或连续发生的刺激不灵敏。

根据上述理论，人们对各种不同的组合进行了尝试。目前从市场上能看到的产品来看，主要有超声波-被动红外、微波-被动红外、微波主动红外等多种双技术探测器。

C&K 公司曾经对双技术探测器和单技术探测器作了比较试验，其结果是：超声波-被动红外双技术探测器和一些单技术探测器相比较，此种双技术探测器若误报一次，单技术探测器可能误报 270 次。换言之，双技术探测器使误报减少了 270 次；微波-被动红外双技术探测器和一些单技术探测器相比较，此种双技术探测器若误报一次，单技术探测器就可能误报 421 次。换言之，此种双技术探测器可以使误报减少 421 次。

有以上比较结果看，采用双技术探测器可以有效的抑制误报警，同时，微波-被动红外的组合优于超声波-被动红外的组合。

(2) 三鉴探测器

所谓三鉴探测器并不是简单的将三种不同的探测技术组合在一起的探测器，而是在双技术探测器的基础上融入信号的智能处理单元，提高探测器的信息处理能力和自判断能力。所以，三鉴探测器实际上就是智能双鉴探测器。

在三鉴探测器中，一般具有 CPU 单元或其他的智能芯片，这些单元可以自学习、自适应，可以进行数字信号的过滤和分析，在判断后决定是否发出报警信号。

现代的先进探测器中甚至还融入了模糊控制、神经元控制等先进的控制理论和方法。

课题 6　一般防盗报警工程系统的设计

安全技术防范工程是指综合运用安全技术防范产品和其他相关产品所组成的安全防范系统的手段和工作。

6.1 设 计 步 骤

1）防盗报警工程的设计必须根据国家有关标准、公安部门有关规范要求进行，设计时必须深入现场全面了解建设单位的性质、要求，从而确定防护范围，警戒设防区域，根据各区域的不同要求确定保护级别及风险等级。

2）全面勘察设防范围，了解各设防区域的特点，包括地形、建筑结构、气候，可能产生的各种干扰，可能发生入侵的方向、路线、地点、时间等。

3）确定防盗报警工程要达到的功能来选择探测器的种类。

4）根据入侵探测器的探测范围画出布防图、覆盖图。必要时应进行现场试验，并结合实体防范系统和守卫力量的情况，对工程系统各项技术指标、预期效果做出评估，提出严密的防盗报警系统方案。

5）方案要报送有关主管部门审批，对其技术、质量、费用、工期、服务和预期效果做出评价，并根据审批意见进行修改，正式的施工设计必须按审查批准方案进行。

6）办事程序：①办理《技防工程设计、施工、维修、审核登记证书》（资质证）。②办理工程审批。③工程施工。④工程验收。⑤资格年度审验。

6.2 设 计 原 则

（1）防盗报警系统的应用范围

现代楼宇的高层化、大型化、密集化、多功能化、智能化，需要加强防范措施，下列场所应有防盗报警装置：①银行。②金库。③博物馆。④陈列室。⑤商场。⑥计算机房。⑦档案室。⑧重要办公室。⑨住宅。⑩重要场所的出口。⑪军事要地等。

（2）设计原则

安全技术防范是采用科学技术手段和先进的设备，对重要目标及部位实施控制管理，所建立的一系列技术防范措施，用以预防制止违法犯罪行为。防盗报警系统的电路结构有多种，产品规格型号也有很多，设计时应从实际需要和要求出发，尽可能使系统简单、可靠，技术上先进，经济上合理。设计时一般遵守下列基本原则：

1）系统必须具有自动防止故障的特性，即公用电源出了故障，报警系统也能在一定时间内处于随时能够动作的状态，备用电源应装在报警装置附近，而不是装设在探头位置。

2）报警装置应设在闯入者不易到达处，线路必须用暗敷方式。

3）报警探头应尽量安装于不显眼处，当它受到损坏时，应易于及时发现并及时处理。

4）应认真考虑系统的维护检修问题，尽量采用标准部件。

5）系统探测器、线路出故障或受破坏时，应能报警提示，并告知哪个防区出问题，以便及时出警和维修。

6）充分考虑当地公安部门认可的品牌和产品，设计方案报公安机关审批。

6.3 报警系统的形式

报警系统按实际要求系统的大小及布防区域的多少，分为单级报警系统和多级报警系统。单级报警系统的结构形式如图 2-26 所示。多级报警系统指有多个布防区域的集中控

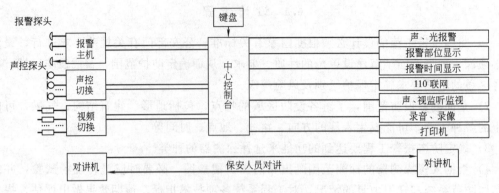

图 2-26　单级报警系统方框示意图

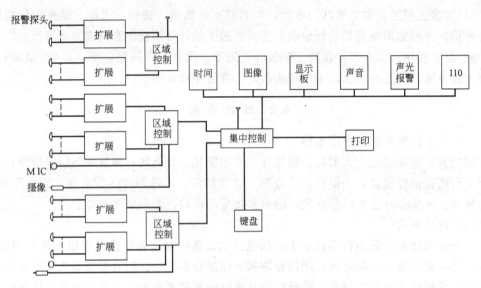

图 2-27　多级报警系统方框示意图

制电视监控报警系统，参见图 2-27。

联网报警中心的组成，参见图 2-28。

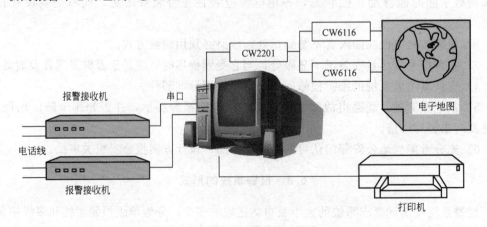

图 2-28　联网报警系统的构成

1）多媒体操作：语音报告不同类型警情的发生，提醒值班人员的注意，提高报警中心的效率。

2）多级电子地图显示：所有的用户状态、报警情况、用户资料等，都可以通过电子地图显示和控制。软件还可以提供电子地图引入工具，安装所需新地图、防区图。

3）按报警类型分别自动处理：每一种类型的警情都可单独选择自动处理、自动打印和报警。

4）与其他系统集成：与其他系统（如110）方便地集成。

5）灵活设置的监控界面：通过显示板，可以一屏显示一类用户，甚至所有用户的当前布、撤防及报警状态都应能显示。

常见报警探头参见图2-29，报警主机参见图2-30。

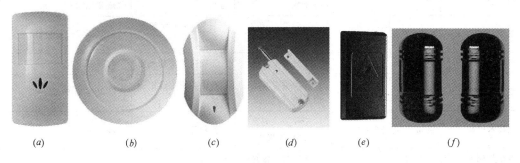

图 2-29　几种常用探测器

（a）双鉴探测器；（b）顶吸安装探测器；（c）被动红外探测器；（d）门磁开关；（e）玻璃破碎探测器；（f）主动红外探测器

6.4　报警系统设备选择

图 2-30　报警控制主机

报警系统工程必须结合实体防护系统和响应力量的情况，由各种入侵报警探测器、传输（无线或有线）、报警主机、监控中心和响应力量组成，并宜附加以电视监控和声音监听复核装置，必要时增加与110联网设备。防盗报警系统必须有自动报警探测器和手动报警触发装置，两者相互补充。防盗报警系统一般分为单级报警管理系统和多级报警管理系统。

单级报警管理系统的设计应符合下列要求：

1）只有一个大设防区域，系统中必须设置一台报警控制器。

2）报警控制器应安装于操作人员便于操作控制的地方。

3）报警控制器必须设在有人值班的房间或场所。

多级报警管理系统的设计应符合下列要求：系统中必须设置一台集中报警控制器和多台区域报警控制器，还必须考虑联网应变的可能性。有的设备可只用集中报警控制器。

防盗报警用探测器的选择应结合现场工作要求、特点及探测器的特性来选用，各种报警探测器的工作特点如表2-6所示。

防盗报警工程系统的设备、器材市场上非常多，应选用经国家有关产品质量监督部门检验合格的产品，如要和公安部门联网，还应考虑采用公安部门认可的产品。

为确保防护范围的绝对安全，可采用两种以上报警功能的探测手段。

各种防盗报警器工作特点表 表 2-6

报警器名称		警戒功能	工作场所	特　点	适合环境	不适合环境
微波	多普勒式	空间	室内	隐蔽,耗能小,穿透力强	可在热源、光源、流动空气中正常工作	机械振动、电磁反射、电磁干扰
	阻挡式	点、线	室内、外	与运动物体速度无关	室外全天候工作直线周界警戒	收发之间不得有障碍物
红外线	被动式	空间线	室内	隐蔽,耗能小,昼夜可用	静态背景	背景有热源、振动、冷热气流、阳光直射、强电磁干扰
	阻挡式	点、线	室内、外	隐蔽,便于伪装,寿命长	在室外与围栏配合使用,做周界报警	收发间有障碍物,周界不规则,有大雾,大雪
超声波		空间	室内	无死角,不受电磁干扰	隔音性能好的密闭房间	振动、热源、噪声、多门窗、气流变化大
激光		线	室内、外	隐蔽较好,价高,难调整	长距离直线周界警戒	同阻挡式红外报警
声控		空间	室内	有自我复核能力	无噪声的安静场所	有噪声干扰
双技术报警		空间	室内	两种类探测鉴证后报警,误报小	其他类别不适用的环境	强电磁干扰
三技术报警		空间	室内	三种类探测鉴证后报警,误报小	各种环境	基本无
电视监控(CCTV)		空间面	室内、外	报警与摄像复核相结合	各种场所	照度快速变化

在可能发生直接危害生命、财产的防范区,必须设置紧急入侵报警装置。紧急报警装置指发生入侵时由人启动,直接发生报警信号,如营业场所、收银台等。它包括手动报警按钮、脚踢报警开关等,设置时必须隐蔽,操作方便,并采用防止误动作的措施。

可根据需求上网查询各种设备,从中选择,还可向生产商提出需求,请他们帮助配置各种设备以供参考。

6.5　保护范围的确定

(1) 外部入侵保护

哪些地方需要防止从外部入侵楼内,这是一道将罪犯排除在所防护区域之外的重要防线。

(2) 区域保护

哪些区域需要保护,这是第二层次的保护,目的是探测是否有人非法进入某区域,如有,应立刻向控制中心报警,控制中心根据情况作出相应处理。

(3) 目标保护

哪些重点目标需要特殊保护,这是第三道防线,用于对特定的目标(如保险柜、文物、枪支弹药、有毒物品)进行高层次的保护。

总之,防盗报警系统最好在罪犯有入侵意图和动作时便及时发现,以便尽快采取措施"以拒敌于外"。当罪犯侵入防范区域时,保安人员应当通过系统了解其活动。当罪犯将手伸向目标时,系统的最后防线要立刻起作用。如果所有防范措施都失败,系统还应有事件发生前后的记录,以便帮助有关人员进行分析,这就是保安系统的任务。

6.6 防盗系统设计的其他注意事项

1）要注意门窗、天窗、吊顶、通风管道等处的非法入侵。

2）住宅小区的报警系统，最重要的是保护人身安全，应以周界和楼房外部探测、监控为主，将罪犯拒之门外。

3）豪华别墅的安防系统，还要注意私人贵重物品的保护，如采用点型、对射型探测器进行重点保护，并在方便的位置装设紧急报警按钮，以便报警求助。

4）工商、企事业单位防盗报警系统，除具备完善的设备系统外，还必须配备专业保安人员值班巡逻，以便及时处理突发事件。

5）要对使用方有关人员进行培训、指导。

课题 7　银行等重要场所的安全防范报警工程设计

银行等重要场所是防盗报警系统最主要的服务对象，也是这类工程的主要实施地。我国规定：所有银行包括储蓄所，都必须依照《银行营业场所安全防范工程设计规范》（GB/T 16676—1996）等规范法规来安装防盗报警、电视监控系统。

7.1　银行营业场所的风险等级

银行营业场所是指对外办理储蓄、现金收付、会计结算等具体业务的营业所（室、厅、部），它的风险等级是指银行营运现金及工作人员在其所处环境中可能遇到的危险程度。通常这样的场所风险等级分为四级。

（1）一级风险条件

①日均现金收付量，城市超过 150 万元，乡镇超过 50 万元。②设置有现金库房。③在机场、火车站、码头、长途汽车站附近。④距离公安机关 1000m 以上。

（2）二级风险条件

①日均现金收付量，城市 80 万～150 万元，乡镇 20 万～50 万元。②设置现金库房。③在商业繁华地段。④距离公安机关 1000m 以内。

（3）三级风险条件

①日均现金收付量，城市 5 万～80 万元，乡镇 1 万～20 万元。②设置有现金库房。③在工业区、文化区、机关、院校、部队附近。④距离公安机关 500m 以内。

（4）四级风险条件

①日均现金收付量，城市不足 5 万元，乡镇不足 1 万元。②现金不过夜。③在机关、院校、部队、工厂等企事业单位内部。④距离公安机关 100m 以内。

（5）提高等级

各级风险等级条件中，如有一条不满足，应提高一个等级。

7.2　防护级别及防护区域

7.2.1　一般防护要求

1）所选用的报警系统设备、部件等必须符合国家有关技术标准和公安部门规范要求，并经过国家指定的检测中心（部门）检测合格的产品。防护级别应与风险等级相对应，即四级防护级别对应于四级风险等级。

2）报警系统一般应安装在防范区域的隐蔽位置。

3）报警系统应有声光显示，并能准确指示报警位置。

4）报警系统应有防破坏功能。

5）人工触发报警装置应有防误动作措施。

6）中心控制室位置应隐蔽，出入口应设有防护装置。内部应设紧急报警装置。

7.2.2 四级防护工程

1）营业场所的门、窗应安装报警装置。

2）营业室应设手动、脚挑式或无线报警装置及联防警铃，报警装置数量可根据实际情况设定，一般不少于 4 个。警铃应安装于大门外墙上，警铃声级室外大于 100dB，室内应大于 80dB。报警信号要同时送至值班室和接警单位，有条件送至 110。

3）报警控制设备应留有能与区域性报警网络联网的通信接口。

4）营业柜台应设防弹等防护装置。

7.2.3 三级防护工程

在具备四级防护的基础上增加：

1）在重要区域内安装入侵探测器，对进入营业室的通道必须安装入侵探测器。

2）中心控制设备应有现场监听复核或录音功能。

3）对自动存、取款装置，应采取实体防护，设置报警装置，有条件应设电视监控系统。

4）系统应有与公安 110 联网和联络通信的功能。

7.2.4 二级防护工程

在具备三级防护的基础上增加：

1）入口、窗、顶棚等处应安装报警装置，有独立的中心控制室，应安装电视监控，主要场所应安装紧急报警装置。

2）现金柜台应安装摄像机，实施电视监控。

3）主要通道应实施电视监控。

4）电视监控设备应具有自动、手动切换功能或多画面显示功能。系统应具有选择定格，对多画面显示系统应具有多画面、单画面相互转换、定格功能。录像系统应具有自动录像功能，即报警信号能自动启动录像设备进行录像。

5）对柜员制的营业场所，应设置一对一摄像设备。在营业时间内应长时间录像，下班时间内设置为对移动目标进行报警录像模式，可大大节约录像空间，录像资料至少能保留 7～15 天（公安部门规定）。每个营业员工作处都应安装设置紧急报警装置。

6）报警系统的启动、布防、撤防、旁路、复位等均应采用密码控制的形式，由专人进行操作，可防止其他人员误操作。

7.2.5 一级防护工程

在具备二级防护的基础上增加：

1）一级防护应为全方位防护。入侵探测系统至少应选用二种以上不同探测原理的探测器，以提高可靠性。

2）所有门窗、通道应安装报警装置，门应安装防盗安全门。

3）所有通道、重要场所应设置摄像机，实施全方位电视监控，并能在中心控制室观察到全部图像，必要时还须进行声音监听及录音。

4）营业场所的四周应安装周界防入侵报警系统。

5）在重要场所处应安装防弹装置、墙壁振动报警装置、玻璃破碎报警装置等。

6）录像资料至少应保留 15 天。

各级防盗报警工程设计时，还应该注意执行国家有关部门及公安部门的最新标准和规定，并将方案报所在地公安部门技防办审批后，才可实施。各级银行包括储蓄所，防盗报警工程的施工人员应可靠负责，并注意保密，人员名单、身份证复印件需报公安部门备案。

7.3　系统的基本组成

1）出入口报警装置多为双鉴和三鉴探头。

2）周界报警装置多为红外、激光、微波等线型探测器及振动、玻璃破碎等探测器。

3）柜台、办公室等报警装置多为双鉴、三鉴、红外、按钮等探测器。

4）金库、保险柜报警装置多为双鉴、三鉴、振动、位移、按钮等探测器。

5）通道报警装置多为红外报警探测器。

6）报警主机及控制器应与当地公安机关报警设备匹配。

7）报警中心和接警中心联网。

8）人工报警与自动报警相结合。

9）素质较高的保安人员。施工方必须对他们进行全面、认真的培训，并进行考试，合格后可持证上岗。

7.4　防盗设计中的其他细节

1）电话。在安全防范中，电话起到重要作用，可用来联系、通信、报警，是必不可少的通信工具。电话线的铺设应注意防破坏，各保安人员还应配备无线对讲机。

2）室外照明。在建筑物周围的阴暗区域及地段应尽可能装设完备的外部照明，其开关操作只允许在室内进行。

3）室外原则上不允许有电源插座，防止罪犯使用电动工具或制造短路事故。

4）防盗报警系统是一个非常特殊的系统，应向使用方说明该系统必须专人负责和管理，并对使用者进行认真的培训。

5）布防、撤防必须设置只有专人知道的密码，且不能让施工、安装、调试人员知道，胁持密码要记牢。

课题 8　防盗报警工程的布线、供电、接地

8.1　布　　线

防盗报警工程的布线在整个系统中起着重要的作用，布线的质量、走线的合理性直接影响着全系统的质量和可靠性，并且布线的工作量在整个工程施工中也是最大的，因此要

引起高度重视，这里有相当的技术和经验。

每个电气类工程，首先是备料，紧接着就是布线，这是一项艰苦、复杂的工作，周期也较长。布线要穿管、走线槽、走桥架，有水平布线、垂直布线、电缆井布线、干线布线、支线布线。这项工作看似简单，其实有很多技术、技巧、经验，也有一定危险性，爬高就低，环境昏暗，到处是各种材料、各种施工具（电焊、搬运、电动工具，电缆电线、油漆、溶剂等易燃、易爆物），满地钉子、铁丝，所以一定要把安全放在第一位。

1）安全防范工程的布线必须走暗线，一般主干线应走金属桥架，支路应采用金属管、硬质阻燃塑料管、阻燃塑料线槽等。并注意尽可能选择最短路径，尽量避开高压电缆、热力管道、煤气管道、上下水管等。

2）强电、弱电线路必须分开敷设，强、弱电布线间距应大于20cm。

3）敷设在多尘或潮湿场所的管口和管子连接处时，均应做密封处理。

4）敷设的所有导线，应认真对线并做标记，并用500V兆欧表测量它们的绝缘及对地电阻，两者都应大于20MΩ。

5）布线一般要在装修之前进行，并采取一定的保护、防破坏措施，必要时派人值班看守。在整个装修区间，应随时对所布线路进行检测，发现问题及时解决，否则装修完工后很难解决。

6）如有线路的增、减或位置的改变，也应在装修完工之前进行。

7）布线较远、走线复杂，装修后很难到达的地方应适当多放一、二组备用线。

8）所采用的各种电缆、电线，其规格、型号必须满足各使用设备、器件的技术要求并有合格证和"长城"认证。

9）电线、电缆穿管敷设时，导线的总截面积不应大于管内净空面积的50%，管子转弯时其弯曲半径应大于管子外径的10倍，且管内电线、电缆不应扭绞、打结。

10）电线、电缆走桥架时，电缆桥架的填充率取40%左右为好。金属电缆桥架应有可靠的接地。

11）横穿路面的埋地敷设、防爆场所敷设应穿有足够强度的镀锌钢管。

12）有酸、碱、盐溶剂腐蚀的场所应采用PVC管敷设。

13）工程所用的所有线缆、辅材均应是阻燃型的。

14）在电缆沟内敷设也必须穿阻燃PVC管，并注意防水保护。

15）布线工程结束后，要请监理公司和使用方进行隐蔽工程验收后才可进行装修。

8.2 供　　电

防盗报警系统耗电虽然较小，但对供电质量要求很高。为保证系统正常、可靠运行，减少供电网络的波动、谐波等各种干扰，首先要求电网供电的可靠性和稳定性（含电压、频率）；其次要求谐波成分要小。

1）报警系统的电源装置应包括外部电源和内部备用电源。备用电源的容量应保证在市电断电时系统能正常工作24h。

2）如没有使用UPS电源，则市电输入前端应配置交流稳压电源。

3）报警系统电源的总开关应设在机房内部。

4）电源应有独立的专用保护装置。

8.3 接 地

接地装置的质量直接关系到整个系统的安全、抗干扰能力和工作的可靠性，同时也关系到人员、财产的安全，因此要注意以下几点：

1) 安全防范系统应有良好的接地装置，以防干扰、雷击、漏电，保证系统正常、安全工作。

2) 接地电阻值应不大于1Ω。

3) 接地干线应用铜芯绝缘导线，线芯截面积应不小于16mm²。

4) 接地线必须可靠连接。

5) 建筑物的接地线如达不到要求，应另外设置独立地线。

6) 对室外的报警探头还应注意防雷接地。

课题 9 防盗报警系统工程设计举例

某银行位于市中心一高层建筑的1～3层，内部有营业室、金库等重要区域，属于一级风险等级。根据甲方（用户）提供的建筑图样及要求，按照国家有关标准（《工业电视系统工程设计规范》GBJ 115—1987、《火灾自动报警系统设计规范》GBJ 116—1988、《银行营业场所安全防范工程设计规范》GB/T 16676—1996 等）和国家有关部门的行业规范，采取的主导设计思路是：系统先进，功能完善，扩充性好，性价比高。

9.1 安全防盗报警系统设备

安全防盗报警系统由下列设备组成：主机采用美国安定保 4110-XM 型、4111-XM 型

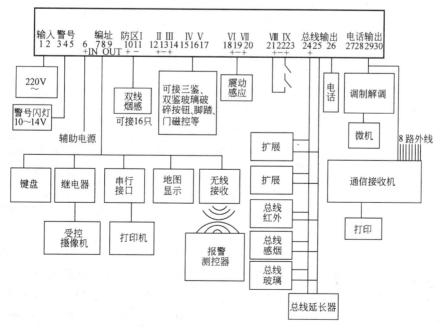

图 2-31 主机的设备配置及接线图

（市公安局 110 报警中心指定接入机型）；报警探头采用英国 PYRONIX-EP（E）智能双鉴（被动红外/微波）探测器、美国 C&K-700 型智能三鉴（红外/微波/人工智能）探测器，日本 LX-80N 红外探头，C&K-2050 玻璃破碎探测器，美国 ADEMCO-971A 电子振动分析仪，SD-3 电子振动探测器，紧急报警按钮等。保安控制中心设在三楼防护区内。管线设置金属弱电桥架为主路径的走线槽，用阻燃 PVC-20 管引至报警探测点（或电视监控摄像点）。4110 报警主机设备配置及接线如图 2-31 所示，该主机有 9 个基本接线防护区，可采用总线式结构，扩充十分方便，最多可扩充达 87 个防区，并具备多重密码、布防时间设定、自动拨号及"黑匣子"记录等功能，在目前防盗报警工程中被广泛使用。

9.2 设 计 方 案

本防盗报警系统根据此银行的实际情况分为两个子系统，分别见图 2-32、图 2-33 所示。

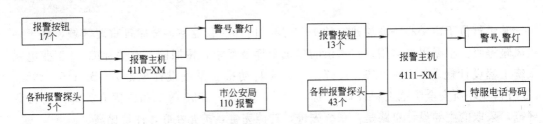

图 2-32　110 接入报警系统框图　　　　图 2-33　内部报警系统框图

（1）公安局 110 接入报警子系统

此系统当前端相关的重要探头、报警按钮被触发时，无须银行内部保卫人员进行处理，而直接向 110 报警中心发出报警，此系统防区划分见表 2-7。

110 报警系统防区划分表　　　　　　　　　表 2-7

防 区 号	位 置	探测器类型
1	一楼营业室内部	14 个报警按钮
2	一楼金库内部	2 个报警按钮
3	一楼金库内部	4 个震动探测器
4	一楼金库内部	1 个三鉴探头
5	三楼报警中心机房	1 个报警按钮

（2）银行内部报警子系统

根据该银行建筑特点、地形及用途划分为 15 个防区，见表 2-8。当工作人员下班后，保安人员确定无人后，通过主机键盘进行设防，当有人进入防范区域时将使门动报警闪灯闪亮、警报响起，启动相关电视监控录像，同时将通过电话线将报警信息传至特殊号码上（根据设置而定，如保安部及值班各保安人员），保安人员可根据需要及时处理或按公安 110 报警按钮。

防区号	位　　置	探头类型、数量
1	一楼营业室内部	4 个玻璃破碎探测器
2	一楼营业室内部	3 个三鉴探头
3	一楼咨询台、大厅	4 个三鉴探头
4	一楼营业厅入口及后走廊	1 个三鉴探头，2 个吸顶红外
5	一楼咨询台	10 个报警按钮
6	三楼外平台	1 个三鉴探头
7	二楼左边办公区	4 个吸顶红外探头
8	二楼右边办公区	4 个吸顶红外探头
9	三楼中心机房、总配线间	3 个吸顶红外探头
10	三楼外环境与外平台相连房间	6 个吸顶红外探头
11	三楼正、副行长室外走道	3 个吸顶红外探头
12	三楼正、副行长室、会议室、电教室	6 个吸顶红外探头，3 个报警按钮
13	三楼财务室	3 个吸顶红外探头
14	四楼门外	1 个三鉴探头
15	四楼内部	6 个三鉴探头

银行报警探测器、按钮、电缆、电线、保护管等材料分配见表 2-9。

某银行报警探测器、按钮、电缆等材料分配表　　　　　　　表 2-9

序号	编　号	设备名称	型　号	安装位置	防区名称	4 芯电缆 (m)	2 芯电缆 (m)	PVC 管 ϕ20	金属软管 ϕ20	备注
1	BJAN-A1-01	报警按钮	PB-1	一层营业室内部	110 报警 1 号防区 A1					
2	BJAN-A1-02	报警按钮	PB-1	一层营业室内部	110 报警 1 号防区 A1					
3	BJAN-A1-03	报警按钮	PB-1	一层营业室内部	110 报警 1 号防区 A1					
4	BJAN-A1-04	报警按钮	PB-1	一层营业室内部	110 报警 1 号防区 A1					
5	BJAN-A1-05	报警按钮	PB-1	一层营业室内部	110 报警 1 号防区 A1					
6	BJAN-A1-06	报警按钮	PB-1	一层营业室内部	110 报警 1 号防区 A1					
7	BJAN-A1-07	报警按钮	PB-1	一层营业室内部	110 报警 1 号防区 A1	300	200			
8	BJAN-A1-08	报警按钮	PB-1	一层营业室内部	110 报警 1 号防区 A1					
9	BJAN-A1-09	报警按钮	PB-1	一层营业室内部	110 报警 1 号防区 A1					
10	BJAN-A1-10	报警按钮	PB-1	一层营业室内部	110 报警 1 号防区 A1					
11	BJAN-A1-11	报警按钮	PB-1	一层营业室内部	110 报警 1 号防区 A1					
12	BJAN-A1-12	报警按钮	PB-1	一层营业室内部	110 报警 1 号防区 A1					
13	BJAN-A1-13	报警按钮	PB-1	一层营业室内部	110 报警 1 号防区 A1					
14	BJAN-A1-14	报警按钮	PB-1	一层营业室内部	110 报警 1 号防区 A1					

序号	编　号	设备名称	型　号	安装位置	防区名称	4芯电缆(m)	2芯电缆(m)	PVC管φ20	金属软管φ20	备注
15	BJAN-A2-01	报警按钮	PB-1	一层金库内部	110报警3号防区A2		150	50		
16	BJAN-A2-02	报警按钮	PB-1	一层金库内部	110报警3号防区A2					
17	BJTC-A3-01	震动探头	SD-3	一层金库内部	110报警4号防区A3	150	50	50	30	
18	BJTC-A3-02	震动探头	SD-3	一层金库内部	110报警4号防区A3					
19	BJTC-A3-03	震动探头	SD-3	一层金库内部	110报警4号防区A3					
20	BJTC-A3-04	震动探头	SD-3	一层金库内部	110报警4号防区A3					
21	BJST-A4-01	三鉴探头	C&K706	一层金库内部	110报警5号防区A4	100		50	20	
22	BJAN-A5-01	报警按钮	PB-1	一层监控室内部	110报警1号防区A5	5				
23	BJST-B1-01	三鉴探头	C&K706	一层营业室内部	内部报警1号防区	150		60		
24	BJST-B1-02	三鉴探头	C&K706	一层营业室内部	内部报警1号防区B1					
25	BJST-B1-03	三鉴探头	C&K706	一层营业室内部	内部报警1号防区B1					
26	BJST-B1-04	三鉴探头	C&K706	一层咨询台内部	内部报警1号防区B1	80		60		
27	BJST-B1-05	三鉴探头	C&K706	一层咨询台内部	内部报警1号防区B1					
28	BJBBT-B1-01	玻破探测	2520	一层营业室内部	内部报警1号防区B1	130		60		
29	BJBBT-B1-02	玻破探测	2520	一层营业室内部	内部报警1号防区B1					
30	BJBBT-B1-03	玻破探测	2520	一层营业室内部	内部报警1号防区B1					
31	BJBBT-B1-04	玻破探测	2520	一层营业室内部	内部报警1号防区B1					
32	BJST-B1-06	三鉴探头	C&K706	一层营业大厅	内部报警1号防区B1	120		50		
33	BJST-B1-07	三鉴探头	LX-80N	一层营业大厅	内部报警1号防区B1					
34	BJTEP-B2-01	红外探头	PYRONIX-EP	一层自助银行内小机房	内部报警2号防区B2	140		80		
35	BJTEP-B2-02	红外探头	PYRONIX-EP	一层自助银行内后走廊	内部报警2号防区B2					
36	BJST-B2-01	三鉴探头	C&K700	一层营业室入口处	内部报警2号防区B2					
37	BJAN-B2-01	报警按钮	PB-1	一层咨询台内部	内部报警3号防区B3	200		80		
38	BJAN-B2-02	报警按钮	PB-1	一层营业室内部	内部报警3号防区B3					
39	BJAN-B2-03	报警按钮	PB-1	一层营业室内部	内部报警3号防区B3					
40	BJAN-B2-04	报警按钮	PB-1	一层营业室内部	内部报警3号防区B3					
41	BJAN-B2-05	报警按钮	PB-1	一层营业室内部	内部报警3号防区B3					
42	BJAN-B2-06	报警按钮	PB-1	一层营业室内部	内部报警3号防区B3					
43	BJAN-B2-07	报警按钮	PB-1	一层营业室内部	内部报警3号防区B3					
44	BJAN-B2-08	报警按钮	PB-1	一层营业室内部	内部报警3号防区B3					
45	BJAN-B2-09	报警按钮	PB-1	一层营业室内部	内部报警3号防区B3					
46	BJAN-B2-10	报警按钮	PB-1	一层营业室内部	内部报警6号防区B6					
47	BJST-B6-01	三鉴探头	C&K700	三层外北平台	内部报警3号防区B3	60		40		
48	BJTEP-B7-01	红外探头	PYRONIX-EP	二层办公区左区	内部报警5号防区B5					

序号	编号	设备名称	型号	安装位置	防区名称	4芯电缆(m)	2芯电缆(m)	PVC管φ20	金属软管φ20	备注
49	BJTEP-B7-02	红外探头	PYRONIX-EP	二层办公区左区	内部报警5号防区 B5					
50	BJTEP-B7-03	红外探头	PYRONIX-EP	二层办公区左区	内部报警5号防区 B5	150		90		
51	BJTEP-B7-04	红外探头	PYRONIX-EP	二层办公区左区	内部报警5号防区 B5					
52	BJTEP-B8-01	红外探头	PYRONIX-EP	二层办公区右区	内部报警6号防区 B6					
53	BJTEP-B8-02	红外探头	PYRONIX-EP	二层办公区右区	内部报警6号防区 B6	160		60		
54	BJTEP-B8-03	红外探头	PYRONIX-EP	二层办公区右区	内部报警6号防区 B6					
55	BJTEP-B8-04	红外探头	PYRONIX-EP	二层办公区右区	内部报警6号防区 B6					
56	BJST-B9-01	三鉴探头	C&K706	三层计算机房	内部报警7号防区 B7					
57	BJST-B9-02	三鉴探头	C&K706	三层计算机房	内部报警7号防区 B7	150		80		
58	BJST-B9-03	三鉴探头	C&K706	三层总配线房	内部报警7号防区 B7					
59	BJTEP-B10-01	红外探头	PYRONIX-EP	三层外环境通道	内部报警9号防区 B9					
60	BJTEP-B10-02	红外探头	PYRONIX-EP	三层外环境通道	内部报警9号防区 B9					
61	BJTEP-B10-03	红外探头	PYRONIX-EP	三层外环境通道	内部报警9号防区 B9					
62	BJTEP-B10-04	红外探头	PYRONIX-EP	三层外环境通道	内部报警9号防区 B9	200		140		
63	BJTEP-B10-05	红外探头	PYRONIX-EP	三层外环境通道	内部报警9号防区 B9					
64	BJTEP-B10-06	红外探头	PYRONIX-EP	三层外320房	内部报警9号防区 B9					
65	BJTEP-B11-01	红外探头	PYRONIX-EP	三层行长办公区通道	内部报警11号防区 B11					
66	BJTEP-B11-02	红外探头	PYRONIX-EP	三层行长办公区通道	内部报警11号防区 B11	150		80		
67	BJTEP-B11-03	红外探头	PYRONIX-EP	三层行长办公区通道	内部报警11号防区 B11					
68	BJTEP-B12-01	红外探头	PYRONIX-EP	三层行长办公室	内部报警12号防区 B12					
69	BJTEP-B12-02	红外探头	PYRONIX-EP	三层行长办公室	内部报警12号防区 B12					
70	BJTEP-B12-03	红外探头	PYRONIX-EP	三层行长办公室	内部报警12号防区 B12					
71	BJTEP-B12-04	红外探头	PYRONIX-EP	三层行长数字会议室	内部报警12号防区 B12	260		120		
72	BJTEP-B12-05	红外探头	PYRONIX-EP	三层电教室	内部报警12号防区 B12					
73	BJTEP-B12-06	红外探头	PYRONIX-EP	三层电教室	内部报警12号防区 B12					
74	BJTEP-B13-01	红外探头	PYRONIX-EP	三层财务室	内部报警13号防区 B13					
75	BJAN-B14-01	报警按钮	PB-1	三层行长办公室	内部报警14号防区 B14	60		40		
76	BJAN-B14-02	报警按钮	PB-1	三层行长办公室	内部报警14号防区 B14		100			
77	BJAN-B14-03	报警按钮	PB-1	三层行长办公室	内部报警14号防区 B14		100	80		
78	BJST-B15-01	三鉴探头	C&K706	四层门外	内部报警15号防区 B15	120	100			
79	BJST-B16-01	三鉴探头	C&K706	四层门内部	内部报警16号防区 B16					
80	BJST-B16-02	三鉴探头	C&K706	四层门内部	内部报警16号防区 B16					
81	BJST-B16-03	三鉴探头	C&K706	四层门内部	内部报警16号防区 B16					
82	BJST-B16-04	三鉴探头	C&K706	四层门内部	内部报警16号防区 B16	300		200		
83	BJST-B16-05	三鉴探头	C&K706	四层门内部	内部报警16号防区 B16					
84	BJST-B16-06	三鉴探头	C&K706	四层门内部	内部报警16号防区 B16					

9.3 设备、材料清单及报价

安全防盗报警系统设备、材料清单及报价（以人民币计）见表2-10。

表 2-10

安全防盗报警系统设备、材料清单及报价表

序号	设备材料名称	产地	规格型号	单价(元)	数量	单位	合计(元)
1	报警主机	ADEMCO	41111D×L	2650	1	台	2650
2	报警主机	ADEMCO	4110D×L	2450	1	台	2450
3	电子振动分析仪	ADEMCO	971A	1800	1	台	1800
4	振动探头	ADEMCO	SD-3	800	4	只	3200
5	三鉴探头	C&K	700	780	16	只	12480
6	红外探头	日本	LX-80N	780	1	只	780
7	红外探头	PYRONIX	EP	500	31	只	15500
8	玻璃破碎探头	C&K	2050	500	4	只	2000
9	紧急报警按钮	国产	PB-1	20	30	只	600
10	编程键盘	ADEMCO	6139CH	1200	1	只	1200
11	扩充电源补偿器	国产	VIT-XP-1A	380	2	台	760
12	防区扩充器	ADEMCO	4219	1250	1	台	1250
13	蓄电池	国产	12V/7AH	180	4	只	720
14	警号	国产	ES626	80	2	只	160
15	闪灯	国产	HC-05	80	2	只	160
16	标准机柜	国产	IEE标准	3000	1	列	3000
17	电缆桥架	国产	2000×100×50	98	80	m	7840
18	报警照明灯	国产	500W	50	10	只	500
19	一芯电缆	国产	2×0.5	0.7	1900	m	1330
20	四芯电缆	国产	4×0.5	1.0	1900	m	1900
21	PVC管	国产	20	1.6	1500	m	2400
22	PVC线槽板	国产	4000×100×50	12	80	m	960
23	UPS电源	EXID	9110	38000	1	台	38000
24	报警照明控制	国产	YETC-5K	2450	1	套	2450
25	机房静电地板	国产		260	20	m²	5200
26	常用工具	国产		320	1	套	320
	共计						109610

注：1. 工程施工、安装、调试、培训费为设备材料总额的 20%，即 109610 元×20%＝21922 元。

    2. 税收为 6%，即 （109610＋21922）元×6%＝7892 元。

    3. 工程总价＝工程设备总价＋施工费＋税收＝（109610＋21922＋7892）元＝139424 元。

9.4 报警系统安装位置

报警系统安装位置见图 2-34、图 2-35、图 2-36 所示。

9.5 系统的布线

系统线路由中心机房按强弱电分类进至电缆桥架，由水平桥架引至强弱电井垂直桥架再至各层水平桥架，再由锁母头接至 PVC 管，PVC 管每隔 1m 由一个管卡固定，由 PVC

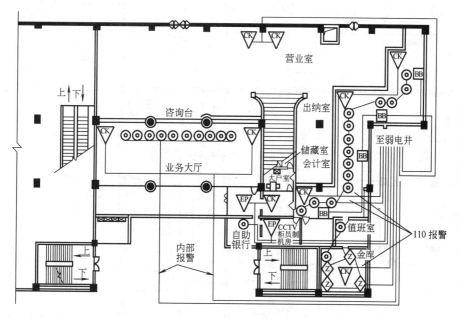

图 2-34 一层安全防盗报警系统平面图

图例： ▽EP—红外线探测器； ▽CK—三鉴探测器； ▣BB—玻璃破碎探测器； ▽Z—振动探测器； ◉—应急报警按钮

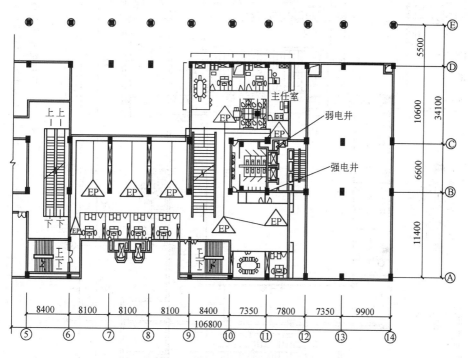

图 2-35 二层安全防盗报警系统平面图

注：二楼全为内部报警。

管节头连接各分类分管至各信息点，信息点处留 2～3m 余量线由玻纹管护套做最后一段线路保护，各线路经测试正常后，向建设方和监理公司提出隐蔽工程验收。通过验收后可

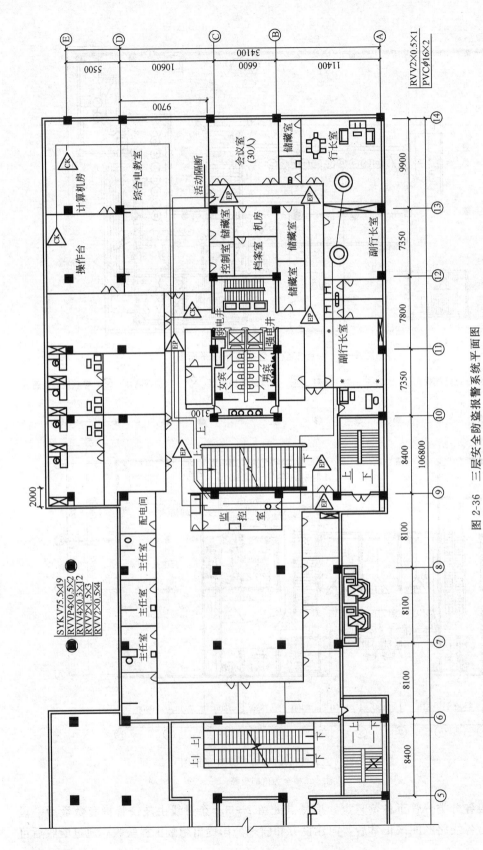

图 2-36　三层安全防盗报警系统平面图

注：三楼监控室报警按组为110报警系统防区，其余都为内部报警防区。

移交装修，并向装修公司提出装修过程中保护线路及各出线点的书面注意事项。

电缆桥架、PVC管的安装、连接如图2-37所示。

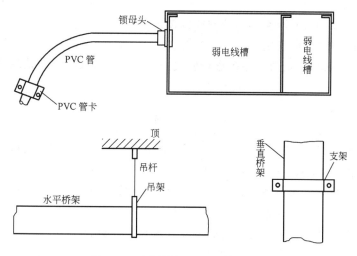

图 2-37　电缆桥架、PVC管的安装

9.6　设备安装、调试

待装修完工后，立即进场进行线路检测，确保线路正常后，进行设备安装调试。报警探头的安装见图2-38。

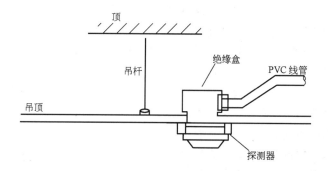

图 2-38　探测器安装示意图

9.7　组织工程验收

整个系统安装、调试正常后，便可准备防盗报警系统竣工资料，并向建设方和公安部门的技防办提交工程申请验收报告。竣工资料一般包括下列内容：

1）设计方案和设计图样。

2）工程合同及服务协议书。

3）公安部门开工通知。

4）隐蔽工程验收报告。

5）用户使用手册（工程单位编写）。

6）各种设备、材料的说明书、合格证、进口设备的商检证明。

7）施工人员名单、职务、职称复印件、身份证复印件。

8）申请验收报告。

9）建设方（使用方）对整套系统的评价报告。

10）对使用方的培训汇报。

上述材料备齐后可申请对全系统进行验收，验收后的整改意见要认真对待，并及时组织力量进行整改。

9.8　工 程 移 交

整改工作完成后需再进行一次验收。这个验收一般只需使用方提出认可报告，报送公安部门便可通过最后验收。验收后，就可进行工程移交给使用方的工作。

1）根据合同设计方案对各设备、器材进行逐一对照后移交给使用方。

2）移交用户使用手册及各设备、器材的说明书。

3）移交所有设计方案、设计图纸原件及全部竣工资料。

4）签订移交报告，双方各持一份。

5）签订售后服务协议书，并认真执行。

6）对用户进行再一次的全面培训，保证其能正常使用和维护、保养整套系统。

习　　　题

1．简述防盗的重要性，并解释安全防范技术。

2．简述设计探测器安装位置时的注意事项。

3．防盗报警工程的设计原则是什么？保护范围如何确定？

4．防盗报警系统的应用范围有哪些？

5．按国家有关规定有几级风险等级，有几级防护级，它们的关系如何？

6．防盗报警系统的布线有些什么要求？

7．防盗报警系统的接地要求是什么？

8．防盗报警系统的供电要求是什么？

9．防盗报警工程验收前应准备哪些竣工资料？

10．请解释防区、设防、撤防、退出延时、进入延时指什么？

11．常用的报警探测器有哪几类？双鉴、三鉴探测器指什么？

12．报警主机的作用是什么？对它有什么基本要求？

13．说明银行防盗报警系统的基本组成有哪些？

14．报警探测器的主要技术指标有哪些？

15．简述主动红外探测器的特点和优缺点。

16．双光束主动红外探测器比单光束主动红外探测器有什么优点？

17．被动红外探测器和微波多普勒探测器的误报机理有何不同？

18．说明防盗报警工程布线应注意的问题。

19．在教学大楼设计一个简单防盗报警系统，画出结构框图，写出设计方案。

单元 3　闭路电视监控系统

知 识 点： 视频监控系统的组成、前端、传输、终端。摄像机、镜头、云台、支架、防护罩。监视器、录像机。同轴电缆、光缆。画面分割，视频切换，云台控制。矩阵切换、镜头布置、设备选型。摄像机、云台等的设备安装、调试。控制中心，安全管理，施工图。系统图，材料表。日保养、月保养、年保养、常见故障。

教学目标： 视频监控系统组成和应用。掌握前端设备的作用、分类、性能和安装方法。掌握终端设备的分类、作用、性能和应用。掌握传输系统组成，传输电缆和性能。掌握视频切换与画面分割技术。掌握闭路电视监控系统的设计步骤、功能设计。掌握电视监控系统的安装、调试和验收内容。了解基本保安系统的组成和应用。通过案例掌握闭路电视监控系统的系统图、材料表构成。掌握闭路电视监控系统的保养和常见故障内容。

课题 1　闭路电视监控系统概述

1.1　简　　介

随着各类建筑的智能化要求和生产经营管理自动化的要求，也随着安全防范的高标准要求，电视监控系统目前得到了极大的发展，也得到了各行各业广泛的使用。有些行业、部门，国家有关部门还要求强行使用电视监控系统（如银行、三星级以上宾馆等）。

电视监控系统可分为闭路（有线）电视监控（CCTV）系统和无线电视监控系统。有线电视监控系统有着保密性强，不易受干扰，也不干扰其他电器设备，不占用无线电空间，传输信号稳定可靠，设备费用较低等很多优点，得到普遍使用、推广。无线系统有着无线传输不需要布线，施工简单等优点，但有很多地方是不能与有线（闭路）系统相比的，所以一般不采用，因此本章只介绍闭路电视监控（CCTV）系统，简称电视监控系统或 CCTV 系统。

CCTV 系统是应用电缆或光缆在闭合的环路内传输电视信号，从摄像到图像显示，并按一定要求进行录像的独立完整电视系统。

CCTV 可分为工业（管理）电视系统和保安电视监控系统。

工业电视监控系统应用于工厂企业的生产调度、质量监测或对人眼不便直接观察的场所（如核反应堆、有毒、有害工序等）进行监视，也用于商家、公司的经营管理。

保安电视监控系统应用于写字楼、酒店、宾馆、超级商场、银行、证券、交易所、文物展厅、展品库、停车场、机要保密室、档案室、车站、机场以及某些建筑的出入口、主要通道、电梯轿厢等场所。其作用是对现场进行实时图像监控，并能采用录像等方式进行记录。

1.2 CCTV 系统的组成

CCTV 系统一般由摄像机、监听微型话筒、云台、解码器、防尘罩（这些属于前端设备）、监视器、控制器、录像机、控制机柜（这些属于终端设备）、传输电缆和控制电缆等组成。概括地说，由前端、传输、终端组成。

（1）前端

用于获取被监控区域的图像，一般由摄像机和镜头、云台、解码器、防尘罩等组成。

（2）传输

信号的传输分为有线和无线两种方式，有线常用同轴电缆、电话线、双绞线和光纤等。无线常用微波、红外线等。

（3）终端

用于显示和记录、视频处理、输出控制信号、接受前端传来的信号。一般包括监视器、各种控制设备和记录设备等。

系统的自身安全要求：前端不易被破坏、若被破坏应先触发系统。线路要有防护功能，走向应避开危险区域。中心控制室应设在防护区域内，并设有紧急报警按钮。

摄像机安装于需要监视的场所，也可装于较隐蔽的地方用长焦距镜头拉近场景进行摄像。但如果需要监听或录音，监听话筒就必须安装于监听场所。摄像机把图像光信号变为电信号。监听头把声信号变为电信号，由电缆传输给安装于监控室的控制设备，再传至监视器、录像机、扩音器等，将图像、声音还原，并进行必要的录像和录音。

为了调整摄像机的监控范围，可将摄像机装上变焦距镜头（电控）并装于云台上，在监控室通过控制器对云台进行遥控，带动摄像机做水平和垂直旋转，同时可控制摄像机镜头焦距的改变（广角、标准或远望的连续变化）。

电视监控系统有多种组成方式，参见图 3-1。

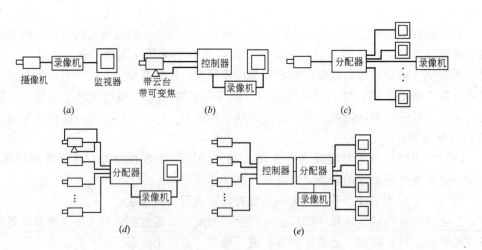

图 3-1　CCTV 系统基本组成形式

(a) 单头单尾式；(b) 电动云台（一对一式）；(c) 单头多尾式；(d) 多头单尾式；(e) 多头多尾式

各种组成方式所适合的应用场所如表 3-1 所示。

组 成 方 式	应 用 场 合
单头单尾固定式(图 3-1a)	用于一处连续监视一个目标或一个区域
单头单尾云台式(图 3-1b)	用于一处连续监视一个目标或一个区域
单头多尾式(图 3-1c)	用于多处监视同一个固定目标或区域
多头单尾式(图 3-1d)	用于一处集中监视多个目标或区域
多头多尾式(图 3-1e)	用于多处监视多个目标或区域

注：每种组成方式都可增加监听装置。

课题 2 前 端 设 备

如前所述，前端系统由摄像机和镜头、云台、解码器、防尘罩等组成，现分别介绍。

2.1 摄 像 机

2.1.1 摄像机分类

为了把光信号变为电信号，就必须使用摄像机，摄像机的分类有多种方法。

（1）按成像色彩分

有彩色摄像机和黑白摄像机两大类（含彩色-黑白一体机）。

（2）按分辨率分

以影像像素 38 万个为界，影像像素在 38 万点以上的为高分辨率型，影像像素在 38 万点以下的为一般型。其中以 25 万像素（510×492），分辨率为 400～480 线的产品用得最普遍，这是因为保安电视监控不是艺术摄影，图像要求不是非常高，没有特殊要求时，一般不必增加投资采用高分辨率型。

（3）按摄像器件分

有电真空摄像器件（光电真空管）和固态摄像（半导体光电靶）器件两大类。其中电真空摄像器件又可分为光导摄像管（Vidicon）和新型光电管（Newvicon）等种类，目前已很少使用。固态摄像器件又可分为 CCD（电荷耦合器件）、MOS（金属氧化物）和 CID（电荷注入器件）等种类。CCD 摄像机由于其先进性、可靠性、性价比高等特点，目前得到非常广泛的应用，这里只讲述 CCD 摄像机。CCD 图像传感器是将图像信息转化为电荷包的光电转化阵列，并进行扫描而工作的。

（4）按扫描制式分

有 PAL 制、NTSC 制等，在我国使用的是 PAL 制，也有制式可以调整转换的摄像机。

（5）按 CCD 靶面大小（a×b）分

有 1in，2/3in，1/2in，1/3in，1/4in 等，见表 3-2。

CCD 摄像机靶面像场值 表 3-2

CCD 管径像场尺寸	1in(25.4mm)	2/3in(17mm)	1/2in(13mm)	1/3in(8.5mm)	1/4in(6.5mm)
像场高度 a(mm)	9.6	6.6	4.6	3.6	2.4
像场宽度 b(mm)	12.8	8.8	6.4	4.8	3.2

（6）按供电类型分

有 AC220V、AC110V、AC24V、AC12V、DC12V 等。

（7）按组合方式分

有分体式摄像机，即只有摄像机机身、镜头、防尘罩、云台等，根据需要自由配置。一体化普通摄像机，即摄像机、镜头、防尘罩设计为一体。还有快球型摄像机，即摄像机、镜头、防尘罩、快速云台设计成一体，外形为球形或半球形。

因此在选择摄像机时，应首先确定选择何种类型，以便满足使用要求。在一般的电视监控系统中多选择 1/3～1/2in，PAL 制，380～480 线 AC220V 或 DC12V 的 CCD 摄像机。这样既符合中国国情又能满足一般摄像需求。

2.1.2 摄像机的性能

（1）黑白摄像机与彩色摄像机

黑白摄像机与彩色摄像机的性能差别比较大，见表 3-3。由于价格及用途上的原因，如果没有识别颜色的要求，一般尽量选用黑白摄像机。同档次的黑白摄像机很多性能都高于彩色摄像机。当选用彩色摄像机时，由于其灵敏度较低，必须具备较好的照明条件，此外彩色摄像机的价格也比黑白摄像机高得多，如采用彩色摄像机，则后面的所有设备（矩阵、画面分割器、显示器等）都必须用彩色机，整个系统的价格会更高。

黑白和彩色摄像机对比　　　　　　　　　　　　　　表 3-3

摄像机 项目	黑白	彩色
灵敏度	高	约低 10 倍以上
分解力	高	约低 20%
尺寸、重量	小	大
图像观察感觉	只有黑白	有色彩、真实
价格	低	高得多

（2）照度

各种摄像器件的灵敏度不同，故各种摄像机的最低照度也不同。最低照度的意思是指摄像机在此照度（光线强度）时，用规定的定焦距镜头、光圈在 F1.4 时摄像，可以获得看得见轮廓的图像，图像信号的有效幅度不低于额定值（0.7V）的 10%（即>0.07V）。

通常由真空摄像器件（Vidicon）摄像的最低照度约为 5.0lx，电荷耦合器件（CCD）摄像机的最低照度，黑白的为 0.2lx，彩色的为 1.0lx。

各种环境的大约照度参见表 3-4。从此表中可以建立起照度的概念，这个物理量反映了光照的强度，单位为勒克斯（lx）。

为了获得满意的图像，所需的照度应比所选摄像机的最低照度大得多。例如，为获得额定信号幅度，就应增大 10 倍。如果所选镜头光圈达不到 F1.4，最大光圈只能是 F4，则 F1.4 和 F4 的进光量相差三档光圈（F2.8、F3.6）即 8 倍，此时应比最低照度加大 80 倍的照度，才能获得额定信号幅度，这一点在电视监控系统的设计中要特别注意，否则工程完工后才发现图像质量太差，便难予解决了。

如有的场所光线实在太暗，为获得良好的图像，必须增加照明设施，也可用红外照明（隐蔽性好），还可用红外摄像机。

照度(lx)	明暗例	照度(lx)	明暗例
2×10^{-5}	阴暗的夜晚	200	教室
8×10^{-4}	星光	300	设计室、打字室
3×10^{-1}	月圆	400	精细作业室
2	剧场内观众席	500	自选商场
5	曙光	3×10^3	阴天室外
10	一般车库	3×10^4	晴天室外
50	宾馆走廊	3×10^5	阳光下水边
100	宾馆大厅		

还有一种彩色-黑白摄像机，当光照度低于 5～10lx 时，自动转变为黑白摄像，此时的最低照度可达 0.1lx。此类摄像机多用于光照度变化特别大的室外监控系统，在这样的场所白天、夜晚都可获得清晰的图像，只不过白天是彩色，夜里是黑白。

（3）同步

在切换图像时，为了防止图像闪跳，系统设备之间需采用外同步信号连接器。目前一般利用控制器来进行同步，外同步在控制器中连接，这样摄像机可以采用单电缆多功能传输方式，如图 3-2 所示。

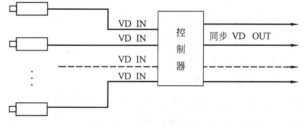

图 3-2　利用控制器同步方式

摄像机一般都具有电源同步功能，但需注意同一系统中所有摄像机应使用同一交流电源，这样全部摄像机才能同步在同一电源相位上，即让系统获得电源同步。

（4）电源

摄像机的电源一般有交流 220V、110V、24V，直流 24V、12V 几种，要根据现场需要适当选择。如采用的是直流 24V 或 12V 摄像机，应将直流稳压电源装于摄像机附近，并将交流 220V 送至直流稳压器输入端，这是因为低压直流长距离输送损耗很大。

（5）功耗

摄像机的功耗一般在 3～20W 之间，各种摄像机的说明书中都有此项指标，设计时要注意一组电源线供多少台摄像机，应采用多少平方毫米的电线，还要考虑计算供给电源的容量。

（6）CCD 尺寸

CCD 摄像机扫描的有效面积（光靶面积），是用等效的摄像管直径来标称的，参见表 3-2。CCD 的尺寸决定着镜头的选择（在镜头一节中要讲），但要注意 CCD 尺寸的大小，与摄像机的分辨率并无直接关系，1/3in 摄像机的分辨率可能比 1/2in 的还要高，所以不一定光靶面积越大越好。

(7) 制式

摄像机同家用电视机、录像机一样，也有制式之分，有 PAL 制和 NTSC 制等。由于我国电视信号的制式是 PAL 制，所以摄像机一般选用 PAL 制，购买时要注意根据设计系统所用的制式进行选择，要求全系统中所有设备都要在同一制式上，否则系统将不可能正常工作。

(8) 清晰度

清晰度有水平清晰度和垂直清晰度。电视制式限制了垂直方向的清晰度，各种制式有一个最高的限制，PAL 制约为 400 线。摄像机的清晰度是用水平清晰度来表示的。如果用 R_h 表示水平清晰度，V 表示画面的垂直高度，H 表示水平长度，m 表示一条水平线上能再现的象素数，那么水平清晰度由下式定义：

$$R_h = m \cdot V/H$$

一般 V 和 H 的比是 3/4，即 0.75，当然清晰度越高越好，但价钱也越高，所以要根据实际需要慎重选择。高清晰度的摄像机还要配高清晰度的显示器才有意义，一般选择 450～480 线的，清晰度已经很好了。

(9) 自动增益控制（AGC）

在低亮度的情况下，自动增益功能可以提高图像信号的强度以获得清晰的图像。目前市场上 CCD 摄像机的最低照度都是在这种条件下的参数。AGC 还可保证图像信号在一定范围内波动时，获得稳定的输出。

(10) 自动白平衡

对彩色摄像机而言，白平衡是衡量红、绿、蓝三基色是否平衡的参数。白平衡正常，才能真实地还原被摄物体的色彩。彩色摄像机的自动白平衡就是让其实现自动调整。此功能又分自动白平衡（AWB）和自动跟踪白色平衡（ATW）。AWB 功能可以自动测量色温并保存起来。ATW 功能可以随时对被摄物体的色温进行跟踪测量，并自动调整白色平衡以真实地还原色彩，这在光源经常改变，如晚上使用水银灯等情况下非常有用。黑白摄像机没有此功能。

(11) 电子亮度控制

有些 CCD 摄像机可以利用电子快门，根据射入光线的亮度来调节 CCD 图像传感器的曝光时间，从而在光线变化较大时也可以不采用自动光圈镜头，使用电子亮度控制时，被摄物体的景深要比使用自动光圈镜头时要小。

(12) 逆光补偿

在逆光的情况下，采用普通摄像机摄取的物体的图像会发黑不清。具有逆光补偿功能的摄像机在这种情况下仍能得到被摄物体的清晰图像，这是因为它采用了特殊的逆光补偿电路。这种电路可以检测被摄物体在整幅图像中的尺寸和对比度，并自动计算所需的补偿电平进行补偿。有此功能的摄像机价格较高，设计系统时应尽量选择顺光布置摄像机。

图 3-3　几种常见摄像机

（13）工作温度

摄像机在这个温度范围内应能长时间正常工作，一般工作温度应在−10～50℃。

常见摄像机参见图 3-3。

2.2 镜　　头

镜头是一种光学成像器件，是摄像机的眼睛，一般摄像机与镜头是可以根据需要进行不同组合的。监控图像的质量很大程度上取决于镜头的成像质量，要获得高质量的图像和摄像范围，镜头选择十分关键。

2.2.1　镜头的分类

（1）按摄像机镜头规格分

有 1in，2/3in，1/2in，1/3in，1/4in 等规格。镜头规格应与摄像机的靶面尺寸相对应，即摄像机靶面大小为 1/3in 时，镜头同样应选择 1/3in 的，否则不能获得良好的配合。

（2）按镜头安装分

有 C 安装座和 CS 安装座（特种 C 安装座）的接口安装方式。两者的螺纹相同安装部位的口径都是 25.4mm，但两者到感光表面的距离不同。前者从镜头安装基本面到焦点的距离为 17.526mm，后者为 12.5mm。大多数摄像机只适应一种接口方式安装式，新型摄像机可适应 C 和 CS 两种接口（加调节器或加接圈）。

（3）按镜头光圈分

有手动光圈和自动光圈。自动光圈镜头又分为两类：视频输入型——将视频信号及电源从摄像机输送到镜头来控制光圈；DC 输入型——利用摄像机上的直流电压直接控制光圈。前者是从摄像机中取视频信号作为参考，通过比较发出指令来控制光圈的开大或闭小。执行机构有电动机和电磁机构两种形式，一般电磁机构动作灵敏迅速，后者也称为电眼镜头，它像人眼一样，利用光学取样。进光的强弱能自动启闭光圈，使传到摄像器件光靶上的平均光照度基本恒定，这种叫 cds 的电眼镜头只需外接规定电源便可工作。

（4）按镜头的视场大小分

标准镜头：视角 30°左右。在 1/2inCCD 摄像机中，标准镜头焦距定为 12mm；1/3inCCD摄像机的标准镜头焦距定为 8mm。

广角镜头：视角 90°以上。焦距可小于几毫米，但可提供较广阔的视景，图像会有一些变形。

远摄镜：视角在 20°以内。焦距可达几米、几十米，并可远距离将拍摄的物体影像放大，但使观察范围变小。

变倍镜头：也称伸缩镜头，有手动和电动之分。

变焦镜头：它介于标准镜头与广角镜头之间，焦距可连续改变。

（5）针孔镜头

镜头端头直径只有几毫米。由该孔进光而得到光像，由于光的入口是极细小的长镜头筒，所以可以用隐蔽的形式进行安装。

（6）棱镜镜头

在其前面隐蔽装设棱镜。这种棱镜一般从顶棚或墙面上显露出来，不明情况的人以为这是室内装饰用的水晶玻璃，而不被人们警觉，所以常用于特殊监视用的隐蔽摄像机上。

（7）鱼目镜头

一般将具有180°以上视角的广角镜头称为鱼目镜头。这种镜头能得到广阔的视野，但会使图像产生失真，设计时要非常注意。

（8）光学扫描镜头

这种镜头由固定镜面和旋转镜面组合而成。只是利用镜面的旋转来得到扩大水平视野的效果，而不须摄像机本身转动，具有一定隐蔽作用。

（9）按镜头焦距分

短焦距镜头：入射角较宽，可提供较宽的视景。

中焦距镜头：标准镜头，焦距长度视 CCD 光靶尺寸而定。

长焦距镜头：入射角较窄，故仅能提供狭窄的视景，适用于远距离监视。

变焦距镜头：通常为电动式，可作广角、标准或远望镜头使用。

（10）一体化摄像机

镜头和摄像机装为一体的产品，镜头不能轻易更换，选择时要确定好镜头规格。

（11）按镜头参数可调项目分

三可变镜头（光圈、焦距、调焦）、两可变镜头（焦距、调焦）、一可变镜头（焦距）。

2.2.2　镜头的选择

选择镜头时要考虑的一系列问题见表 3-5。

选择镜头时需考虑的内容　　　　　　　　　　　　表 3-5

考虑要求	对镜头要求
被摄场景的大小,摄像机和被摄物的距离	视角
使用摄像机的类型	画面尺寸(1/2in 或 1/3in 等),是否要用高灵敏度自动光圈等,镜头的安装方式
对被摄物的监视方式	视角是否可变,焦距、镜头的光圈大小
摄像机的设置条件和应用方法	是否要遥控,是否要 EE(自动光圈)

（1）镜头的焦距 f

选择镜头时，应根据摄像机安装位置到被监视目标的距离及监视目标的范围来决定镜头的焦距 f，参见图 3-4 和图 3-5。

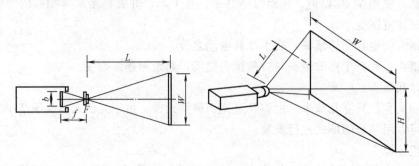

图 3-4　镜头特性参数间关系

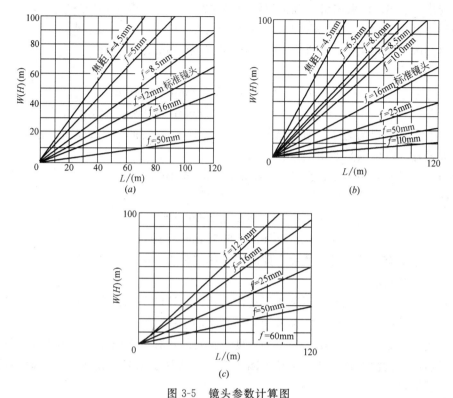

图 3-5　镜头参数计算图

(a) 1/2in 管摄像机；(b) 2/3in 管摄像机；(c) 1in 管摄像机

关系式如下：

$$H = aL/f$$
$$W = bL/f$$

式中　H——视场高度（m）；

W——视场宽度（m）；

L——镜头至被摄物体的距离（视距）（m）；

f——镜头焦距（mm）；

a——像场高度（靶面像场值）（mm）；

b——像场宽度（靶面像场值）（mm）。

不同摄像机的 a、b 值可参见表 3-2 所示。

由前面两式可得出：

$$f = aL/H$$

$$f = bL/W$$

可以用这两个式子计算所需镜头的焦距，然后选择镜头。因为监控场所要求的景物视场的高度 H 和宽度 W 一般是能够确定的。

【例】　某宾馆大厅出入口需进行电视监控。大门的高度为 2.5m，宽度为 4m，摄像机安装位置至景物（大门）为 6.5m。选用 1/3inCCD 摄像机，求应该选用焦距为多少的镜头？如选用 1/2inCCD 摄像机，镜头焦距为多少？

【解】 已知 $H=2.5m$，$W=4m$，$L=6.5m$。

1）1/3in 镜头，由表 3-2 查得 $a=3.6mm$，$b=4.8mm$。

那么

$$f=aL/H=3.6\times6.5/2.5mm=9.4mm$$
$$f=bL/W=4.8\times6.5/4mm=7.8mm$$

为了有完整的视场宽度，所以选择焦距为 7.6mm 左右的 1/3in 镜头，这样在摄像机上可摄取最佳的范围满足要求的景物图像。

2）1/2in 镜头，由表 3-2 查得 $a=4.6mm$，$b=6.4mm$。

这样

$$f=aL/H=4.6\times6.5/2.5mm=11.96mm$$
$$f=bL/W=6.4\times6.5/4mm=10.4mm$$

同样考虑要有完整的视场宽度，此时应选择焦距为 10mm 左右的镜头。

（2）镜头的光圈

往往被监视的场所光照是不断或无规律变化的，这就要求镜头的光圈要自动调整，才能保证有清晰的图像，因此通常都采用自动光圈的镜头。

有的场所都是靠灯光照明，环境的照度是恒定的，如酒店的走道、地下停车场、没有窗子的场所等，就没有必要选用自动光圈镜头，可选择手动光圈镜头，安装时现场调整，调好后锁紧即可。

自动光圈镜头按其取样执行机构分为：电眼、视频取样两种。

电眼像人眼一样，利用光学取样，根据进光的强弱自动启闭光圈，使传到摄像机光电转换面（光靶）的光平均照度基本恒定，从而达到自动光圈作用。这种叫 cds 的电眼镜头只需外接规定的电源（如＋12V），不需要外接视频信号。

视频取样自动光圈镜头是从摄像机中取视频信号为参考，通过对比发出指令，开启或关闭光圈。执行机构又有电动机和电磁机构两种。一般认为，利用电磁机构控制光圈，动作灵敏、迅速、有效。

自动光圈镜头与摄像机之间应有连接线，一般用插头连接，因各厂商采用的插头座不一样，故使用时应注意接口的配合问题。

（3）镜头的景深

被摄物体总有一定的深度，而镜头仅在某位置的前后一定范围内聚焦，比该位置更近和更远的地方其图像就会发"虚"，这个被摄物体能聚焦的范围叫被摄体深度或叫景深。另一方面对于平面形的被摄体，把最佳成像点前后能够得到清晰图像的范围叫做焦点的深度或景深。

当把黑白摄像机装在室外去监视相当远的广阔范围时，事实上就不存在景深问题了。灵敏度较低的彩色摄像机在室内使用时，由于其景深较浅，必须精心考虑所要观察的目标所处的位置是否正落在镜头焦点的深度之内。

必须认识到镜头的光圈越小（数值越大），景深越长；光圈越大（数值越小），景深越浅。那么光圈的大小取决于被摄场所的光照度，因此为了得到足够的景深，就必须让被摄物（或场所）有足够的光照度，设计时，如可能应尽量选择良好的照明条件。各种镜头参见图 3-6 所示。

（4）像差

由于肉眼所看到的光线是由多色光复合而成的，因此成像光束的波长不同，光学系统的折射率不为常数，所以实际光学系统成像与理想光学系统所得的结果不同，两者间存在着偏差，这种偏差称为像差。

图 3-6 各种镜头

像差分为两类。一类是单色光成像时的像差，主要由镜头工艺及精度引起，有球差、慧差、像散、像场弯曲、桶形失真、枕形失真等，称单色像差。另一类是复合光成像时，由于镜头折射率不同而引起的像差，称为色差。

现在 CCTV 镜头都使用凸透镜与凹透镜的不同组合及其他一些技术来减少像差，对图像畸变进行矫正，同一类镜头的价格很大程度上取决于减小、消除像差的水平。

2.3 云　　台

云台是电视监控（CCTV）系统中不可缺少的配套设备之一。它与摄像机配合使用能达到上下左右转动的目的。扩大一台摄像机的监视范围，同时能在一定范围内跟踪目标进行摄像，提高了摄像机的使用价值。由于使用环境不同，云台的种类很多。

按用途分：有通用型云台和特殊型云台。通用型云台又可分为遥控电动云台和手动固定云台两类。目前遥控电动云台由于其操作方便可靠，得到普遍应用。特殊云台可分为防爆型云台、耐高温云台和水下云台等。

按安装环境分：有室内云台和室外云台（全天候型），注意室内云台绝不可用于室外。

按运动方向分：有水平旋转云台和全方位云台（水平和垂直方向都可电控自由旋转，可实现全方位或跟踪监视）。

按承受负载能力分：有轻载云台（最大负重 10kg）、中载云台（最大负重 25kg）、重载云台（最大负重 45kg）、防爆云台（用于危险环境）、防水云台（密封、耐压、高绝缘）。

按速度分：有恒速云台（只有一档速度），一般水平转速为 $3\sim30°/s$，垂直俯仰速度为 $3\sim45°/s$。可变速云台，水平转速为 $0\sim400°/s$ 可调，垂自倾斜速度为 $0\sim120°/s$。

几种常用电动云台的特性参见表 3-6，外形见图 3-7 所示。

各种云台的特征　　　　　　　　　　　　　　　　表 3-6

型式参数		室内限位旋转式	室外限位旋转式	室内连续旋转式	室外自动反转式
旋转角度	水平(°)	340	340	360	350
	垂直(°)	上 15 下 50	上 10 下 55	上 30 下 60	上 45 下 45
旋转速度	水平(°/s)	6	3.2	约 1～2min 转一周	6
	垂直(°/s)	3	3	3	3
	最大荷重(kg)	约 30	约 40	约 25	直立 25,侧挂 16
	自重(kg)	约 7	约 15	约 10	约 8.5
	耗电(最大)(W)	70	100	120	60
	风速(m/s)	—	60	60	60
	水平检测	—	—	内带同步电动机	
	环境温度(℃)	−10～+60	−10～+50	−10～+50	−50～+50

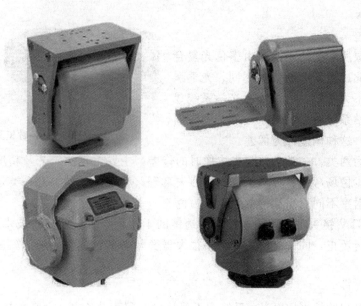

图 3-7　几种常见云台

电动云台由微型电动机驱动,通过减速装置使输出轴获得所要求的转矩和速度,带动摄像机进行各方向转动跟踪监视。电动云台的工作角度可调节微动开关进行限位。由于采用了自锁能力的蜗轮蜗杆减速机构,所以当电动机停止工作时,摄像机能立即悬停于任意工作位置,以达到使摄像机能够在设定范围内跟踪监视对象的技术要求,借助于遥控装置还可对摄像机进行遥控。

选择云台时,除考虑电参数外,还应考虑移动时云台所承受的重量,计算出摄像机和镜头组合的总重量加上防护罩和任何附加部件的重量,如是室外使用还要考虑可能增加云台负重的各种因素,如强风、冰雪等。

云台在大多数监控摄像机上是不需要的,因为很多摄像机是用来固定监视某一个目标或区域的,如电梯的轿箱、宾馆饭店的走道、银行的柜台、金库、各种出入口等都不需要摄像机旋转,可安装成固定式的。

另外,云台的控制需要云台控制装置,有普通按键控制和微电脑控制两种。控制信号的传送有多芯电缆直接传递各动作信号方式;总线加解码器传递方式;利用视频信号的场回扫区视频电缆传递方式等。目前多用总线解码传递方式。

2.4　防护罩(防尘罩)和支架

(1) 防护罩

防护罩也称防尘罩,它的作用是用来保护摄像机及镜头不受诸如有害气体、天气、灰尘及人为有意破坏等环境条件的影响。

防护罩的分类有室内型、室外型、空调型、防爆型、防尘型及高度安全型、装饰型、隐蔽型等。

根据实际的使用环境和具体的用途选择合适的防护罩是很重要的。选择防护罩时应考虑以下因素:

环境——安装防护罩的地点是室内还是室外，是否有不利的环境因素。

设备——所选摄像机和镜头及附件的类型、形状及其尺寸大小。

供电——计划使用什么样的电源供电？

安装——防护罩将安装于何处（墙壁、天花板、立杆、高台）？

要求——防护罩是否需要隐蔽？什么类型、什么颜色才与建筑装修协调美观？

各种常见的防护罩参见图 3-8。

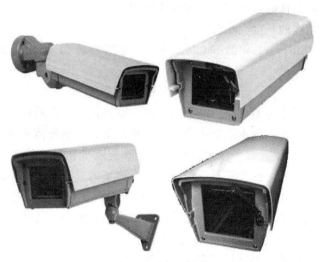

图 3-8　常见防护罩

（2）支架

支架是用于摄像机（含防护罩）安装时作为支撑的，并将摄像机（防护罩）连接于安装部位的辅助器件上。

支架有摄像机安装支架，防护/球形一体摄像机支架、转台及云台安装支架，多功能安装支架、墙装、角装、基座装、柱子装、顶装支架等。

图 3-9　常用支架

选择支架时要根据实际安装地点的需要进行合适的选择，还应确保支架能够支撑设备的总负重的四倍，并且只能选择安防设备制造的专用支架。有些特殊环境需根据实际情况定做或自己设计制作支架，常用支架见图 3-9。

课题 3　终 端 设 备

3.1　监视器（显示器）

监视器是电视监控系统的终端显示设备。整个系统的状态最终都要体现在监视的屏幕上，监视器的优劣直接影响着整个系统的最终效果，所以监视器在电视监控中与摄像机、控制设备等占有同样重要的地位。

3.1.1 监视器的分类

（1）按成像色彩分

有彩色监视器和黑白监视器两大类。彩色监视器要配彩色摄像机才能显示彩色画面，黑白监视器要配黑白摄像机（配彩色摄像机也只有黑白画面，没有意义）。

（2）按功能分

有图像监视器（只有视频输入、输出）和音视监视器（有音频、视频输入、输出），也可用电视接收机，选择时要根据实际需要来配置。

（3）按屏幕对角线的长度大小分

有 9in、14in、15in、17in、21in、25in 等，最常用的是 14～21in。屏幕的高宽比一般为 3∶4。

（4）按性能分

有精密型监视器，这种监视器中心分辨率在 600 线以上，色彩还原性高，各类技术指标的稳定性和精度都很高，基本功能齐全，但价格昂贵；高质量监视器，这种监视器中心分辨率一般为 370～500 线，具备一定的使用功能，但功能指标、技术指标均低于精密型监视器；一般用监视器，这种监视器一般具备视音频输入或只有视频输入功能，中心分辨率为 300～700 线，信号的输入、输出、转接等基本功能比较齐全，是目前监控系统中使用最多的一种。监视器的选择应注意其性能要与摄像机、控制设备相匹配。

（5）按画面分

有单画面监视器和多画面分割监视器（不需另配画面分割器）。

常用监视器参见图 3-10 所示。

图 3-10　监视器

3.1.2 监视器的技术指标（常用）

输入电压：有 120V、60Hz；230V、50Hz；12V，24V 等。

功率消耗：有 25W、30W、48W、60W、100W 等；

输入信号：一般在 0.5～2.0V 的峰值视频信号

输出信号：一般在 1V（p-p）复合视频信号。

输入阻抗：75Ω 或更高（可切换）。

带宽：100Hz～10MHz。

分辨率：300～1000 线以上。

制式：我国为 PAL 制，有的监视器带有制式转换开关。

亮度：大于 50cd/m² 。

灰度：6～7个灰度等级。

信噪比：大于 40dB。

非线性失真：小于 10％。

工作温度：一般 10～55℃。

储存温度：一般 −30～65℃。

相对湿度：一般 10％～95％。

显像管尺寸：一般 9～25in。

外型尺寸：对制作机柜时非常重要。

外观颜色、重量等。

3.1.3 监视器的选择

1）安全防范电视监控系统至少要有两台监视器，一台做切换固定监视用，另一台做时序切换或多画面监视用。监视器宜采用 14～21in 屏幕的监视器，特别是多画面显示的，应尽可能大一些。

2）黑白监视器的水平清晰度应大于 600 线，彩色监视器的水平清晰度应大于400 线。

3）在选择监视器时，一定要根据实际情况或条件，选择技术指标合适的监视器。

4）同样尺寸的监视器性能远好于电视机，但价格也高于电视机很多，有时根据用户的要求也可采用电视机作监视器，有特殊要求时，还可采用大屏幕电视机或投影电视作为监视器。

5）选择监视器必须与系统安装的摄像机制式性能相一致。

6）还要考虑监视器本身的安装环境、条件等。

7）数字记录电视监控系统都选择电脑显示器作为监视器。

监视器的选择可参见表 3-7。

<table>
<tr><td colspan="2" align="center">监视器的选择</td><td align="right">表 3-7</td></tr>
<tr><td align="center">用　途</td><td colspan="2" align="center">选 择 要 点</td></tr>
<tr><td>安放于标准机柜</td><td colspan="2">15in 以下的监视器较合适，否则标准机柜(架)尺寸不够</td></tr>
<tr><td>每台摄像机一对一配监视器</td><td colspan="2">9～21in 都可以，但要认真考虑监视人与监视器之间的距离和安装场地及投资情况</td></tr>
<tr><td>多台监视器并排</td><td colspan="2">有金属外壳较好，防止相互干扰</td></tr>
<tr><td>使用了高清晰度摄像机</td><td colspan="2">要选择高清晰度的监视器，否则摄像机的性能不能充分发挥出来</td></tr>
<tr><td>用于摄像机对焦</td><td colspan="2">6in 监视器比较合适，便于随身携带</td></tr>
</table>

4～16 分割 17in 以下的监视器，屏幕尺寸太小，在多画面显示时，各摄像机拍的图像太小，很难监视和分辨

3.1.4 监视器监视形态

监视形态一般有实时监视（每台摄像机的图像都能实时地监视）、VTR（录像机）记录（需要查看时调出来看）。主要监视形态由表 3-8 所示。

监视方法	实时监视	VTR 记录
1∶1 系统	所有的摄像机拍摄的图像没有空载时间都可同时监视,所占场地大,监视器多	理想作法是每台摄像机都与 VTR 连接,也可用帧转换和时序转换的方法
多画面系统	节省场地,所有摄像机拍摄的图像都没有空载时间。在报警等情况下,可将报警处的摄像机拍摄的图像扩大到整个画面,加以核实	可将每台多画面分割器都与 VTR 连接,也可在一台 VTR 上同时切换多画面分割,并记录,空载时间少,但重放时,各台摄像机拍的图像小,难进行核实
帧转换系统	监控时,按时序显示各摄像机拍的图像,有空载时间。各摄像机拍的图像可在整个画面上显示,容易核实	如果与一般 VTR 组合,几乎没有空载时间,是一种理想的监视形态;如果与慢速 VTR(长时间录像机)组合,则有相当多的空载时间。重放时,可以连续观看任何一台摄像机拍的图像
时序转换系统	按时序显示各摄像机图像,有空载时间,各台摄像机图像可在整个画面上显示	各摄像机图像都有很多空载时间

3.1.5 监视器的最佳观看视野范围

监视器的最佳观看视野范围参见表 3-9,设计时可供参考。

监视器的最佳视野范围 表 3-9

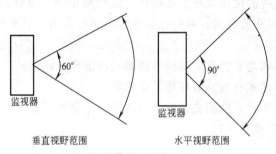

监视器屏幕尺寸 in(cm)	距监视器最小距离 L(mm)	距监视器最大距离 L(mm)
9(23)	700	2300
12(31)	900	3000
14(35)	1000	3300
17(47)	1200	4000
21(52)	1400	4600

3.2 录 像 机

在电视监控系统中,录像机是用来记录各摄像机所拍图像资料和监听资料,以便备查回放和备案的记录设备。

3.2.1 录像机的分类

(1)按记录方式分

有磁带录像机(模拟记录)和硬盘录像机(数字记录)两大类。磁带录像机早已得到普遍应用,数字硬盘录像机正在推广使用。

磁带录像机又分为普通录像机和长时间录像机。长时间录像机是用一盘180min录像带记录8h以上的监控图像，最长记录时间可达到960h，最常用的是24h机型，这样既节约磁带又基本保证录像质量。

（2）按用途分

有广播用录像机、专业用录像机（如电视监控用、教育用）和家庭用录像机三类。

（3）按使用方式分

有开盘式、盒式、卡盒式等。电视监控系统中，一般采用盒式机。

（4）按功能分

有记录重放式、单放机式和便携式三种，电视监控系统中必须使用记录重放机。常用录像机外型参见图3-11。

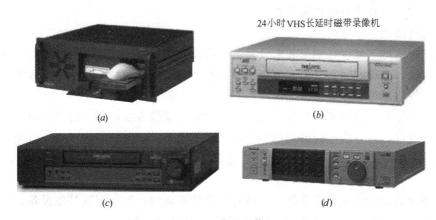

图 3-11　常用录像机

（a）硬盘录像机；（b）、（c）24小时延时磁带录像机；（d）一体化主机

3.2.2　长时间录像机

作为保安电视监控系统，最常用的录像设备为盒式长时间录像机和硬盘长时间录像机（数字压缩记录）。这样的录像机才能保证每天24h不停地进行监控录像，而又不必备大量的磁带和硬盘。

Pelco DX 系列数字视频录像机

全系列产品适用于大多数安防系统

1）DX1000 系列

—4路输入，每路1帧/s，可录像2或4周；

—4路报警输入，一路继电器输出；

—按时间/日期或报警查找；

—比多画面处理器/VCR组合更便宜。

2）DX3000 系列

—9路输入，每路1帧/s，可录像最多1周；

—移动检测录像可延长录像时间；

—9路报警输入，多个继电器输出；

—按时间/日期、移动事件或报警查找：

3）DX7000 系列

——16路输入，每路1帧/s，最多录像2周；

——可增加硬盘容量；

——最大280GB硬盘（录像2个月）；

——移动检测录像可延长录像时间；

——按时间/日期、移动事件或报警查找；

——本地或通过PTSN、ISDN、TCP/IP进行远程查找、控制。

4）DX9000系列

——8、16或24路输入，15或30帧/s；

——使用多个设备可连接几百个摄像机，用于大型系统；

——所有硬盘录像均可独自压缩；

——超大型应用系统可使用磁带介质。

（1）长时间磁带录像机

除了能以标准速度进行记录和重放外，还可以将用标准速度记录的画面以慢速或静帧方式进行重放；以长时间记录的画面用快速或静帧方式进行重放。所谓慢速重放，是把所记录的运动景物图像缓慢地重放以便对画面进行分析研究。

长时间录像机分时滞式（间歇录像方式）和实时录像方式两种。时滞式因有时间间隔而可能漏录图像，而且回放时因影像不连续而影响效果；实时式录像机回放时画面动作连续可观，能完整捕捉报警事件，但记录信息量少（只能记录一台摄像机信号），所用磁带多。

磁带录像机如需完成报警录像、移动目标录像等功能，就须配置其他设备，且检索需要查看图像，较麻烦，但其价格较低，因此使用的场所也很多。

（2）硬盘录像机

除具有磁带录像机的功能外，还具有多种画面分割（不需另外配画面分割设备），如4画面、9画面、16画面，可自行设定和选择，可实时录像、回放、定时录像、循环录像（自动/手动）25帧/s左右、音视频同步录制、报警录像、动态侦测录像。并且支持报警联动，报警与图像信号丢失报警。查看图像检索非常方便，可按日期时间查看，可按报警录像查看，也可定时查看，所有检索功能都只需用鼠标点击即可完成。硬盘录像机还有备份，取证方便，存储量大，图像质量高等优点，但有时会"死机"（因为它本身就是一台电脑），而且价格较高，目前正在推广使用。

3.2.3　磁带录像机技术指标（常用）

输入电压：110V、220V、100～230V等。

功耗：一般20～30W。

分辨率：黑白＞330线，彩色＞280线。

声道：单声道、双声道等。

视频、音频输入、输出个数。

磁带速度及录像时间：180min磁带可录180min、8h、12h、24h、36h等。

信噪比：视频＞42dB，音频＞43dB。

报警录像时间15s、30s、45s、1min、2min、5min、10min。

显示模式：（月）-（日）-（年）、（小时）-（分）-（秒）（报警录像编号）

环境温度：室内 5～45℃。

相对湿度：＜95％。

重量、尺寸等。尺寸对定做控制机柜很重要。

录像机是一种机电一体化的精密设备，还要注意选择有知名度的品牌机，这样性能可靠，售后服务也好，对工程的后期服务带来很多方便和好处。

3.2.4　磁带录像机的保养维护

当磁带运行和磁头高速旋转时，如有灰尘或脱落的磁粉在磁头间隙上，放像时会使信号失真、失落、信噪比变坏；另一方面会损坏磁头和磁带，因此要对其进行定期清洗。方法有两种：一是用沾有清洁剂（甲醇、乙醇）的麂皮棒水平方向上轻轻擦洗磁鼓、磁头，切忌上下擦拭，否则会损坏磁头。二是用专用清洗带清洗，此方法可对磁带运行路径全面清洗。但对磁头磨损较大。

电视监控系统工程人员一定要告知并教会用户清洗磁头、保养录像机，正常使用时一般 1～2 个月要清洗一次。

课题 4　传　输　系　统

在 CCTV 系统工程中，为了信号的传输，有大量的工作是电缆的选择和布线。布线施工的方法、质量决定着系统施工的最终质量和效果，因此选择电缆、布线是非常重要的。

传输系统由各种电缆电线、管材、桥架等组成。其作用是将摄像系统输出的视频信号、音频信号，传输到显示系统和监听系统，同时将控制信号从控制机房传输到摄像机等前端系统以控制云台、镜头等运动状态。电视监控系统的传输多用有线形式，因此电缆显得很重要。

4.1　同　轴　电　缆

将视频信号从一个设备传送到另一个设备的最常用的手段是通过同轴电缆传输。同轴电缆被简称为"coax"，它不仅是最常用的电缆线，而且也是成本最低、最可靠、最方便施工及最容易维护的。在 CCTV 系统中几乎都用同轴电缆传送视频信号，这是因为电视监控系统一般都是短距离传输。

同轴电缆虽然有很多生产厂家，有各种不同的尺寸、形状、颜色、规格及性能，但都是在内导体上用聚乙烯（PE）物理发泡后以同心圆状覆盖绝缘（也有藕芯状绝缘，但高频特性较差，一般不用），外导体是软铜芯编织物（有的还镀锡、镀银），最外层用聚氯乙烯（PVC）封包，如图 3-12 所示。

这种电缆对外界的静电场和电磁波

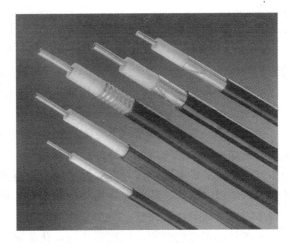

图 3-12　同轴电缆结构

没有良好的屏蔽作用，当作为长距离传输时，会有对地不平衡的低频地电流影响，铺设的场所有时也会有高频干扰，所以布线施工时，对外部条件要特别调查了解。另外在中波发射台附近，由于受到发射电波干扰，图像经常会有杂波影响，所以此时从摄像机到监视器的同轴电缆要穿在金属管内进行屏蔽，并且尽可能埋在地下。若施工时做不到这样，就要考虑用其他方式传输（如光纤等）。

不同型号、规格的同轴电缆，尽管其工作原理是一样的，但每种同轴电缆都有其自己不同的物理及电气上的特性，参见表3-10，这一点在设计时必须考虑到。

国产同轴电缆主要特性 表 3-10

型号	波阻抗(Ω)	30MHz 时衰减不小于($dB \cdot m^{-1}$)	电容不大于($pF \cdot m^{-1}$)
SYV-75-2	75 ± 5	0.186	76
SYV-75-3	75 ± 3	0.122	76
SYV-75-5-1	75 ± 3	0.0706	76
SYV-75-5-2	75 ± 3	0.0785	76
SYV-75-7	75 ± 3	0.0510	76
SYV-75-9	75 ± 3	0.0369	76
SYV-75-12	75 ± 3	0.0344	76
SYV-75-15	75 ± 3	0.0274	76
SYV-75-17	75 ± 3	0.0244	76
SYV-75-23-1	75 ± 3	0.0200	76
SYV-75-23-2	75 ± 3	0.0161	76
SYV-75-33-1	75 ± 3	0.0164	77
SYV-75-33-2	75 ± 3	0.0124	76

4.2 同轴电缆的选择

同轴电缆的选择有两个决定因素：电缆线路的地点（室内、室外等）及具体线路的最大长度。

(1) 电视监控系统用的信号传输带宽

一般为 50Hz～10MHz，为了把该信号的各频率都进行同样的传输，就要按照所使用的同轴电缆的长度和特性进行补偿。设计的目的是以最小的信号衰减传输由 75Ω 输出到 75Ω 负载的最高信号电平。如果使用非 75Ω 的电缆，则会产生信号额外损耗或折射，所以同轴电缆的选择原则首先是波阻抗为 75Ω。

在不考虑经常扭曲的情况下，实心裸铜导线（内导体）最适用于视频信号传输。在电缆须不断地折弯的地方（如电梯井道随行电缆、云台、转台上的电缆等），应使用内导体为多股绞合线芯的电缆，这种电缆能适应不断弯曲。必须注意电视监控系统中决不能使用镀铜钢芯电缆，因为这种电缆在视频传输工作频段内损耗很大，传输效果极不佳，会给系统带来很多难以解决的问题。

由于特殊用途的需要，如高温环境，化学腐蚀环境，地下走线要求等，应采用专用同轴电缆。

（2）同轴电缆最大传输距离的计算

传输视频信号一般都使用75Ω特性阻抗的同轴电缆，因为图像的质量与电缆的质量有关，因此应使用优质的电缆。下面的计算也是对优质电缆而言的。

最大传输距离不但由传输损耗，而且由无杂波和精确的对比度来确定，常用同轴电缆的最大传输距离见表3-11。

常用同轴电缆的最大传输距离　　　　　　　　　　　表3-11

国产型号	国外型号	外径(mm)	重量 (kg·km^{-1})	衰减(dB·km^{-1})		最大的传输距离(m)
				1MHz	10MHz	
SDV-75-3-4	3C-2V,RG-95/V	5.8	50	13	42	250
SIV-75-4						
SDV-75-5-4	5C-2V,RG-6/V	7.5	78	8	27	500
SIV-75-7						
SDV-75-7-4	7C-2V,RG-11/V	10.2	140	7	22	600
SIV-75-9						
SIV-75-9-4	10C-2V,RG-15/V	13.4	230	5	18	750

从表中看出频率越高，传输损耗越大。尤其在传输视频信号时，传输距离越长，高频成分就越小，这样图像的对比度就会恶化。

视频信号的频率通常在10MHz左右，传输同轴电缆的最大传输距离通常可作近似计算，假定10MHz频率的传输允许损耗量在10～13dB之间。

由于图像质量不但由对比度，而且由杂波原因引起的干扰所影响，最终将由图像的视觉检查来确定。最大传输距离可用下式来计算：

最大传输距离＝13(dB)/10MHz时的传输损耗(dB/km)

以最常用的SDV-75-5-4型同轴电缆为例，其最大传输距离计算如下：

最大传输距离＝13(dB)/27(dB/km)≈0.481km≈500m

（3）电缆补偿器的运用

为了把监视用的信号的各频率成分都进行同样的传送，就需要按照所使用的同轴电缆的长度进行频率特性补偿（主要用于传输距离在300m以上）见图3-13所示。

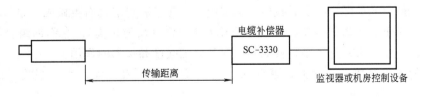

图3-13　电缆补偿器的应用

在CCTV系统中，从经济角度考虑，一般传输距离在300m范围内时，同轴电缆传输的衰减影响可以不予考虑（因为对图像的影响不大，肉眼一般看不出来）。当传输距离大于300m时，由于电缆对视频信号的衰减量已比较大，就应考虑使用电缆补偿器了。而当传输距离超过 500m 时，就必须设计使用电缆补偿器，这种补偿器一般有分档变换、连续可调以及两者结合的形式。

如果需要电缆补偿器，就应安装于监视器附近，用来放大来自摄像机的视频信号中因电缆的延伸而被衰减了的信号。

目前电缆补偿器产品规格、型号很多，以常用的 SC-3330 电缆补偿器为例介绍，其他型号的使用与之大同小异。该补偿器面板上有 4 档补偿量预置开关，开关的各档补偿量和适用范围，参见表 3-12，设计使用时注意选择。

SC-3330 电缆补偿器的补偿范围　　　　　　　　　　　表 3-12

开关档位		1	2	3	4
国产	进口				
SDV-75-3-4	5C-2V,RG-6/V	500m	1km	1.5km	2km
SIV-75-4					
SDV-75-5-4	7C-2V,RG-11/V	600m	1.2km	1.8km	2.4km
SIV-75-7					
SDV-75-4	10C-2V,RG-15/V	750m	1.5km	2.2km	3km
SIV-75-9					
SIV-75-9-4					
6MHz 处补偿量		10dB	21dB	31dB	42dB

如传输距离大于 2km，则应考虑用光缆传送。这样才能保证达到良好的信号传输效果。

4.3　光　缆　传　输

视频信号通常用同轴电缆传输，但对于长距离的电视监控系统（如交通警察指挥中心各路口及道路状况电视监控系统），为了保证图像和伴音质量，就应采用光缆传输方式。

光缆也叫光纤（光导纤维），其传输信号的特点是损耗极低，频带极宽，传输容量极大，抗干扰性极强（不受电、磁干扰）。在 CCTV 系统中，长距离传输视频信号采用光缆，可非常有效地克服两地间因电位不同而引起的交流干扰，减小信号衰减，提高图像和伴音质量，是长距离传输信号的最佳选择。

（1）光缆的结构及主要特性

光缆一般由光导纤维芯子、包层、护层组成。芯子和包层用石英做成，原材料的纯度要求极高。芯子折射率要很高，而包层折射率要很低（反射率高）。它们的组合起到传播光的作用。护层是由钢丝和塑料做成，起到增加强度和保护的作用。

光缆的主要参数有：衰减、通频带、孔径值以及几何尺寸、光纤强度、结构、骨架等。

衰减：信号在光缆中的衰减是由于材料中的杂质、材料不均匀所引起的泄露以及几尺寸的差异而产生的，一般光缆的信号衰减是 1～20dB/km。

通频带：光缆的通频带是指光缆能够传输的频带宽度。通常用 1km 长度的光缆传输信号比传输直流时，其损耗增加 6dB，所对应的频率 f_0 表示光缆的带宽。带宽主要取决于光缆的类型（单模、多模，其折射率是阶梯式变化的还是均匀式变化的）、材料及其构造。一般以发光二极管作为光源的带宽为 80MHz/km，以激光为光源的带宽为 300MHz/km 以上。

孔径值：孔径值决定着可以导入纤维的光立体角的大小。导入光缆时，光能的损耗与孔径值有关。一般对于发光二极管来说，它为 14～18dB，对于激光二极管来说约为 2～8dB。

（2）光缆的传输

如图 3-14 所示是一种光缆传输系统图。在发送端，待传输的模拟或数字信号经激励器激励发光二极管或激光器，使它们输出的光强度随激励电流而变化，从而得到被电信号调制的光信号。光信号在远距离光缆传输中不断衰减，需用光中继器给予补偿。在光中继器里，检光器把光信号变换为电信号，将它放大或再生并再转换成光信号继续传输。在接收端，经检光器及放大器再生等电路恢复原信号。

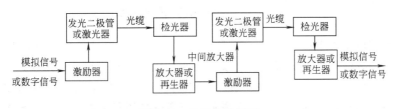

图 3-14　光缆系统框图

在光缆传输中应使用标准光缆连接器（ST），它可端接光缆交接单元，陶瓷头的连接器应保证每个连接点的衰减不大于 0.4dB，塑料头连接器应保证每个连接点的衰减不大于 0.5dB；

在光纤传输系统中的标准连接装置（LIU）是用来端接光纤和跨接光缆的设备，支持 ST 连接器、LIU 连接装置分别有端接 12 芯、24 芯、48 芯光缆等几种规格，对于设备间子系统，光纤交接地经常安装一组 LIU。

在光缆的布线中，光缆可不用穿 PVC 管，可走电缆桥架。在没有桥架的横跨架空处需用钢丝绳吊拉。光缆严禁转直角弯和小弯，光缆严禁穿过高温环境（70℃以上），光缆严禁夹扁，但光缆可直接穿过高电场、磁场区（如配电房、电梯井、中央空调机房、无线电发射台附近等）。

4.4　无线传输和其他传输

电视监控系统的视频等信号的传输还可采用无线传输、双绞线传输、电话线传输等形式。

4.5　CCTV 系统用其他辅材

在电视监控系统中还要使用很多其他线材，如 Q9 头（用于同轴电缆与各设备的连接）、音频立体声插头（一般用 3.5 型与设备连接）、各种电源插头插座（为设备供电）、各种电缆桥架、PVC 线槽板、PVC 管（布线用）、各种电线、电缆（三芯、四芯、六芯屏蔽电缆作控制线）等。这些作为 CCTV 系统的辅材，没有统一规定，但设计时要根据实际需要查阅有关手册，认真选择。如电源线一定要考虑通过的电流大小、耐压、绝缘、强度等。控制线要考虑需要多少芯，是否要带屏蔽层、强度等。各种接插件要考虑是否与设备匹配，接插质量如何，是否可靠，接线是否方便等。各种管材要考虑规格大小是否合适，还要考虑阻燃性能和强度。虽然称之为辅材，但也直接影响着整套系统的质量，决不可轻视。

课题5　多个监控点的视频监控系统

通过前面的学习，我们知道了可以用摄像机、合适的镜头，通过传输电缆连接上监视器就可以构成闭路电视监控系统。但是，实际应用中，我们往往需要很多的摄像机监控许多的点，如果对应于每一个监控点的摄像机，都相应的连接一台监视器的话，一来设备的投资会很大，二来给监控人员带来观察的困难，实际上这也是不必要的。一些多画面处理的设备就是用来解决这种多个视频信号源的监控问题的。

5.1　视频信号切换器（矩阵）

信在电视监控系统中使用更多的是多个摄像机送来的信号要由一台或几台监视器显示，这就要用视频信号切换装置进行切换，也叫做矩阵切换。在一个比较大或大的电视监控系统（摄像机数量大于 10 台）中，使用矩阵切换不但可以节省监视器的数量，减小监控机房的面积，而且可以使监控人员更方便、更科学地进行监控工作（试想有几十台监视器，监控人员很难观察和操作，设备成本也大大增加）。

最简单的切换器一般有 4 到 16 路输入，1 路输出。切换器面板上有手动切换按键，操作人员根据需要手动进行切换，如图 3-15 所示。有的设备可自动顺序切换，有的还有报警输入自动切换等功能，可供选择。

图 3-15　四入一出矩阵切换

完整的全功能微处理矩阵切换器具有强大的功能，一般可支持 1～8 个控制键盘，16个、32 个、64 个、…、208 个、256 个等视频输入，4 个、16 个、32 个等视频输出，并配有相应的报警输入及继电器输出（用于接报警器或控制录像机），配有时间、日期、字符叠加、自动巡视切换、多画面处理控制、支持计算机联网等功能。有的还带有音频切换功能，有的可以通过简单易用的键盘和屏幕编程窗口来实现系统编程，每个合法用户均可通过任一键盘访问系统，并且每个用户由自己的用户配置文件决定访问权限。有的还有串行通信端口及打印机接口可进行视频打印等。

5.2　画面分割器

画面分割器是用于在一台监视器上同时显示一个摄像机的视频或者同时显示两台摄像

机、4台摄像机、9台摄像机、16台摄像机的分割视频。多画面分割可节省监视器，如16画面分割就可用一台显示器同时观察16台摄像机的画面，如需要仔细观察某一画画时。可将该画面调为满屏，使用起来非常方便。见图3-16。

图3-16　画面分割

5.3　视频移动探测器

视频移动探测器是对比每帧画面的变化情况（含照度的突变），如前后两帧画画发生变化，则会给出相应的控制信号，用于控制报警器、控制录像机，这样可大大地节省录像带或节省录像硬盘容量，延长硬盘录像时间，给检索查看需要的画面带来方便。

一般视频移动探测器应具有如下功能：能保持一致的探测水平并具有抗高度噪声的能力。其灵敏度可调，并且可以自动补偿光线的缓慢变化。一旦探测到物体的移动，一个扬声器被激活报警（有时不用），一个辅助控制被输出（可控制一台延时录像机），自动开始录像（录像延时可以根据需要设置）。视频输入可以和视频输出形成一个视频回路，以便在关闭移动物体探测器时不会丢失图像。

视频移动录像非常有用，因为大多数摄像信号都没有必要进行录像的，如银行下班后的夜间，如没有事件发生，从头到尾进行监控录像，只会得到10多个小时的固定不变的图像，既浪费磁带，又给检索查看带来麻烦，毫无意义。采用移动录像录下的画面一定是有事件发生的场景。

5.4　视频放大器

摄像机如果距离监控机房300m以上，视频信号衰减过大，就应该增加使用视频放大器，以保证完整的视频信号幅度、对比度和清晰度。

选择时可根据实际电缆的长度选有效距离与之相适应的视频放大器，如果距离特别远（如5km以上）可考虑选择光纤传输，因为很弱的视频信号过分放大的同时噪声信号也将被放大，信噪比将严重下降，无法得到满意的图像。

5.5　隔离接地环路变压器

主要用于消除接地环路干扰。若在电视监控系统中某台摄像机的信号受到干扰，可选择使用隔离接地环路变压器。它是一个1：1的特殊变压器，可传送从DC至200MHz以上频率的信号，但对电源线频率具有很高的共模隔离作用。

隔离接地变压器有助于视频信号通过在不同接地电位的点之间的电缆正传输。接地电位差异的原因一般是电源线负载不平衡，幅值可从0～10V不等。在长距离传输时易出现较高电压差。短距离（200m以内）一般不易出现，同一建筑物两点间的电位差较小（0.5V左右），两建筑物间的电位差可能会较大（1～10V左右）。

因为隔离接地环路变压器一般是无源和全天候的，所以适于安装在存在接地环路电压的同轴电缆中的任何位置，一般装于控制机房内较方便。在接地环路电压幅值超过 10V 时，可能需要一台以上的隔离接地环路变压器才能消除接地电位差带来的干扰。

5.6 解 码 器

对于有云台的摄像机、快球摄像机及电控焦距、光圈等摄像机，由于需要在监控机房控制的动作很多，如果直接用电缆连接控制就需要多芯电缆（一般有 N 个动作需控制就需要 N+1 芯电缆），给放线和控制带来困难，也容易相互干扰。这时可在这类摄像机附近安装解码器，将需要控制的动作信号在控制室内进行编码，编码信号用 2～4 芯屏蔽电缆送至解码器，解码后就近送到摄像机及云台，达到控制目的。

有的解码器还可以在同一根同轴电缆上传输控制信号和视频信号，这样布线更加简单、方便，但使用的设备要增加。

解码器的规格、型号很多，设计时根据实际需要进行选择，选择时还要注意室内型和室外型及与控制器的配合问题。

5.7 红外照明灯、聚光灯、泛光灯

在低照度（如夜间没有照明）的环境中，要进行电视监控是比较困难的，特别是照度变化很大的环境，给摄像机的选择带来很多问题，这时就要考虑增加照明装置。

（1）红外照明灯

要求照明装置隐蔽，照明时也不易被人察觉，就可采用红外照明灯。这种灯设计用于低照度摄像机，这种摄像机除对可见光灵敏外，对红外线光谱（700nm 以上）也具有灵敏性，这样就可在照度很低的条件下进行摄像，如可视对讲系统门口摄像就采用红外照明。

（2）聚光灯、泛光灯

在照明不需要隐蔽的情况下，要求集中照明某个部位的可采用聚光灯（可用于远距离照明）。要求照明某个区域的，可采用泛光灯，可使照明达到最大程度的均匀，此时使用较短焦距的镜头可使照明灯的效果更好。

（3）夜间照明灯可以和报警装置联动

当有报警信号或有移动目标报警时才触发照明灯开启，这样既节约能源、节约照明灯，又具有隐蔽性和威慑性，可达到良好的电视监控和保安效果，被广泛使用。

5.8 机架及控制柜

在电视监控机房中，为了控制、操作方便和操作人员工作的舒适，也为了美观大方，所有的设备、器材都应该安装于机架上或控制机柜内。

机架一般有标准型号可供选择，但机柜一般需要根据设备的多少、规格大小及用户的要求进行设计，然后定做。

控制机柜一般要求采用模块式部件，这样便于运输、安装、调整，还要求外形美观大方，并且使控制器、视频切换器、画面分割器、监视器等设备具有一体化的外观感觉，所有设备在机柜内都要有支撑结构（且可调整），附件要有扩展配件，以便扩展和更改用。

课题 6　闭路电视监控系统设计

前面分别讲述了各种设备、器材的特性、用途及选择方法。这些独立的设备、器材需要合理地配合起来使用，才能成为一个完善的电视监控系统。

图 3-17 就是一种最简单的 CCTV 系统，它只有数台摄像机，同时也不需要遥控，用手动操作视频切换或自动顺序切换器来选择所需要的图像画面。而图 3-18 是矩阵切换控制系统的典型配置图。

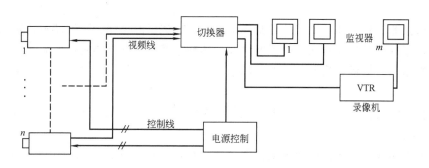

图 3-17　简单监控系统

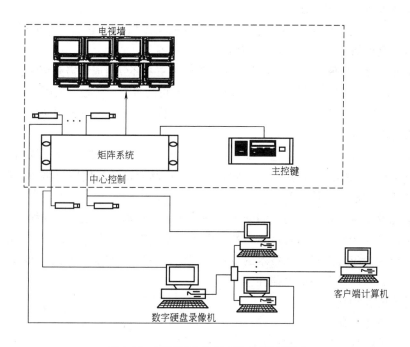

图 3-18　矩阵切换控制系统典型配置图

6.1　设计要求与步骤

电视监控系统的设计，应根据实际使用要求及政府有关部门（如公安部门、建设部门）的有关规定、规范、规程和有关标准进行，并认真了解现场情况、工程规模、系统造价以及用户的特殊需要进行综合考虑，然后由设计者提出实施想法和措施进行工程设计。

电视监控系统工程设计，一般分为两个阶段，一为初步设计（方案设计），用来进行方案讨论修改；二为正式设计（施工图设计）用来签合同，并作为施工依据。系统的设计方案应根据下列因素确定。

1）根据系统的技术和功能要求，确定系统的组成及设备配置。在国内，系统的制式应是 PAL 制。

2）根据建筑平面图和认真的实地勘察，确定摄像机和其他设备的设置地点、位置及数量。

3）根据监控目标和环境的条件及要求，确定摄像机的类型、防护措施、安装方法。

4）根据每台摄像机所在点的照度情况，选择摄像机型号（要满足最低照度要求）。

5）根据每台摄像机需要监控的目标范围选择镜头的焦距（长焦距、标准焦距、广角、变焦等）。

6）根据每台摄像机所在地照度的变化情况选择是否需要自动光圈或手动光圈、固定光圈的镜头。

7）根据摄像机分布情况及环境条件，确定传输电缆的线路走向、走法（路由）及管线布置情况。

8）根据传输距离的远近，确定使用何种同轴电缆（主要是粗细），是否要电缆补偿放大器，以及是否需要使用光缆传输视频信号。

9）根据用户要求和实际要求，确定各台摄像机是黑白还是彩色（如银行柜员制监控机就必须用彩色摄像机），并确定与之相适应的监视器。

10）系统一般由摄像、传输、显示及控制等四个主要部分组成，需要记录监视目标的应装设录像设备。在监视目标的同时，需要监听声音时可配置声音传输、监听和记录设备。

11）对于功能较强大，规模也较大（如 20 台摄像机以上）的大、中型电视监控系统，应采用微机控制的视频矩阵切换系统。

12）选择系统各设备时，注意各配套设备的性能及技术要求应协调一致相互支持。所用器材应有符合国家标准或行业标准的质量证明、产品合格证、使用说明书、保修证，如为进口产品还需要进口商检证明。

13）系统设计应满足安全防范和安全管理功能的宏观动态监控、微观静态取证的基本要求，并符合在现场条件下运行可靠、操作简单、维修方便、不易被破坏等要求。

14）系统设计应考虑建设和技术的发展，能满足一定时期系统的进一步发展和扩充，以及对新技术、新产品采用的可能性。

15）需要的各种辅材。

16）装修情况如何。

17）整个系统的造价及工程成本。

18）要求施工的时间及完成周期。

6.2 系统的性能指标

根据国家标准《民用闭路监视电视系统工程技术规范》（GB 50198—1994）、《民用建

106

筑电气设计规范》（JGJ/T 16—1992）和《安全防范工程程序与要求》GA/T 75—1994 等标准，电视监控系统的技术指标和图像质量应满足如下要求：

1）在摄像机的标准照度情况下，整个系统的技术指标应满足表 3-13 的要求。

CCTV 系统的技术指标　　　　　　　　　　　　　　　表 3-13

项目	指标值	项目	指标值
复合视频信号幅度	1Vp－p±3dB VBS	灰度	8 级
黑白电视水平清晰度	＞400 线	信噪比	见表 3-14
彩色电视水平清晰度	＞300 线		

相对应图像质量的信噪比应符合表 3-14 的规定。

信噪比（单位：dB）　　　　　　　　　　　　　　　表 3-14

项目	黑白系统	彩色系统	达不到指标引起的现象
随机信噪比	37	36	画面噪波，即"雪化干扰"
单频干扰	40	37	图像中纵、斜、人字形或波浪状的条纹
电源干扰	40	37	图像中上下移动的黑白间置的水平横条
脉冲干扰	37	31	图像中不规则的闪烁，黑白麻点或"跳动"

注：VBS 为图像信号、消隐脉冲和同步脉冲组成的全电视信号的英文缩写。

　　系统在低照度使用时，监视画面应达到可用图像，其系统信噪比不得低于 25dB。

2）电视监控系统各部分信噪比的指标分配应符合表 3-15 规定。

系统各部分信噪比的指标分配（单位：dB）　　　　　表 3-15

项目	摄像部分	传输部分	显示部分
连续随机信噪比	40	50	45

3）在摄像机的标准照度下，评定监视电视图像质量的主观评价可采用五级损伤制评分等级，系统的图像质量不应低于表 3-16 中的评分要求。

五级损伤制评分等级　　　　　　　　　　　　　　　表 3-16

图像质量损伤的主观评价	评分等级
图像上不察觉有损伤或干扰存在	5
图像上稍有可觉察的损伤或干扰，但不令人讨厌	4
图像上有明显的损伤或干扰，令人讨厌	3
图像上的损伤或干扰较严重，令人相当讨厌	2
图像上的损伤或干扰极严重，不能观看	1

4）系统的制式宜与通用的电视制式一致，系统采用的设备和部件的视频输入和输出阻抗以及电缆的特性阻抗均应为 75Ω。

5）系统设施的工作环境温度应满足下列要求：

寒冷地区室外工作设施：－40～35℃

其他地区室外工作设施：－10～55℃

室内工作设施：−5～40℃

6）如使用音频设备，其输入、输出阻抗应为高阻抗或600Ω。

为了保证监视的质量，使电视监控系统经济合理，一般都采用多画面监视，画面切换监视的方式。这就要求摄像机与监视器的数量配比保持恰当比例。如果比例过小，设备增加，机房场地增加，投资过大，监视也不方便。如果比例过大，画面太小，切换时间间隔过长，不能及时发现问题，甚至贻误时机，造成工作上的失误，所以恰当的比例配备是非常重要的。

6.3 控制设备的功能

电视监控系统中所需要控制的种类如图 3-19 所示。

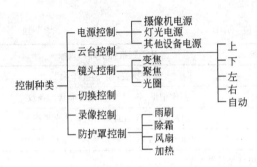

图 3-19 电视监控系统控制的种类

（1）电动变焦镜头的控制

变焦镜头是在固定成像面的情况下能够连续调整焦距的镜头。它常与云台旋转组合达到对相当广阔的范围进行监视的目的，而且还可以对该范围内任意部分进行特写。对它的控制就是变焦、聚焦和光圈 3 种功能。每种功能分别要求有长短、远近和开闭的控制，总计 6 种控制。

（2）云台控制

电动云台需要左右上下 4 种控制，有些云台还有自动巡视功能，增加一个自动控制，共 5 种控制。

（3）切换设备控制

切换的控制一般要求和云台、镜头的控制同步，即切换到哪一路图像，就控制哪一路的设备，一般多用矩阵控制。

电视监控系统还可以有许多高级控制，比如把云台、变焦镜头和摄像机封装在一起的一体化摄像机（快球摄像机），它们配有高级的伺服系统，云台可以有很高的旋转速度，还可以按设定的路线进行自动巡视，一旦发生报警，就能很快地对准报警点，进行定点的监视和录像（启动录像机）。

6.4 摄像机、镜头、云台的选择

摄像机应根据目标照度的情况选择不同灵敏度的摄像机，监视目标的最低环境照度至少应高于摄像机最低照度的 10 倍，通常选择时可参照表 3-17 进行，这样才能保证监视图像的清晰度。一般黑白监视目标最低照度应大于 10lx，彩色监视目标最低照度应大于50lx。零照度环境下要采用近红外光源或其他光源。

照度与选择摄像机的关系   表 3-17

监视目标的照度/lx	对摄像机最低照度的要求（在 F/1.4 时）/lx
<50	≤1
50～100	≤3
>100	≤5

在室外或半室外等光线强度变化悬殊的环境下进行昼夜监视时，应采用最低照度小于 1lx（F/1.4）的摄像机，并配备自动光圈的镜头，或采用彩色－黑白型摄像机。

监视目标为逆光摄像时，应选用具有逆光补偿的摄像机。

户内、户外的摄像机都应加装防护罩，对之进行保护和防尘。防护罩可根据需要选择室内型、室外型、特殊型，有些需要带有遥控雨刮和调温控制功能。

镜头像面尺寸应与摄像机光靶尺寸相适应。摄取固定目标的摄像机，可选用定焦距镜头（但要计算好所需焦距）；在有视角变化要求的摄像场所，可选用变焦镜头。照度恒定的可选用手动光圈镜头现场调整固定，照度变化大的场所，要采用自动光圈镜头。

电梯轿厢内的摄像机应根据轿厢体积大小，选用水平视场角＞70°的广角镜头。

对景深大，视角范围广的监控区域，应采用带全景云台的摄像机，并根据监控区域的大小选用 6 倍以上的电动变焦镜头。

隐蔽安装的摄像机宜选择棱镜镜头或针孔型摄像机。

6.5　监视器与录像机的选择

监视器与录像机的选择见本单元项目三。

6.6　摄像机的布置

在什么场所安装 CCTV 系统、在什么地方布置摄像机是电视监控系统设计的重点。也是工程施工图的重要内容之一。

国家部门规定必须安装电视监控系统的地方有：银行、证券、机场、车站、码头、三星级（含三星级）以上宾馆、酒店、大型商场、超市等。

必须安装摄像机进行监控的部位有：主要出入口、总服务台、大厅、银行营业室、营业柜台（一对一）、计算机房、金库、电梯厅、电梯轿厢、车库、停车场、公共走道等。

摄像机的布置参见图 3-20～图 3-22。

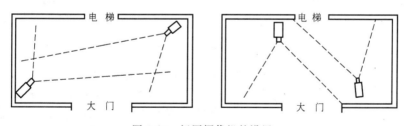

图 3-20　门厅摄像机的设置

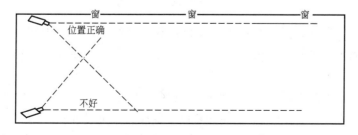

图 3-21　摄像机应顺光源方向设置

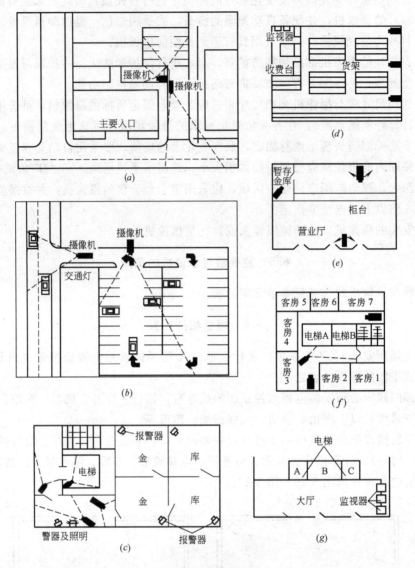

图 3-22　监视系统摄像机布置实例

（a）需要变焦场合；（b）停车场监视；（c）银行金库监控；（d）超级市场监视；
（e）银行营业厅监视；（f）宾馆保安监视；（g）公共电梯监视

6.7　传输线路的考虑

参见本单元项目四。要认真仔细地选择电缆、光缆、电线、控制线，并确定布线方法、走向、距离等，布线要一次性布完，装修后再想增加布线会变得相当困难，甚至不可能。

弱电电缆与电力线平行或交叉敷设时，其间距不得小于 0.3m，与通信线平行或交叉敷设时，其间距不得小于 0.1m，电缆的弯曲半径应大于电缆外径的 15 倍以上。

传输距离较远，监视点分布范围广或要进入电缆电视网时，宜采用同轴电缆传输射频

110

调制信号的射频传输方式。长距离传输或需避免强电磁场干扰的传输，应采用无金属的光缆。光缆抗干扰能力极强，可传输几十千米不用补偿，选用光缆时要注意其型号、性能及室内型和室外型。

传输线路布完后必须编号，并进行对线检查、绝缘检查，发现问题及时解决。

6.8 CCTV 系统监控机房的设计

电视监控系统要有一个指挥、控制中心，所有的操作都在这里进行，所有的控制指令都由这里发出，保安人员也在这里进行监视，这里就是监控机房。

CCTV 监控机房应具备以下功能：

1) 统一供给摄像机、监视器、录像机及其他设备所需的电源，并由监控机房操作通断。

设计时要特别注意电源的容量和供电的质量，必须满足系统的要求才能保证系统的正常工作。

2) 输出各种遥控信号，对摄像机等前端设备的各种动作进行控制，包括遥控镜头的焦距、聚焦、光圈、云台的水平、垂直方向动作，摄像机的电源以及防护罩的除霜、雨刷等（一般配有解码器）。

3) 接收各种报警信号。用于保安的电视监控系统，应留有与治安报警系统连接的接口，已和 110 联网或与上级治安联网的系统，报警信号由监控机房发出。

4) 配备视频分配放大器，能同时输出多路视频信号，可在其他房间（如总经理室、保安部经理室等）连接副控台，并能设置副控权限。

5) 能对视频信号进行时序或手动切换，这是中、大型 CCTV 系统必需的功能。

6) 能对视频信号进行画面分割（多画面显示）。

7) 具有日期、时间、编号等字符显示装置（字符发生器）。

8) 能够监视和多种录像（实时录像、定时录像、报警录像等）。

9) 具有无线和有线的内外通信联络手段。

10) 机房本身具有防盗、防破坏功能。机房应在防范区域内。

若电梯轿厢内安装有摄像机，则应在监控机房内同时配置楼层指示器显示电梯运行情况。

6.9 监控机房设计的一般规定

1) 监控机房一般应在比较隐蔽的地方，并应在各监视区域的中心，保证各摄像机到机房的距离都基本最近。

2) 监控机房应在环境噪声影响和电磁波的干扰最小的地方（如远离配电室和中央空调机房）。

3) 根据电视监控系统的大小、设备的多少，机房面积一般为 $12\sim50m^2$，室内温度宜为 $16\sim28℃$，相对湿度宜为 $40\%\sim70\%$。为了操作人员的舒适，更为了保护各种设备正常运行，必要时应安装空调机。

4) 地面应平整光滑，最好采用防静电地板，地板架空高度不应小于 0.15m。

5) 机房门宽不应小于 0.9m，高不应小于 2.1m（此规定主要考虑方便搬运机柜和控制台）。

6）根据机柜、控制台等设备的相应位置，设计电缆槽和进线孔、槽高、槽宽应满足敷设电缆的需要和电缆弯曲半径的要求。

7）电源线与容易受干扰的信号传输线应尽量避免平行走线或交叉敷设。若无法避免，一定要平行时，最好相隔 1m 左右。若采用穿钢管敷设，则传输线与电力线的间隔也不应小于 0.2m。

8）电视监控系统应由可靠的交流电源回路单独供电，配电设备应设有明显标志。最好采用 UPS 电源，无条件时，也要加装交流稳压电源。

9）整个系统接地宜采用一点接地方式。接地电线应采用铜芯导线，接地电阻不得大于4Ω。当系统采用共同接地网时，最好设置系统专用地线，其接地电阻不得大于 1Ω。

10）摄像机应由监控机房引专线集中供电。对离监控室较远的摄像机统一供电确有困难时，也可就近解决，但必须与监控室为同相的可靠电源。低压直流供电的摄像机应将220V 交流电送到摄像机附近再降压、整流供给摄像机。

11）监控机房内部设备的排列，监视器的设置等应避免外来光线直射（特别是显示屏）。监视器宜设置在操作台、调度桌或单独的支架上，监视器设置在机柜内时，柜内应有适当的通风孔或风扇。控制台（柜）正面与墙的距离，不应小于 1.2m（便于操作），背面与墙的距离，不应小于 0.8m（便于维修）。机房的进门口，不应能看见监控屏幕。

12）监控机房还应满足安全、消防等的规定要求。

有关电视监控机房的布置等可参见图 3-23、图 3-24、图 3-25 及表 3-18。

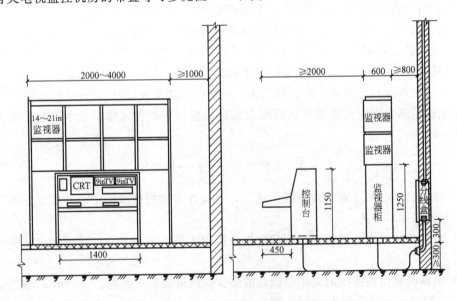

图 3-23　监控室的设备布置

注：1. 控制室供电容量约 3～5kVA。

2. 控制室内应设接地端子。

3. 图中尺寸仅供参考，单位 mm。

112

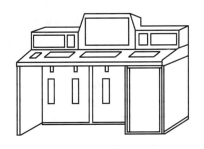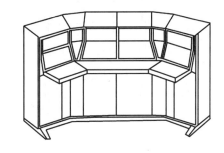

图 3-24　控制台形式

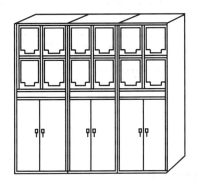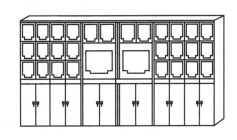

图 3-25　监视器布置

监视器屏幕尺寸与可供观看的最佳距离　　　　　　　　　表 3-18

监视器规格(对角线)		屏幕标称尺寸		可供观看的最佳尺寸	
(cm)	(in)	宽(cm)	高(cm)	最小观看距离(m)	最大观看距离(m)
23	9	18.4	13.8	0.92	1.6
31	12	24.8	18.6	1.22	2.2
35	14	28.0	21.0	1.42	2.5
43	17	34.4	25.8	1.72	3.0
47	18	37.6	28.2	1.83	3.2
51	20	40.8	30.6	2.04	3.6

课题 7　闭路电视监控系统的安装

电视监控系统的安装主要包括线路敷设、摄像机与云台的安装，监控机房控制及监视设备的安装，电源及接地保护装置的安装等方面。

为了提高电视监控系统的施工效率和质量，一般系统的安装如图 3-26 所示。

在安装过程中，必须做到每一流程、每一细节都要认真施工，注意各种要求、规范，保证质量，严格按照有关部门批准的方案与合同签定的方案施工，局部需要更改处，要先报批后再执行，否则竣工验收困难。

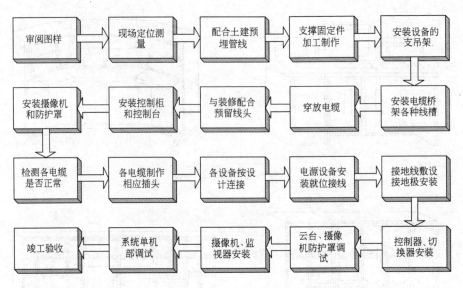

图 3-26 安装施工程序图

各种管线敷设完毕后，要组织有关部门（用户、监理、施工、装修等）进行隐蔽工程验收，并写出合格的验收报告后，才能进行装修。

7.1 摄像机、云台的安装

摄像机的安装，首先是各种支架或云台的安装，固定式摄像机使用各种支架支撑，支架的结构简单，安装、使用和调节都很方便，而且价格低廉，在固定监视某一目标或区域时，得到广泛应用。

根据不同型号的摄像机使用目的的不同，安装条件的限制和要求，选择相适应的支架进行安装。支架装好后摄像机装入防护罩内再装于支架上，并进行角度、光圈、焦距等调整。

支架的安装一般采用 2～4 个螺栓将之固定在建筑物的墙、柱、顶或自制钢架上。

墙装、壁装、柱装等可用电锤打孔后用相应的金属或塑料膨胀螺钉进行安装固定。如有吊顶的顶装，必须将支架用自制架直接固定于原顶上，不能简单地将支架或摄像机直接安装于吊顶面板上。

支架和摄像机的安装还要注意位置、角度要基本对准于被监控目标或区域，这样才便于最后的调整。

几种常用的安装方法参见图 3-27、图 3-28 和图 3-29。

（1）带云台摄像机的安装

电动云台分为室内型和室外型两种，用云台可以带动摄像机寻找固定目标和活动目标，增大监视区域，扩大视野范围。云台的安装要注意其转动范围，不能影响其灵活、平稳的转动（包括水平转动 350°、垂直转动 ±50°），摄像机应先装于防护罩内再安装于云台上，一般不允许将摄像机直接安装在云台上。

在室外和半室外必须安装室外型云台和室外型防护罩，并且要考虑到大风的破坏作用，各种安装方式都要求相当牢固。

114

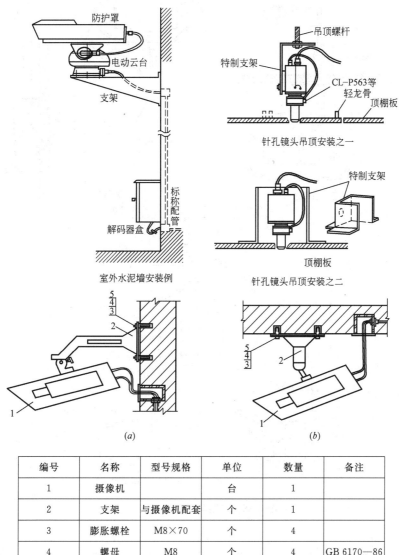

编号	名称	型号规格	单位	数量	备注
1	摄像机		台	1	
2	支架	与摄像机配套	个	1	
3	膨胀螺栓	M8×70	个	4	
4	螺母	M8	个	4	GB 6170—86
5	垫圈	8	个	4	GB 97.1—85

图 3-27　壁装与吊装之一

（a）壁装；（b）吊装

注：1. 壁装支架距屋顶 1.5m 左右。

2. 吊装适用于层高 2.5m 以上场所。

不同型号的云台分别适应于安装在屋梁、平台、墙面、顶面、吊顶面、标准吊架、支架和自制钢架等地方。选择时要根据实际需要而加以考虑。各种云台的安装参见图 3-30。

（2）注意事项

摄像机是电视监控系统的核心部件，也是系统中最精密的设备，施工中一定要认真、小心操作。安装前，建筑物内的土建、装修工程应已结束、各专业设备安装也应基本完成，电视监控系统的其他项目均已施工完毕后，在安全、整洁的环境条件下才可安装摄

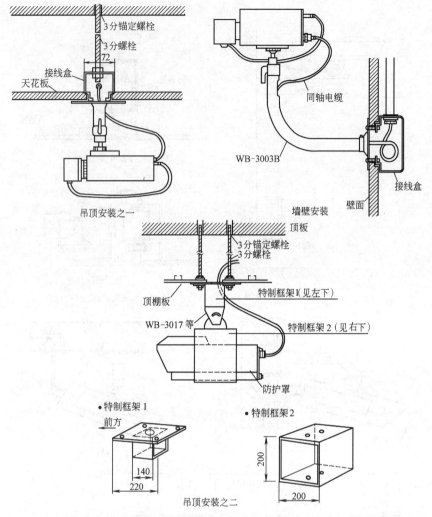

图 3-28　壁装与吊装安装之二

像机。

摄像机在安装前，每台都应单独测试，并做初步调整（焦距、光圈、白平衡等）后，使摄像机处于正常工作状态，才可进行安装。

摄像机本体的安装比较简单，在摄像机下部或上部都有一个安装固定螺孔，可以用一个 M6 或 M8 的螺栓加以固定（但要注意螺孔是英制还是公制）。一般标准的支架、吊架、各种云台、防护罩等均配备有这种专门用于固定摄像机的螺栓。

摄像机安装时，还要先检查，各支架是否安装牢固，云台的水平、垂直角度和定值控制是否正常，并根据设计要求调整定位云台转动的起始点。

从摄像机引出的电缆应留够余量（0.5～1m）以便于摄像机的转动，不得利用电缆插头和电源插头承受电缆的重量。

室外摄像机安装于防护罩内后，要认真装好防护罩的密封装置，避免漏水损坏摄像机。

摄像机宜安装于监视目标附近且不易受到外界损伤的地方。室内安装高度以

2.5～5m 为宜，室外安装高度以 3.5～10m 为宜。电梯轿厢内的摄像机应安装于轿厢的顶部角上，摄像机的光轴与电梯轿厢的两个面壁成 45°角，并且与轿厢顶棚成 45°俯角为适宜。

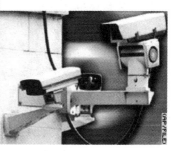

图 3-29　室外壁装的效果图　　　　　图 3-30　带云台摄像机的安装

摄像机镜头应避免强光直射，应避免逆光安装。若必须逆光安装的场所，应选择将监视区的光对比度控制在最低限度范围内，并选择逆光补偿型摄像机。

有时候，为了保证摄像机正常工作，在恶劣环境下使用的摄像机还需要实施一系列的保护措施，例如：在高温多尘的场合，要加装风冷或水冷型防护罩。

7.2　监控台的安装

为了监视和控制的方便，一般将监视器、视频切换器、画面分割器、录像机、控制设备等组装在一个监控台上，设置于监控机房内。

有的监控台上还设置有电脑、打印机、报警设备、电话、数码显示器等，要注意布置整齐、美观、合理并便于操作。

7.3　电视监控系统的调试

7.3.1　调试前的准备工作

（1）线路检测

对控制电缆进行检测，检查接线是否正确，并在开路的情况下，采用 500V 兆欧表对控制电缆绝缘进行测量，其线芯与线芯、线芯与地线的绝缘电阻应大于 $0.5M\Omega$；用 500V 兆欧表对电源电缆进行测量，其线芯间、线芯与地线间的绝缘电阻应大于 $1.0M\Omega$。对视频、音频线主要检测是否断线、是否短路、各编号是否正确、是否缺线。还应检查机房内各设备的连接是否可靠。

（2）接地电阻检测

电视监控系统中的各种机柜、控制台、金属保护管、电缆桥架、金属线槽、配电箱和各种设备的金属外壳均应与地线连接，并保证可靠的电气通路，系统的接地电阻值通常应小于 4Ω，最好应小于 1Ω，这是为了人员和设备的安全必须要做好的工作。

（3）电源检测

检查各线路接线是否正确，合上监控机房的电源总开关，检测交流电源电压、UPS装置或稳压电源装置的电压表读数是否正常。合上各电源分路开关，测量各输出端电压、直流输出端的极性，确认无误后，给每一回路分别送电，检查各设备的工作情况是否正常。

7.3.2 单体调试

调试时，分别接通各摄像机视频电缆，一一对各摄像机进行调试。先合上控制设备、监视器等机房设备电源，再合上调试摄像机电源，如一切正常，监视器屏幕上便会显示图像（图像应设置成满屏，如没有图像应立即断电进行检查）。如是电动云台、电控镜头的摄像机，可进行各种控制，看是否正常，图像清晰时，可遥控变焦、聚焦、遥控光圈，观察变焦过程中图像的清晰度，如出现异常情况便应做好记录，并将问题一一解决，若各项指标都能达到设计要求，便可遥控电动云台带动摄像机旋转。若在静止和旋转过程中图像清晰度变化不大，则认为摄像机工作正常，可以使用，这时还应去检查电动云台旋转情况是否平稳、有无噪声、是否发热等。

如果是固定式摄像机（此时应有对讲机，便于摄像机处与监控机房的通信联系），可在机房根据图像的情况用对讲机指挥摄像机处人员对摄像机的角度、焦距、光圈、白平衡等进行调试，调试工作应反复进行几次，对比找到最佳点，然后固定稳摄像机，锁定调好的光圈（自动光圈除外）、锁定调好的焦距，然后装好防护罩，此时由于安装防护罩可能会移动着角度，应对角度重新调整。

每台摄像机都进行如上的调整后，可认为前端设备调试完毕，可进行机房设备的调试。

7.3.3 系统调试

当各种设备单体调试完毕，便可进行系统调试，此时，按照设计方案和施工图对每台摄像机进行编号、确认，然后对各种控制功能进行测试，如多画面显示、各种切换方式、各种遥控情况、各种录像模式、重放情况等，看是否达到设计要求。在调试过程中，每项试验都应做好记录，及时处理调试中出现的每个问题。当各项技术指标都达到设计要求时，系统经过 24h 连续运行无事故后，可申请让系统全面开通进入一个月的试运行期。

在试运行期中，除注意各设备的工作情况是否正常外，应进行用户培训，并绘制竣工图，准备各种验收资料，全面开始验收前的准备工作。

7.4 组 织 验 收

按有关规定，电视监控系统安装、施工完毕，试运行一个月后，便可组织验收。一般验收应由当地公安部门技防办、建设方（用户）、监理公司、监控机房操作人员、施工方（工程设计、安装人员）共同组成联合验收小组进行验收。

工程施工方应准备好如下竣工验收材料：

1）施工方简介（含所做过的工程简介、工商营业执照等）。

2）相应公安部门颁发的资格证书。

3）工程设计方案、合同、竣工图，各设备、材料的合格证，进口产品还需商检合格报告。

4）当地公安部门技防办的开工通知和建设方的开工通知（含施工方开工申请）。

5）隐蔽工程验收报告（建设方、监理公司、施工方组织的验收）。

6）建设方（用户）出具的试运行期使用情况报告。

7）用户培训计划及培训情况说明。

8）全套系统的用户操作手册（附各种设备的操作使用说明书），售后服务协议书。

9）施工方的自检、自查、整改报告。

10）增补、更改的协议、合同（如有增补或更改）。

11）施工人员名单、职务、职称、身份证复印件。

12）填写好的公安部门技防办所发的各种验收表格。

以上各种资料准备好后，便可组织工程竣工验收，验收内容一般按表 3-19 进行。

施工验收表 表 3-19

验收项目	验收内容	抽查比例(%)
设计要求	各项指标、各项设备是否与合同一致	100
摄像机	设置位置、视野范围 安装质量 镜头、防护罩、支架、云台安装质量，紧固情况 通电试验	20
监视器	安装位置与安装质量、图像清晰度与质量 设备条件 通电试验	100
控制设备	安装质量、安装位置 控制内容、切换路数、画面分割等 通电试验	100
其他设备	安装位置与安装质量 通电试验	100
控制台与机架	安装的垂直、水平度、位置 设备安装位置，操作是否方便 布线质量(隐蔽部分，看隐蔽工程验收报告) 插座、连接处的接触可靠程度 开关、按钮质量情况 通电试验	100
电(光)缆敷设	敷设与布线(质量、合理性) 电缆排列位置、捆绑质量 地沟、桥架、支吊架、线槽、管线安装质量 埋设、架设质量 焊接及插头安装质量 各接线盒、分线盒、接线安装质量	30
接地	地线材料 地线焊接 接地电阻	100

验收后如有整改项目，应立即组织进行整改。整改后，写出书面整改报告及整改结果，并附上建设方（用户）整改结果证明书，报公安部门技防办认可、签章，领回验收结果报告，整个验收工作才算结束。此时便可与建设方（用户）进行系统设备、资料的移交，移交后工程结束，但必须注意售后服务。

对那些重要场所的工程，如银行金库、博物馆、军事重地等，要教育施工人员注意对设计方案、施工情况进行保密，这是对自己负责，也是对社会负责。工程完工后，所有的工程资料应交由使用方入档管理，不要的工程图样、资料应进行销毁处理，这是做安防工程的基本要求之一。前面几章讲过的防盗报警系统、门禁系统和后面要讲的消防联动报警系统等都应注意这个问题。

课题 8 基本保安系统

8.1 基本保安控制系统

图 3-31 所示的是一个基本的电脑控制的保安系统。系统的所有控制均由一台多媒体电脑来完成。其主要方式是从计算机出来一条通信总线，所有需要控制的设备均挂接在这条总线上，计算机将通过总线得到各个分系统的状态，接收其发来的信息。这些信息经过电脑的智能系统处理后，输出处理指令，一些在电脑上显示出来，另一些则通过信息总线来控制系统的设备，如报警控制器、电视监控控制器、视频处理、读卡器、门禁控制及现场其他控制设备等。除此之外电脑还可以通过其网络向外传送或接收信息，比如公安部门和其他控制中心。

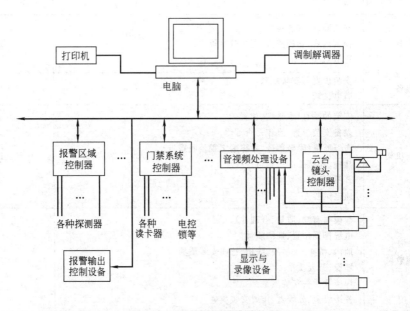

图 3-31　基本保安系统结构图

这个系统的软件在中文视窗下运行，是全汉字系统。鼠标操作简单，即使是初次使用者，也可以快速、安全地操作整个系统（当然要进行必要的短期培训）。利用高分辨率低辐射的彩色监视器，可以直接从状态指示表中用鼠标选择控制，降低了操作人员的劳动强度，方便的图形界面使工作人员在任何情况下都可以快速而清晰地了解总体情况。系统可不断更新目前的报警数量，操作系统的状态，打印机是否准备好和操作者的使用级别等系统状态。

作为高层次的管理，所有保安设施在控制中心都可以管理、监视和控制，并在事件发生时，以视听的方式指示有关人员，并提示预置的处理措施。

报警将自动地显示，监视点的图像均可在电脑显示屏幕上显示出来，电脑可以对图像进行捕捉，存在磁盘（或硬盘）中，也可由视频打印机打印出来。电脑屏幕上显示哪路画面，就可以对此路的云台、镜头、雨刷、电源、灯光等进行控制，显示与控制同步切换、也可以控制各路监控画面在电脑显示屏幕上进行顺序循环显示（或多画面显示）。可调整设定每路显示的驻留时间，所有监视的图像都可以实时录像，或定时录像或报警录像或移动目标录像等，监视器上的各路图像还可以随报警联动切换，以达到跟踪目标的作用。所有目前的报警和已报警的处理方式和图像都将被保存起来，并可用鼠标调出来查看。不是通过报警系统产生的报警信息，比如电话报警等也能在直接信息表中调出来查看。

所有重要的系统和使用者的活动，如接收的报警日期、时间和位置、信息、响应方式、控制各设备的联动都将在一定时期内保存起来，事后可生成报表打印出来备查，对这些数据分析研究，可提供改进的预防措施和破案的线索。

由于通信总线的应用，系统变得具有很好的扩充功能。无论是扩充监视点，还是报警点，只需要增加现场设备和布线即可，无需增加主控设备。因此，这样的保安系统得到不断的推广应用。

8.2 银行保安电视监控系统

银行是非常重要、非常危险的机构，必须设置保安监视系统。银行的保安监视系统，除电视监控外，还需装有报警系统、监听装置、夜间照明和录像设备，报警装置还需和公安部门联网。

银行保安监控中心应设在远离监视现场的地方，以确保警卫人员的人身安全和监控室的隐蔽性。系统的组成一般为图 3-32 的框图所示，此图表示的只是基本的结构方式，实际配置时要做很多细致的工作，并根据实际情况进行设计。

金融单位对电视监控系统的基本要求是，看清进出营业厅的人员，看清台面交易过程、钞票面值，看清门外汽车及号码。对计算机房、金库等要重点监控。

在银行电视监控系统中，金库内通常安装广角自动光圈镜头的彩色摄像机，柜台安装监视对讲机，可监听一路或多路从监视现场（如柜员制）送来的声音，也可对一路或多路对

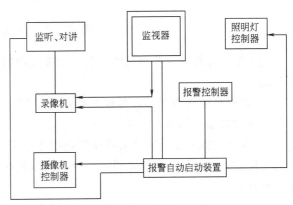

图 3-32 银行保安系统框图

讲，音频输出送到录像机的音频输入端进行声、像同时记录。

在报警系统中，除报警按钮外还采用双鉴式（红外、微波）报警探头或三鉴（红外、微波、人工智能）探头。这种报警器只有当接收到人体发出的热量（红外线）和物体移动时（两者缺一不可）才发出报警信号，非常可靠。此外报警探头是常闭式触点，当报警器或线路被切断时也将发出报警信号，因此非常适用，误报率极低。

系统中设有报警自动启动装置，在夜间只需打开报警器通过控制器上的密码按键进行设防，设防后一旦有人入侵防范区域，报警器便发出声光报警并指示哪个区域被入侵，与此同时全套设备自动启动，照明灯全亮，录像机开始录像录音，值班人员可用对讲机通知保安人员，可以向110报警（有的重要防区可直接与110联动报警），起到非常有效的保安作用。

图3-33～图3-36是某银行电视监控系统摄像机布置图，这样的设置比较合理。

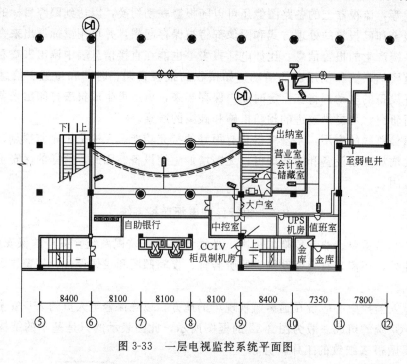

图 3-33 一层电视监控系统平面图

8.3 酒店、宾馆电视监控系统

酒店电视监控系统要求虽然没有银行那么严格，但一般系统都比较大，而且应具备以下功能。

1）在进行监视的同时，可以根据需要定时记录监视目标的图像或数据，以便存档。一般可不设置监听和声音记录。

2）根据对视频信号的分析或在其他指令控制下，能自动启动录像机，如设有监听系统时，应能同时启动。系统应设有时标装置以便在录像带上录上相应时标，以便查看，分析、处理。

3）系统应能手动选择其中某个指定的摄像区域，以便进行重点监视或在某个范围内对几个摄像区作自动巡回显示或多画面显示。

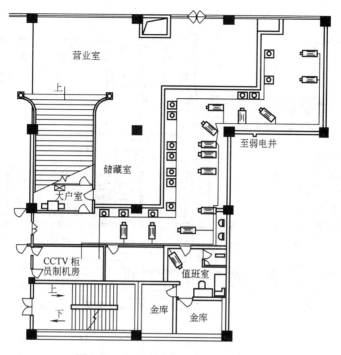

图 3-34　柜员制电视监控系统平面图

注：1. 全程线缆 PVC 穿管或金属桥架。

　　2. 供电和信号线缆分别穿管。

　　3. 柜员制电视监控独立成一个系统。

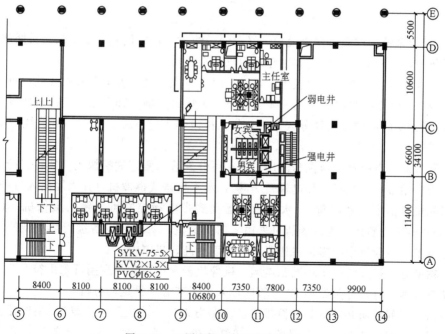

图 3-35　二层电视监控系统平面图

注：1. 全程 PVC 穿管。

　　2. 供电及信号电缆分别穿管。

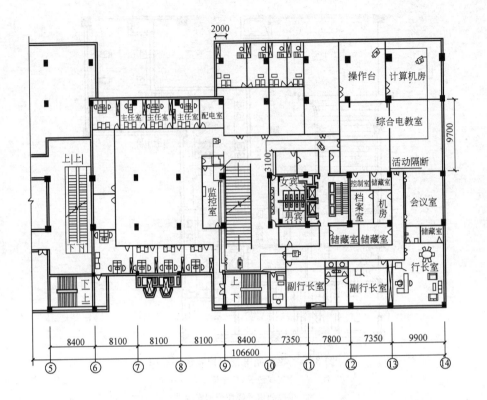

图 3-36　三层电视监控布置图

图例：⬜ 摄像机

4）录像系统要求既可快录慢放，又可慢录快放，也可使其中某个画面长期静止显示，供分析研究用。专业型录像机和硬盘录像机都有此功能。

酒店电视监控系统一般比较庞大，设计时可将大楼分成若干个监视区域，每一个监视区内可设 9～16 个摄像机，共用一个监视器（9 画面分割、16 画面分割、顺序切换）。超过 16 个摄像机时应增加监视分区，每一分区再设一个监视器。所有的区域统一由监控机房控制。

根据被监视点的环境特征和使用目的，可分别选用固定式摄像机（如各层的走道等），固定式带广角镜头摄像机（如电梯轿厢等），水平摇摆式摄像机（如大厅出入口等），垂直摇动摄像机（如电动扶梯等），水平垂直摇摆式带电动控制可变镜头摄像机（如停车场等）。为降低工程费用，有的场所可采用黑白摄像机，对应的设备选用黑白型的。因为没有特殊要求，一般黑白的摄像机比彩色灵敏度更高、更清晰。

传输部分：视频传输采用同轴电缆，摄像机云台、镜头的控制可采用符合要求的普通铜芯塑料电缆，分别穿阻燃型 PVC 管暗设，水平部分尽量走弱电桥架。

酒店及下列场所必须安装监控摄像机。①出入口。②大厅（大堂）、主要楼梯口。③电梯门厅。④电梯轿厢。⑤总服务台。⑥结账处。⑦各层的走廊。⑧银行、金库。⑨餐厅、舞厅、酒吧、宴会厅。⑩自选商场。⑪游泳池、保龄球馆等体育场所。⑫屋面平台等。其他场所根据需要设置。必须注意，酒店、宾馆的客房、卫生间、桑拿池等涉及到个人隐私等场所，严禁安装电视监控（含声音监听）系统。

8.4 商厦安全管理系统

商厦也是治安问题比较复杂、需要有比较完整的安全管理系统的地方之一。对于这样的地方，一般要求大门的出入口、各层营业厅的通道、自动扶梯口、收银处、商品仓库、自选商场的各部位等地方，要设置监控摄像机（根据实际情况选择各种类型的摄像机）。为了防止盗窃，在商厦各处还需安装采用微波和红外技术制成的吸顶型双鉴报警探测器，在各重要部位安装报警按钮。商厦安全管理还必须有完善的

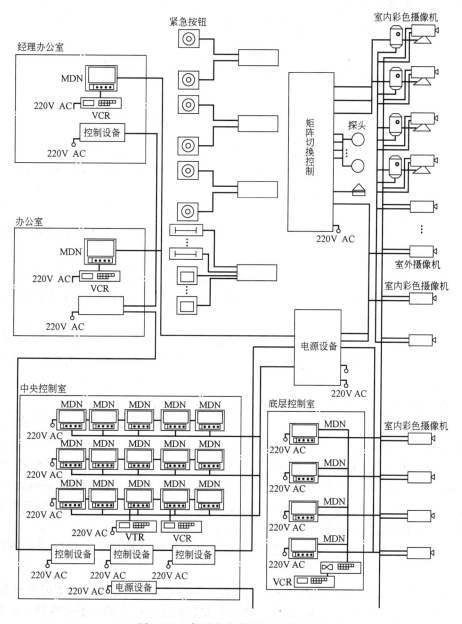

图 3-37　商厦安全管理系统结构图

消防系统。在设防期间，所有探测器在接到报警信号后，中央控制室立即报警，并显示出事地点，同时启动摄像机、灯光、录像机等监视设备，并能向有关部门联动报警。系统结构见图 3-37 所示。

商厦电视监控系统有如下特点：

1）可切换任意摄像机到系统中的任意监视器。

2）可切换录像机到选择的监视器。

3）对于任何配备了云台和自动变焦镜头的摄像机可以做到人工控制和自动控制。

4）可输入和修改保安系统的配置程序。

5）定义云台摄像机的摇摆时间。

6）定义摄像机在监视器上显示顺序及时间。

课题 9　电视监控系统的设计举例

9.1　某小型银行、金融部门的电视监控系统

设计要求：能够实现对四个柜台来客情况实行图像、声音、监视、监听、记录，一个门口人员的出入情况，二个现金出纳台和一个金库进行监视和记录，在经理室也可选择所需要的监视图像（在其权限范围内）。

基本设计考虑如下：

1）根据实际情况和现场勘查，计算决定采用 8 台摄像机，4 个监听麦克风，分别对 8 个需要监视的被摄现场进行监视、监听。

2）用于金库的摄像机（一台），可以安装定焦距广角自动光圈镜头彩色摄像机，为了便于隐蔽安装，防止作案人员发现破坏，金库可采用针孔镜头摄像机，将之安装隐蔽于吊顶之上，只留出针孔镜头。

3）四个柜台（柜员）采用 4 台标准镜头的 1/3in 彩色摄像机，要求清晰度要高（460 线以上）并分别对准工作台面进行监视，并在柜台玻璃上安装监听头，对客户与工作人员的对话进行录音。

4）两个出纳台分别安装两台标准镜头彩色摄像机进行监控。

5）大门出入口，采用电动云台和电动变焦镜头的彩色摄像机，并且要带逆光补偿，对门口人员出入情况和周围环境进行监控。

6）4 台柜员制摄像机的音、视频信号分别送入长时间录像机（或嵌入式硬盘录像机）再送入顺序切换器。顺序切换器要求带有时间、日期字符发生功能，顺序切换后接入视频分配器，分出两路视频信号，一路接控制机房、显示器，另一路接录像机，从切换器再接一路视频信号到经理的副控器，用以各自选择所需的监视图像。

7）金库、出纳台和出入口的四台摄像机输出的视频信号可接入顺序切换器后进行监视。

8）摄像机输出的图像信号都应叠加上日期、时间、编号的信号，便于记录和查阅。

9）监控机房可采用一台 17in 彩色、带音频和视频输入输出的纯平监视器，经理室监视器只需有视频输入即可。

10）因为信号传输距离不远，视频信号采用 SYV-75-5 同轴电缆，以视频方式传输，音频信号采用 $3 \times 0.5mm^2$ 带屏蔽层、带护套的三芯电缆传输。传输中无需设置任何信号放大器或其他补偿设备，摄像机电源用 2×0.5 带护套两芯电缆供电，线路穿 PVC 阻燃管和电缆桥架送到机房。

11）营业大厅的出入口或大门口是摄像监视的重点之一，出入口大多直对室外，在室外阳光的照射下进入室内会产生强烈的逆光。必须考虑室内灯光的补偿，由于只设置一台带云台的摄像机，所以选择三可变自动光圈（可调焦距、可调光圈、可调聚焦）逆光补偿摄像机，以使摄像机所摄画面清晰。

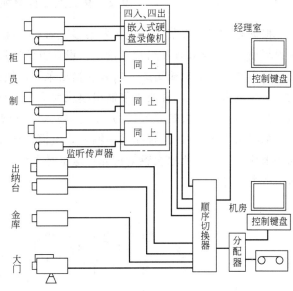

图 3-38　某银行电视监控系统图

设计的系统图如图 3-38 所示。系统设备器材见表 3-20 所示。

系统设备、器材表　　　　　　　　　　　　表 3-20

序号	名称	规格、型号	产地	数量	备注
1	1/3CCD 摄像机	WV-CP460	日本	4	柜员制
2	1/3CCD 摄像机	PIH-73	中国台湾	4	出纳、金库、大门
3	自动光圈镜头	LA9C3（标准）	日本	4	柜员制
4	三可变镜头	13ZD* 6×10*	美国	1	大门
5	自动光圈镜头	TG2Z3514	Computar	3	出纳、金库
6	云台	V3030APT	VICON	1	大门
7	防护罩	VD9-8	国产	8	所有摄像机
8	硬盘录像机	HSP-1P	Song	1	柜员制
9	长时间录像机	AG-TL350	日本	1	其他
10	解码器	V1306R-230	VICON	1	云台、镜头
11	彩色顺序切换	PIH-200BL	中国台湾	1	控制切换
12	柜员制麦克风	DS-200	国产	4	柜员制
13	视频分配器	普通型	国产	1	视频分配
14	支架	普通型	国产	7	除云台外
15	监视器	CM2000（20in）	日本	1	机房
16	监视器	CM1430（14in）	日本	1	副控台
17	控制机柜	IEE 标准	自制	1	机房
18	UPS 电源	普通型	国产	1	系统供电
19	电缆、管材	质量好的（阻燃型）	国产	若干	布线

9.2 某大型银行电视监控系统

　　根据有关规定规范，并现场勘察多次协商，确定该银行设 82 个电视监控点（即有 82 路视频输入），要求有 8 路视频输出。设计方案采用美国 NTK 公司的 NTK9895 型控制主机，该主机由 1 个机箱组成，输入和输出采用模块式，每块视频输入模块为 8 个视频输入（有 11 个输入模块），每块视频输出模块为 2 个视频输出（有 4 个输出模块）。该机可增加模块扩大容量，最大扩充容量为 208 路输入（可增加 15 个输入模块），16 路输出（可增加 4 个输出模块），扩充时除增加输入输出模块还要相应地增加有关机箱，因而使用该系统将来如需要可方便地大容量扩充，这也是大型系统的设计和使用发展的需要。该系统的结构由图 3-39 所示。

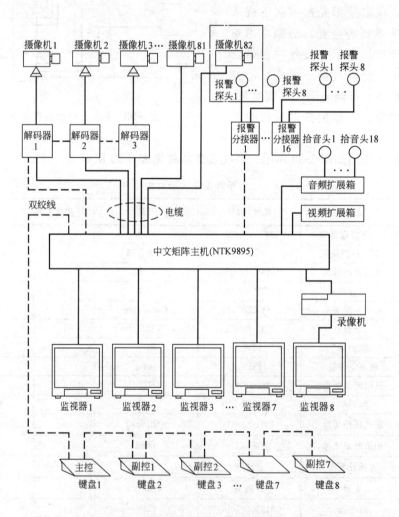

图 3-39　某大型银行的电视监控系统

　　为了更好地兼容和方便设备的统一采购及将来的售后服务，摄像机也采用美国 NTK 公司的 NTK8102 型彩色摄像机，该机具有 330 线的清晰度，考虑到银行大堂装修豪华美观的特殊要求及监视范围较大的实际情况，因此在大堂中要装 2 个 NTK8800 型一体化快速球型摄像机（简称快球）。该机是具有 450 线高清晰度的彩色摄像机，16 倍快速变焦镜头，0.5～250°/s 高变速云台（可编程 32 个预置点）集于一体，并自带解码器（分格很高）。由于该机通过 RS422 通信传输控制信号，可提供系统的编程、切换、控制等功能，操作简便，是目前较先进且可靠稳定的系统。

根据柜员制的要求，在银行的 18 个柜台除一对一安装监视摄像机外，还安装 18 个监听头，为实现音频与视频的同步切换，配置同步切换器，它与主机连接，可提供 32 个可编址 A 型继电器（有双极、单掷、常开），这些继电器可分组串接，编程用于一台监视器，或者分成二组，每组 16 个，用于两台特定的监视器（这是柜员制要求）。在键盘上用手动方式或自动巡视方式将有关摄像机切换到编程监视器，特定的继电器闭合，从而启动音频电路、图像显示器或照明控制器等。柜员制的 18 台摄像机分别接 18 台录像机进行实时录像，这也是柜员制的要求。

本系统还配置 6 台彩色 16 画面处理器（MX4016），每台处理器能在一台录像机上记录 16 路视频信号，录像机的图像显示方式可为带变焦或画中画全屏图像显示，有 4 画面显示、9 画面显示和 16 画面显示。其中双工 16 画处理器可连接 2 台录像机进行同时录像或回放；单工 16 画面可单独进行录像或回放，可大大节约显示器和录像机，这是电视监控系统中常用的控制及显示方法。

该银行设备、器材安装位置及机房设置图由于保密原因而省略，该系统设备器材如表 3-21 所示。

某大型银行 CCTV 系统设备器材　　　　　　　　表 3-21

序号	名　　称	规格、型号	数量
1	1/3in CCD 彩色摄像机	NTK8102	80
2	彩色快球摄像机	NTK8800	2
3	快球安装附件	NTK8800-35	2
4	矩阵切换控制主机	NTK9895	1
5	系统主控键盘	NTK9895-KBD	1＋7 个副控
6	多媒体软件及视霸卡	NTK9960-PKG	1
7	音频视频同步切换器	NTK9400	1
8	彩色双工 16 画面处理器	MX4016-2	1
9	彩色单工 16 画面处理器	MX4016-1	5
10	24h 长时间录像机	SR-L901E	22
11	15in 彩色监视器	7M-1500PS	8
12	监听头	S9237	18
13	5in 半球透明防尘罩	XTK-5	70
14	斜面防护罩	XTK-3	10
15	定焦自动光圈镜头	SSE0412	80
16	摄像机电源控制器	一般	1
17	机柜及控制台	自制	1
18	线材及辅材	国产	若干
19	音、视频扩展箱	国产	2

对于银行等金融机构的电视保安监控系统的设计方案要特别注意保密，施工人员名单、身份证复印件都需交公安部门备案。

9.3 硬盘数字录像机电视监控系统

从 2001 年初起，开始在电视监控系统中推广使用数字硬盘录像机。数字硬盘录像机不只是把磁带录像形式变为硬盘录像，它本身就是一台功能强大的电脑，使用它可不再需要画面分割器、矩阵等控制设备。因为它本身就具有多画面分割、实时单路或多路视频录像、音频录音、放像、放音的功能，并且采用硬盘数字存储，可以自动循环录像，具有快速时间查询和检索等功能，使用起来非常方便，数字化也是电视监控系统的一个发展方向。系统结构见图 3-40 所示。

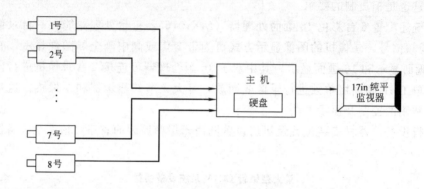

图 3-40 硬盘录像主机电视监控系统框图

系统说明：

9.3.1 磁带录像机

磁带录像机具有下列不足之处：

1）检索困难 录像和检索都需要倒、进带时间。

2）故障率较高 大量的录像使磁头磨损。

3）重复质量差 录像带多次使用和长期存放后，图像质量会不断下降。

4）管理繁琐 需要管理人员定时更换磁带、编号、登记和保管，对大批量录像带的保存也较为麻烦。日常维护，保养工作较多。

9.3.2 数字硬盘录像系统

数字硬盘录像系统由硬件（视频专用捕捉卡和高速中央处理器）与软件（高级视信研发人员智慧结晶）超级组合构成。它具有如下特点：

（1）高清晰度

数字化技术的采用，使清晰度提高到 768×576 线以上，可实时显示及录像，显示具有全屏、1、4、6、9、16 画面分割格式，还可对图像局部进行放大。

（2）高可靠性

实时显示和压缩数据存盘均不需要 PC 机上 CPU 干预，录像仅占用 5％的 CPU 资源，因而无需很高速的 CPU，可用微小的资源开销来保证系统运行可靠。

（3）高度的灵活性

1～16 路通道随意配合，帧频可由 1～25 帧/s，图像质量可调，可同时将来自多达 16 个摄像机的图像内容存储在硬盘上，且能自动循环。

（4）高度适应性

适用于各种应用场所。音、视频自动适应、同步记录及回放，快速查找记录、多种回放方式，且多次检索对画面质量无损伤。

（5）高智能性

对静止画面能自动进入休眠状态，停止录像，一旦画面出现运动物体（包括光线变化），立即开启录像，极大限度地节省了存储空间，还可设置成定时、定点等录像形式。

（6）全实时性

实时显示滞后时间不大于 0.2s，完全满足前端控制要求，具有多种实时显示方式，不需要另外设置大量显示屏。

（7）多功能性

具有多路报警输入和输出，能接 16 路报警传感器，每个图像均支持 99 个区域的视频移动报警设置，灵敏度可调，时钟字符叠加，云台镜头控制，外部报警联动以及其他控制系统的联接，还可通过网络或电话线等进行远程图像回放，实时调看、备份。

（8）安全可靠

系统有三级安全密码保护，能有效地防止内部人员作案，系统按程序化进行工作，稳定可靠，可无人值守。

（9）方便性

整个系统外部联接简单、方便，配置设备少，录像存储空间可方便地通过加挂硬盘提高。如果四路柜员制音视频记录，每天每路记录 10 小时，100～160G 硬盘可满足 30 天，总计 1200 小时的多种实时记录。如果 16 路输入，则可保存 1 周录像、录音资料，若还需保存 30 天，可再加挂 3 个 160G 硬盘。

硬盘录像机目前容易死机，且价格较高，但随着科技的发展，这样的系统一定会普及、推广、应用。

系统操作可在界面上用鼠标点击，参见图 3-41。

以数字硬盘录像机为核心的安防系统，参见图 3-42。

图 3-41　硬盘录像机主控制界面

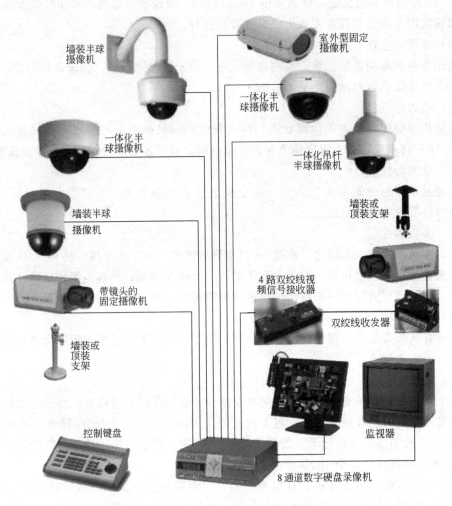

墙装半球
摄像机

室外型固定
摄像机

一体化半
球摄像机

一体化半
球摄像机

一体化吊杆
半球摄像机

墙装半球
摄像机

墙装或
顶装支架

带镜头的
固定摄像机

4路双绞线视
频信号接收器

双绞线收发器

墙装或
顶装
支架

监视器

控制键盘

8通道数字硬盘录像机

图 3-42　数字硬盘安防系统

课题 10　电视监控设备的例行检查及常见故障

10.1　例 行 检 查

电视监控系统是由各种电子、电器设备及机械运动部件组成的，而且处于长时间连续工作状态，要确保各设备、器件按质量指标正常而稳定地工作，以使整个系统正常、稳定运行，这就需要对各设备进行按时的例行检查、保养、维护。

日保养：每天对监控机房进行卫生清洁，用吸尘器对各设备外壳进行吸尘，对工作台及环境进行清洁打扫（注意：不能用水清洁各设备，在机房内严禁吸烟，吃零食）。检查各设备是否运行正常，发现问题及时解决。

月保养：每月一次，用清洁的镜头纸将各摄像机的防护罩玻璃（特别是室外）和监视器屏幕擦干净，摄像机焦距和光圈如不对的应重新调整，测量稳压电源的电压、电流值，如不对，进行调整，使其合乎规定的标准。检查各控制设备有无失灵或损坏，发现问题及时处理，检查各运转部分是否正常。

年保养：每年一次，对各设备（包括防护罩内的摄像机）进行彻底除尘，对机械运动部分进行清洁和加润滑油，对电缆及灯光照明等附属设施进行检查并更换有问题器件，用标准信号对系统进行检测，统调各部分参数，并对各设备进行必要的调试。

电视监控系统的设备要在正规的厂商处购买，他们都有保修期和终身维修保证，主要设备出问题，应找厂商来解决，自己尽量不要维修。

10.2 电视监控系统常见故障

电视监控系统常见故障见表 3-22。

电视监控设备常见故障

表 3-22

故 障 现 象	原　因
无图像	电源、各设备、摄像机是否接好
无光栅	监视器扫描或逆程高压故障，显像管及显像管电源故障
光栅水平同步混乱	监视器行同步故障，无复合同步输入
无雪花状杂波	摄像机视频故障，监视器视频故障，断线
有雪花状杂波	摄像机或场扫描故障
图像模糊不清	目标照度过低，有强光照向摄像机镜头
黑白对比度小	摄像机灵敏度降低，景物照度不够
负像	电子束不足或靶压过高，显像管老化
中间部分呈现一块白色圆斑	聚焦电流断路
上下有一方拉长，另一方压缩	摄像机场扫描线性变坏，监视器场扫描线性变坏
左、右有一方拉长，另一方压缩	摄像机行线性变坏，监视器行线性变坏
沿垂直方向的黑条有白边	摄像机行线性变坏
水平黑条"拖黑"或"拖白"	视频通道低频特性变坏
浮雕状	视频信号失去低频分量
图像垂直跳动	复合同步故障
画面出现垂直宽黑条	监视器同步故障
画面左侧有黑白相间的垂直条	摄像机行线性调节器漏感振荡，可加阻尼消除
画面出现向右或向左斜黑条	射频干扰引起，接地不良
画面出现沿水平方向明暗相间条纹	交流电源及谐波干扰，接地不良
调节聚焦或云台时画面出现黑点亮点	控制电动机火花干扰
光栅某一角出现网状条纹	聚焦不良
图像上有固定的白斑	摄像机某部分已损坏

故 障 现 象	原　　因
图像上有固定的黑斑	镜头和摄像机靶面上有脏物
信噪比变坏	摄像机衰老
图像灰度层次减少	同步信号幅度相对于图像信号幅度比例过大
惰性增大	电子束电流太小
图像上出现白色的回扫线	监视器消隐电路故障
图像上出现黑色的回扫线	摄像机的消隐电路故障
云台不动	云台电机损坏,控制线路故障,解码器故障
电动镜头失控	镜头电机损坏,控制线路故障,解码器故障
切换失控	矩阵切换器故障
画面分割失控	多画面分割处理器故障
不能录像或回放	线路问题,信号分配器或录像机问题
录像和回放质量差	清洗录像机磁鼓,检查磁带是否良好
监听失常	线路问题,监听头损坏,检查监听设备
监听不清晰	调整音量或调整监听头灵敏度
照明失控	检查控制器及灯泡、灯管

习　　题

1. 简述电视监控系统的作用及基本组成。画出多头多尾 CCTV 系统框图。

2. 什么是 CCD 摄像机,选择 CCD 摄像机时要注意什么?

3. 黑白摄像机和彩色摄像机各有什么特点?

4. 摄像机最低照度指标是指什么?

5. 阴暗的夜晚照度约为_____,月圆的夜晚照度约为_____,教室照度约为_____,阴天室外照度约为_____,晴天室外照度约为_____。

6. 如所用摄像机的电源是 DC12,而供电是 AC220V,这就需要配置一个 DC12V 稳压电源,这个电源是装于摄像机附近还是装于控制机房? 为什么?

7. 什么叫自动白平衡? 黑白摄像机需要这个功能吗?

8. 简单说明什么是标准镜头、广角镜头、远摄镜头。

9. 选择镜头时应考虑哪些内容?

10. 取景范围的大小与镜头有关还是与摄像机有关? 为什么?

11. 某银行营业室需装柜员制监控系统(每个柜台一只摄像机)8 台,每个柜台及周边范围高 1.5m,宽 2m,摄像机安装位置至景物的距离为 4m,采用 1/3in 摄像机,试计算选用焦距为多少的镜头? 另外,营业室大门也需设一台摄像机进行监控,大门宽 4m,高 2.5m,摄像机距大门 6m,如采用 1/2in 摄像机,镜头的焦距又选多少?

12. 什么情况下应选用带有逆光补偿的摄像机? 为什么?

13. 云台、防尘罩、支架各有什么用途，选择时应注意什么？

14. 监视器的作用是什么？监视器的选择要点有哪些？

15. 简述监视形态，并说明什么是实时监视。

16. 14in 和 21in 的监视器操作人员监视的最佳距离应分别在什么范围内？

17. 磁带录像机与硬盘数字录像机的主要区别是什么？什么是长时间录像机？什么是慢速重放？

18. 什么情况下要使用视频信号分配放大器？

19. 视频信号切换器有什么用途？

20. 使用多画面分割器有什么好处？

21. 什么情况下需要云镜控制器？

22. 什么情况下需要解码器，选择解码器有什么要求？

23. 视频移动探测器的基本原理是什么？它有什么用途？

24. 如果出现接地电位差干扰图像，可用什么方法解决？为什么？

25. 什么情况下应使用解码器？

26. 红外灯、聚光灯、泛光灯各有什么用途？

27. 传输视频信号一般用什么电缆？

28. 怎样选择同轴电缆？

29. 试计算 SDV-75-7-4 型同轴电缆的最大传输距离，并说明什么是最大传输距离？

30. 什么情况下要考虑使用电缆补偿器？

31. 光缆传输视频信号有什么优点？

32. 试画出光缆系统框图。

33. 光缆布线中应注意什么？

34. 什么是光缆的通频带，信号在光缆中为什么也会衰减？

35. 试画出最基本的电视监控系统框图并加以说明。

36. 电视监控系统设计一般分为哪两个阶段？

37. 电视监控系统一般由哪些部分组成。需要记录时，增加什么设备，需要监听时，增加什么设备。

38. 在标准照度下，怎样评定电视监控系统的图像质量。

39. 画出电视监控系统中所需要控制的种类图。

40. 黑白监视目标最低照度应大于_____lx，彩色监视目标最低照度应大于_____lx，达不到时应增加_____设备。

41. 什么情况下使用固定式摄像机？什么情况下应使用带云台摄像机？电梯轿厢中应使用什么镜头？

42. 按照国家有关部门规定，哪些地方必须安装电视监控系统？电视监控系统中必须安装摄像机进行监视的部位是哪些？

43. 弱电电缆与强电电缆同时敷设时，应注意什么问题？

44. 监控机房的作用是什么？有哪些基本要求？

45. 电视监控系统的接地要求是什么？

46. 画出电视监控系统的安装程序图。

47. 什么是隐蔽工程和隐蔽工程验收？为什么隐蔽工程部分要验收后才能进行装修？

48. 在施工安装过程中什么时候才具备安装摄像机的条件？安装摄像机时要注意些什么？

49. 电视监控系统的调试是施工的最后工作，也是非常重要的、必要的工作，试简述系统的调试步骤。

50. 什么是系统的试运行期？按规定试运行期是多长时间？

51. 系统的验收应准备哪些基本材料？

52. 为什么电视监控系统的施工人员要注意保密工作？

53. 简述硬盘录像机的功能，试画硬盘录像机电视监控系统框图。

54. 怎样维护、保养电视监控设备？

单元 4 有线电视和卫星电视接收

知识点：有线电视、共用天线。信号源，放大器，混合器，分配器。同轴电缆传输，光缆传输，双向传输。分配器，分支器，用户终端，用户终端电平。卫星电视接收。数字电视，Cable Modem。常用器材，测量仪器。

教学目标：了解有线电视系统的作用和构成。了解有线电视前端系统的构成和主要设备。了解有线电视系统干线传输的主要技术构成。掌握有线电视用户分配网络的构建；掌握构建用户分配网络的主要器件和技术要求。了解卫星电视系统的接收原理和方法。了解数字电视系统技术和概念。掌握有线电视系统常用器材的连接；了解有线电视系统常用的测量仪器。

课题 1 有线电视系统概述

随着电视的发展和普及，其数量越来越多，分布越来越广。接收图像质量高、效果好的电视节目就成为迫切需要解决的问题。远离电视台的偏僻地区电视信号微弱，即使是靠近电视台的城市，由于用钢筋水泥建造的高层建筑较多，对以直线传播的电视信号会造成各种折射、反射，高层建筑造成的阴影区，使电视信号过于微弱，使用室内天线很难保证接收图像的质量，尤其对彩色电视接收机更为严重，使用室外天线能解决一部分问题，但接收机过多，室外天线林立，杂乱无章，相互之间又会产生干扰，影响收看效果。同时，各户独立的室外天线不仅会对有色金属造成浪费，处理不当，雷电还会造成人机危害。除此之外，架设过多的天线也会影响建筑物的寿命和美观。

20 世纪出现的有线电视系统（国际上称之为 Cable Television，英文缩写为 CATV）和共用天线电视系统（Master Antenna Television，英文缩写为 MATV）解决了远离电视台的偏僻地区及高层建筑密集的城市的电视接收问题。它是多台电视接收机共用一套天线的设备。随着经济文化的发展，电视接收用户不只是要能收看到高质量的电视节目，而且要收看到更多的电视节目。共用天线电视系统设备的改进和技术的提高，系统由原来只能传输几个频道信号的小容量系统发展到能传输几十个频道的大容量系统，用户从几十个发展到上万个的大系统，而且 CATV 系统可以为用户提供高质量的开路电视节目、闭路电视节目、广播卫星电视节目、付费电视节目、图文电视。目前的 CATV 就不再仅是共用天线系统，它已被赋予了新的含义，已成为无线电视的延伸、补充和发展。它正朝着宽带、双向，各种业务的信息网发展。由于光缆技术的进步和价格的降低，传输线已开始逐渐被光缆取代。电视是现代住宅小区、宾馆、写字楼不可缺少的室内设备，因此，共用天线电视系统已成为现代建筑弱电系统中应用最为普遍的系统之一。

1.1 系统的组成

CATV 系统一般由前端接收部分，干线传输部分和用户分配网络部分组成，如图 4-1

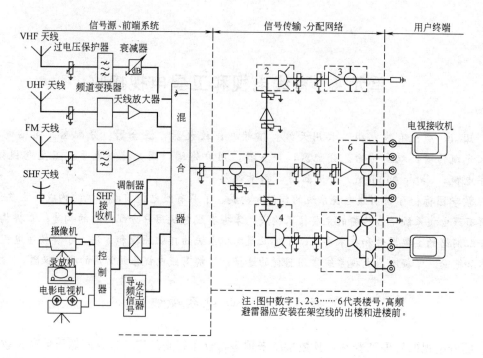

图 4-1 共用天线电视系统的组成

所示。

1.1.1 前端系统

前端系统是 CATV 系统最重要的组成部分之一，这是因为前端信号质量不好，则后面其他部分是较难补救的。

前端系统主要包括电视接收天线、频道放大器、频率变换器、自播节目设备、卫星电视接收设备、导频信号发生器、调制器、混合器以及连接线缆等部件。CATV 系统的前端系统主要作用有如下几个方面：

1）将天线接收的各频道电视信号分别调整到一定电平值，然后经混合器混合送入干线。

2）必要时将电视信号变换成另一频道的信号，然后按这一频道信号进行处理。

3）向干线放大器提供用于自动增益控制，和自动斜率控制的导频信号。

4）自播节目通过调制器后成为某一频道的电视信号而进入混合器。

5）卫星电视接收设备输出的视频信号通过调制器成为某一频道的电视信号进入混合器。

6）对于交互式电视系统还要有加密、计算机管理、调制—解调等功能。

1.1.2 干线传输系统

干线传输系统是把前端接收处理、混合后的电视信号，传输给用户分配系统的一系列传输设备，主要有各种类型的干线放大器和干线电缆。为了能够高质量高效率地输送信号，应当采用优质低耗的同轴电缆或光缆；同时，采用干线放大器，其增益应正好抵消电缆的衰减，即不放大也不减小。在主干线上应尽可能少分支，以保持干线中串接放大器数量最少。如果要传输双向节目，必须使用双向传输干线放大器，建立双向传输系统。

138

干线放大器有不同的类型，有双向和单向干线放大器等。根据干线放大器的电平控制能力主要分为以下几类：

1）手动增益控制和均衡型干线放大器。

2）自动增益控制（AGC）型干线放大器。

3）AGC 加自动斜率补偿型放大器。

4）自动电平控制（ALC）型干线放大器，并包含有自动增益控制和自动斜率控制（ASC）两个功能。干线设备除了干线放大器和干线电缆外，还有电源和电流通过型分支器、分配器等。对于长距离传输的干线系统还要采用光缆传输设备，即光发射机、光分波器、光合波器、光接收机、光缆等。

1.1.3 用户分配网路

用户分配网络的主要设备有分配放大器、分支分配器、用户终端、机上变换器。对于双向电缆电视系统还有调制解调器和数据终端等设备。

用户分配网络的主要作用如下：

1）将干线送来的信号放大到足够电平。

2）向所有用户提供电平大致相等的电视信号，使用户能选择到所需要的频道和准确无误地解密或解码。

3）系统输出端具有隔离特性，保证电视接收机之间互不干扰。

4）借助于部件输入与输出端的匹配特性，保证系统与电视接收机之间有良好的匹配。

5）对于双向电缆电视还需要将上行信号正确地传输到前端。

1.2 系统的分类

共用天线电视系统的分类方法很多，主要有：

1.2.1 按系统的大小规模分类

可分大型系统（A 类系统）；中型系统（B 类系统）；中小型系统（C 类系统）和小型系统（D 类系统），见表 4-1。

按系统大小规模分类　　　　　　　　　　　　　　　　表 4-1

系 统 类 别	用 户 数 量	适 用 地 点
A（大型）	10000 以上	城市有线电视网、大型企业生活区
B（中型）	3000～10000	住宅小区、大型企业生活区
C（中、小型）	500～3000	城市大楼、城镇生活区
D（小型）	500 以下	城乡居民、大楼

1.2.2 按系统工作频率分类

有全频道系统、300MHz 邻频传输系统、450MHz 邻频传输系统、550MHz 邻频传输系统、750MHz 邻频传输系统，见表 4-2。

1.2.3 按传输介质或传输方式分类

有同轴电缆、光缆及其混合型、微波中继、卫星电视等。

1.2.4 按用户地点或性质分类

有城市系统、乡村系统、住宅小区系统等。

从工程设计和管理考虑，一般采用按系统的大小规模或工作频率分类。

名 称	工作频率	频 道 数	特 点
全频道系统	48.5～550MHz	VHF：DS1～12 频道 UHF：DS13～68 频道 理论上可容纳 68 个频道	1. 只能采用隔频道传输方式 2. 受全频道器件性能指标限制 3. 实际上可传输约定 2 个频道左右 4. 适于小系统，传输距离小于 1km
300MHz 邻频传输系统	48.5～300MHz	考虑增补频道，最多 28 个频道 DS1～12，Z1～Z16（DS5 一般不用）	1. 因利用增补频道，用户须增设一台机上变换器 2. 适于中、小系统
450MHz 邻频传输系统	48.5～450MHz	最多 47 个频道 DS1～12，Z1～Z35	适于大、中系统
550MHz 邻频传输系统	48.5～550MHz	最多 59 个频道 DS1～22，Z1～Z37	1. 因可传输 22 个标准 DS 频道 2. 便于系统扩展
750MHz 邻频传输系统	48.5～750MHz	最多 79 个频道 DS1～42，Z1～Z37	1. 可用光纤传输，适用于高速公路发展 2. 正处于试用阶段

1.3 系统的频道

由于采用的制式不同，各国的电视频道都不相同。我国采用的视频带宽为 6MHz。因此，在电视频道上规定每 8MHz 为一个频道所占的频带。伴音载频和图像载频相隔为 6.5MHz。目前已规定在"Ⅰ"频段划分为 5 个频道，"Ⅲ"频段划分为 7 个频道，"Ⅳ"频段分为 12 个频道，"Ⅴ"频段划分为 44 个频道。总共在甚高频（VHF）频段有 12 个频道，在超高频（UHF）频段有 56 个频道，"Ⅱ"频段划分给调频广播和通信专用，频率波段在 88～108MHz。我国的电视频道划分如表 4-3 所示。电视频道配置如图 4-2 所示。

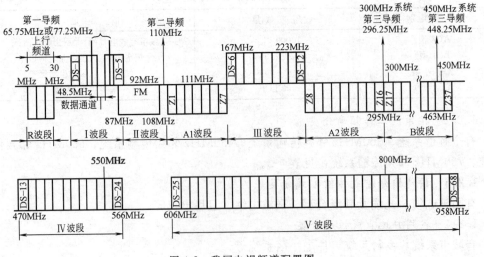

图 4-2 我国电视频道配置图

波　　段	电视频道	频率范围 （MHz）	中心频率 （MHz）	图像载波 （MHz）	伴音载波 （MHz）
Ⅰ波段	DS-1	48.5～56.5	52.5	49.75	56.25
	DS-2	56.5～64.5	60.5	57.75	64.25
	DS-3	64.5～72.5	68.5	65.75	72.25
	DS-4	76～84	80	77.25	83.75
	DS-5	84～92	88	85.25	91.75
Ⅱ波段 （增补频道 A1）	Z-1	111～119	115	112.25	118.75
	Z-2	119～127	123	120.25	126.75
	Z-3	127～135	131	128.25	134.75
	Z-4	135～143	139	136.25	142.75
	Z-5	143～151	147	144.25	150.75
	Z-6	151～159	155	152.25	158.75
	Z-7	159～167	163	160.25	166.75
Ⅲ波段	DS-6	165～175	171	168.25	174.75
	DS-7	175～183	179	176.25	182.75
	DS-8	183～191	187	184.25	190.75
	DS-9	191～199	195	192.25	198.75
	DS-10	199～207	203	200.25	206.75
	DS-11	207～215	211	208.25	214.75
	DS-12	215～223	219	216.25	222.75
A2 波段 （增补频道）	Z-8	223～231	227	224.25	230.75
	Z-9	231～239	235	232.25	238.75
	Z-10	239～247	243	240.25	246.75
	Z-11	247～255	251	248.25	254.75
	Z-12	255～263	259	256.25	262.75
	Z-13	263～271	267	264.25	270.75
	Z-14	271～279	275	272.25	278.75
	Z-15	279～287	283	280.25	286.75
	Z-16	287～295	291	288.25	294.75
B 波段 （增补频道）	Z-17	295～303	299	296.25	302.75
	Z-18	303～311	307	304.25	310.75
	Z-19	311～319	315	312.25	318.75
	Z-20	319～327	323	320.25	326.75
	Z-21	327～335	331	328.25	334.75
	Z-22	335～343	339	336.25	342.75
	Z-23	343～351	347	344.25	350.75
	Z-24	351～359	355	352.25	358.75
	Z-25	359～367	363	360.25	366.75
	Z-26	367～375	371	368.25	374.75
	Z-27	375～383	379	376.25	382.75
	Z-28	383～391	387	384.25	390.75
	Z-29	391～399	395	392.25	398.75
	Z-30	399～407	403	400.25	406.75
	Z-31	407～415	411	408.25	414.75
	Z-32	415～423	419	416.25	422.75
	Z-33	423～431	427	424.25	430.75
	Z-34	431～439	435	432.25	438.75
	Z-35	439～447	443	440.25	446.75
	Z-36	447～455	451	448.25	454.75
	Z-37	455～463	459	456.25	462.75

波　段	电视频道	频率范围 （MHz）	中心频率 （MHz）	图像载波 （MHz）	伴音载波 （MHz）
Ⅳ波段	DS-13	470～478	474	471.25	477.75
	DS-14	478～486	482	479.25	485.75
	DS-15	486～494	490	487.25	493.75
	DS-16	494～502	498	495.25	501.75
	DS-17	502～510	506	503.25	509.75
	DS-18	510～518	514	511.25	517.75
	DS-19	518～526	522	519.25	525.75
	DS-20	526～534	530	527.25	533.75
	DS-21	534～542	538	535.25	541.75
	DS-22	542～550	546	543.25	549.75
	DS-23	550～558	554	551.25	557.75
	DS-24	558～566	562	559.25	565.75
Ⅴ波段	DS-25	606～614	610	607.25	613.75
	DS-26	614～622	618	615.25	621.75
	DS-27	622～630	626	623.25	629.75
	DS-28	630～638	634	631.25	637.75
	DS-29	638～646	642	639.25	645.75
	DS-30	646～654	650	647.25	653.75
	DS-31	654～662	658	655.25	661.75
	DS-32	662～670	666	663.25	669.75
	DS-33	670～678	674	671.25	677.75
	DS-34	678～686	682	679.25	685.75
	DS-35	686～694	690	687.25	693.75
	DS-36	694～702	698	695.25	701.75
	DS-37	702～710	706	703.25	709.75
	DS-38	710～718	714	711.25	717.75
	DS-39	718～726	722	719.25	725.75
	DS-40	726～734	730	727.25	733.75
	DS-41	734～742	738	735.25	741.75
	DS-42	742～750	746	743.25	749.75
	DS-43	750～758	754	751.25	757.75
	DS-44	758～766	762	759.25	765.75
	DS-45	766～774	770	767.25	773.75
	DS-46	774～782	778	775.25	781.75
	DS-47	782～790	786	783.25	789.75
	DS-48	790～798	794	791.25	797.75
	DS-49	798～806	802	799.25	805.75
	DS-50	806～814	810	807.25	813.75
	DS-51	814～822	818	815.25	821.75
	DS-52	822～830	826	823.25	829.75
	DS-53	830～838	834	831.25	837.75
	DS-54	838～846	842	839.25	845.75
	DS-55	846～854	850	847.25	853.75
	DS-56	854～862	858	855.25	861.75
	DS-57	862～870	866	863.25	869.75
	DS-58	870～878	874	871.25	877.75
	DS-59	878～886	882	879.25	885.75
	DS-60	886～894	890	887.25	893.75
	DS-61	894～902	898	895.75	901.75
	DS-62	902～910	906	903.25	909.75
	DS-63	910～918	914	911.25	917.75
	DS-64	918～926	922	919.25	925.75
	DS-65	926～934	930	927.25	933.75
	DS-66	934～942	938	935.25	941.75
	DS-67	942～950	946	943.25	949.75
	DS-68	950～958	954	951.25	957.75

1.4 系统的技术指标

CATV系统的主要技术参数分为两类：

第一类是电平参数。目的是给电视机提供一个最佳输入电平的范围。如果电视机的输入电平太高，会在电视机高频头的放大器中产生非线性失真，使图像质量下降。反之，当电视机的输入电平太低，则会受到电视机高频头噪声系数的影响，使用户看到的图像信噪比不符合接收要求，图像质量也会下降。因此电视机要有一个适中的电平输入范围，使电视信号图像质量保障收看要求。这就是电平指标的意义。

第二类是图像质量参数。电视信号的电平指标合适并不能一定保证图像质量高，因为电平的含义只是信号的强弱，并不涉及信号质量的好坏，当信号中参杂了许多干扰信号时，就不会收看到高质量的图像。

国标GB 6510—86中规定的电缆电视系统的性能指标见表4-4。当电视信号质量中的11项参数达不到标准要求时，就会出现图像质量问题见表4-5。

1.5 系统的分贝计算方法

1.5.1 分贝的概念

放大器的电压增益表示放大器的放大程度，它定义为放大器输出信号电压与输入信号电压的比值（放大倍数），可用公式表示为：

$$K_U = \frac{输出电压}{输入电压} = \frac{U_o}{U_i}$$

电缆电视系统的主要技术指标 表 4-4

项　目			广 播 电 视	调 频 广 播
频率范围(MHz)			30～1000	
系统输出电平	电平范围(dBμV)		57～83(VHF 段) 60～83(UHF 段)	37～80(单声道) 47～80(双声道)
	频道间电平差	任意频道(dB)	≤15(UHF 段) ≤12(VHF 段) ≤8(VHF 段中任意 60MHz 内) ≤9(UHF 段中任意 100MHz 内)	≤8(VHF 段)
		相邻频道(dB)	≤3	≤6(VHF 段中任意 600kHz 内)
	图像与伴音差(dB)		≥3	
	频道内幅度/频率特性(dB)		任意频道内幅度变化不大于±2dB,在 0.5MHz 内,幅度变化不大于 0.5dB	任意频道内幅度变化不大于 3dB,在载频 75kHz,变化斜率每 10kHz 不大于 0.36dB
信号质量	载噪比(dB)		≥43(噪声带宽 B=5.75MHz)	≥41
	载波互调比(dB)		≥57(宽带系统单频干扰) ≥54(频道内干扰)	待定
	交扰调制比(dB)		≥46	
	信号交流比(dB)		≥46	

项　目		广　播　电　视	调　频　广　播
信号质量	回波值(%)	≤7	
	微分增益(%)	≤10	
	微分相位(度)	≤12	
	色/亮度时延差(ns)	≤100	
频率稳定度	频道频率(kHz)	±75(本地) ±20(邻道)	±12
	图像伴音差(kHz)	±20(邻道)	
系统输出口相互隔离(dB)		≥22	
特性阻抗(Ω)		75	

影响电视图像质量的参数　　　　　　　　　　　　　　表 4-5

出现不合格的图像质量参数	影响电视图像的现象
载噪比	出现雪花干扰
载波互调	出现网纹干扰
交扰互调比	出现背景干扰
信号交流声比	出现滚道
回波值	出现重影
微分增益	出现饱和度随亮度变化
微分相位	出现色度随亮度变化
色亮度时延差	出现色彩镶边
频道频率	出现频道间互相干扰或图像伴音质量劣变
图像伴音频率	出现伴音失真
系统输出口相互隔离	出现电视间相互干扰

在电视技术术语中，常用分贝来表示放大倍数的大小，例如一个放大器的输出功率为 P_o，输入功率为 P_i（如图 4-3 所示），则其功率放大倍数为 $K_P = P_o/P_i$，而用分贝表示的功率放大倍数为 G_P。

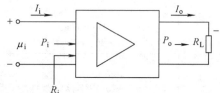

图 4-3　放大器的增益计算

$$G_P = 10\lg\frac{P_o}{P_i} = 10\lg K_P \text{(dB)}$$

例如，放大器的 $P_o = 1\text{W}$，$P_i = 1\text{mW}$，则用分贝表示的功率放大倍数为：

$$G_P = 10\lg\frac{1}{10^{-3}} = 30\text{dB}$$

如果 $P_o = P_i$，则功率的增益为 0。用分贝表示使计算放大器的增益更为方便。为了和功率放大倍数 K_P 相区别，常把用分贝表示的 G_P（dB）称为"功率增益"。因此功率增益可以表示为：

$$G_P\text{(dB)} = 10\lg\frac{U_o^2/R_L}{U_i^2/R_i} = 20\lg\frac{U_o}{U_i} + 10\lg\frac{R_i}{R_L}\text{(dB)}$$

因为 U_o/U_i 是放大器的电压放大倍数 K_U，所以把 $20\lg(U_o/U_i)$ 称作放大器的电压增益，用 G_U 表示。即：

$$G_U = 20\lg\frac{U_o}{U_i} = 20\lg K_U\,(\text{dB})$$

$$G_P = G_U + 10\lg\frac{R_i}{R_L}\,(\text{dB})$$

从上式可见，只有在 $R_i = R_L$ 的情况下，$10\lg\ (R_i/R_L) = 0$（dB），这时功率增益才等于电压增益，即 $G_P = G_U$，或者讲，其增益等于输出电平与输入电平之差，即 $20\lg U_o - 20\lg U_i$。如果 $R_i \neq R_L$，则它们之间相差一个因数 $10\lg\ (R_i/R_L)$。

【例 4-1】 某放大器输入信号为 $30\mu\text{V}$，输出信号为 $3000\mu\text{V}$，求放大器的电压增益是多少分贝？

【解】
$$G_U = 20\lg\frac{U_o}{U_i} = 20\lg\frac{3000}{30} = 40\,(\text{dB})$$

表 4-6 给出了电压增益分贝（dB）数与电压比（U_o/U_i）的对照表（近似值），以便估算时查阅。

分贝（dB）数与电压比（U_o/U_i）的对照表　　　　　　　表 4-6

分贝 dB	电压（U_o/U_i）比值		分贝 dB	电压（U_o/U_i）比值	
	放大（$U_o>U_i$）	衰减（$U_o<U_i$）		放大（$U_o>U_i$）	衰减（$U_o<U_i$）
0.1	1.01	0.989	20	10.0	0.1
0.5	1.06	0.944	26	20.0	0.050
1.0	1.12	0.891	40	100	0.010
2.0	1.26	0.794	50	316	3×10^{-3}
3.0	1.41	0.708	60	1000	1×10^{-3}
6.0	2.0	0.501	70	3160	0.3×10^{-3}
8.0	2.51	0.398	75	5600	2×10^{-4}
10	3.16	0.316	80	10000	1×10^{-4}
15	5.62	0.178	100	100000	1×10^{-5}

【例 4-2】 （1）如图 4-4（a）所示，当输入 $U_i = 200\mu\text{V}$ 信号通过电压增益为 6dB 的放大器时，求其输出 U_o。

（2）如图 4-4（b）所示，由（a）所求的输出再通过电压增益为 20dB 的放大器时，求其输出 U_o。

（3）如图 4-4（c）所示，当输入 $U_i = 200\mu\text{V}$ 信号通过串接电压增益为 6dB 和 20dB 的放大器时，求其输出 U_o。

【解】 （1）$U_i = 200\mu\text{V}$ 由表 4-6 可以查得 6dB 的电压比 $U_o/U_i = 2$，因此 $U_o = 400\mu\text{V}$。

（2）此时 $U_i = 400\mu\text{V}$，由表 4-6 可以查得 20dB 的电压比 $U_o/U_i = 10$，因此 $U_o = 4\text{mV}$。

（3）当把这两个放大器串接起来后，那么两者的总电压增益 $G_U = 6\text{dB} + 20\text{dB} = 26\text{dB}$。由表 4-

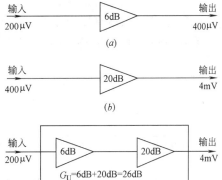

图 4-4　例 4-2 dB 的计算

（a）6dB 放大器；（b）20dB 放大器；（c）放大器串接

6 可查得 26dB 的电压比 $U_o/U_i=20$。当输入为 $200\mu\text{V}$ 时，其输出仍然是 4mV（即 $G_U=20\lg U_o/U_i=20\lg20=26\text{dB}$）。

当电视信号在传输线（如同轴电缆）上传送时，由于线路损耗，必然要引起信号电压的衰减，亦即传输线的输出电压将比其输入电压小。这时仍然可以用分贝数来表示传输线的电压衰减，只不过其分贝数为负值（这是因为 $U_o/U_i<1$，其对数为负值之故。）

1.5.2　参考电平

参考电平分贝数只是一个比值，它并不能表示一个信号电平的高低。如果设定输入信号 U_i 为一个标准电平，通常设定标准电平为 $1\mu\text{V}$，这时分贝数就可以相对地表示出输出信号 U_o 电平的大小。在 CATV 系统中，在 75Ω 条件下，当输出电平也是 $1\mu\text{V}$ 时，则称为 0dB，写作 $0\text{dB}\mu\text{V}$。若输出电平为 $10\mu\text{V}$ 时，则称为比标准电平提高了 10 倍，称为 20dB 的增益，这个 $10\mu\text{V}$ 可以表示为 $20\text{dB}\mu\text{V}$ 的增益。dB 与 $\text{dB}\mu\text{V}$ 是不同的，dB 数表示一个比值，而 $\text{dB}\mu\text{V}$ 则表示一个信号电平。在电路系统中任何一个点都可以用 $\text{dB}\mu\text{V}$ 值来判断信号电平的大小，这正是用 $\text{dB}\mu\text{V}$ 的优点。表 4-7 给出了几个 $\text{dB}\mu\text{V}$ 值与电平的关系。

$\text{dB}\mu\text{V}$ 与电平对照表　　　　　　　　　　　　　　　　　　　表 4-7

$\text{dB}\mu\text{V}$	电平(μV)	$\text{dB}\mu\text{V}$	电平(μV)	$\text{dB}\mu\text{V}$	电平(μV)
0	1	60	1.000	84	15.86
6	1.995	65	1.778	85	17.78
10	3.163	66	1.995	86	19.95
14	5.012	68	2.512	90	31.62
20	10.00	70	3.162	95	56.23
30	31.62	74	5.012	100	100
40	100.0	75	5.623	105	177.8
46	199.5	76	6.310	110	316.2
52	398.1	78	7.943	115	562.3
55	562.3	80	10.0	120	1000

1.5.3　参考电平的运用

当所计算的电路中包含有许多增益量和衰减量时，首先需将输入或输出电压变换成相应的 $\text{dB}\mu\text{V}$ 值，然后直接用分贝数加（增益）、减（衰减），即可求得结果。

【例 4-3】　利用 $\text{dB}\mu\text{V}$ 与电平对照表求图 4-4（a）和图 4-5 的输出电压。

【解】　在图 4-4（a）中，输入信号电平为 $200\mu\text{V}$，查表 4-7 可知它的对应 $\text{dB}\mu\text{V}$ 值是 $46\text{dB}\mu\text{V}$，所以在放大器输出端的信号电平则是：$46\text{dB}\mu\text{V}+6\text{dB}\mu\text{V}=52\text{dB}\mu\text{V}$。

查表 4-7，转换成电压则是：$52\text{dB}\mu\text{V}=400\mu\text{V}$，故，输出电压为 $400\mu\text{V}$。

在图 4-5 所示的电路中，查表 4-7 可得输

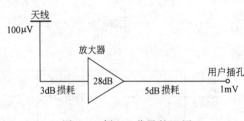

图 4-5　例 4-3 分贝的运用

入天线的信号电平为 $100\mu\text{V}=40\text{dB}\mu\text{V}$，那么，在用户插孔处得到的信号电平将是 $40\text{dB}\mu\text{V}-3\text{dB}\mu\text{V}+28\text{dB}\mu\text{V}-5\text{dB}\mu\text{V}=60\text{dB}\mu\text{V}$，查表 4-7，将其转换成电压则是：$60\text{dB}\mu\text{V}=1\text{mV}$，故输出电压为 1mV。

146

课题 2 前端系统

前端系统包括从天线到分配系统的所有部件，它是系统的心脏。前端主要由天线、放大器、混合器、分配器等组成，参见图 4-6 和图 4-7。对于复杂系统，还可能有天线放大器、U/V 变换器（UHF—VHF 转换器）。它的任务是把从天线接收到的各种电视信号，经过处理后，恰当地送入分配网络。前端设备是根据天线输出电平的大小和系统的要求来设计的，其质量的好坏，对整个系统的音像质量起关键作用。

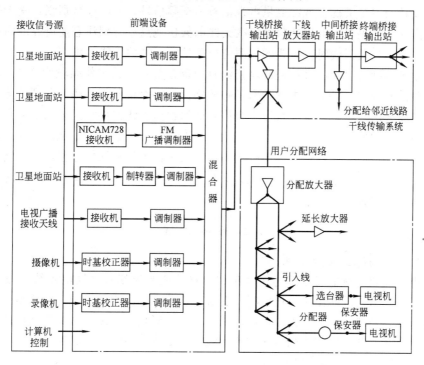

图 4-6　有线电视系统原理框图

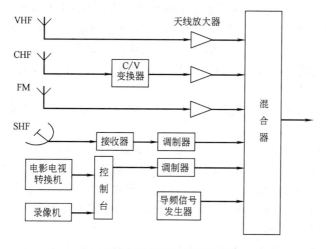

图 4-7　中型有线电视系统前端

2.1 接收信号源

有线电视系统的信号源有两种：一种是从空间收转的信号，另一种为有线电视系统的自办节目。

空间收转的 VHF、UHF 信号：VHF、UHF 信号源的标准是接收点场强满足（55～85）dB（μV/m），接收点周围没有其他干扰，电视台、差转台发射的信号达到一定技术要求。这些属于开路信号，而开路信号易受干扰，在接收较远的信号时受干扰的可能性更大，特别在城市中。

空间收转的卫星电视信号：卫星电视信号为调频信号，方向性特别强，受干扰的可能性很小，因此质量很好。卫星地球站接收天线的架设地点应特别注意能避开地面微波站的干扰。在架设抛物面天线时，天线的馈源应准确地置于抛面天线的焦点上。

空间收转的微波电视信号：微波电视信号为调频信号。其工作频段为 3.4～4.2GHz。多路微波分配系统（MMDS）电视信号的接收需经过一个混频器将信号频段降至 UHF 频段后，直接输入前端设备。接收微波电视信号的抛物面天线比接收卫星电视信号的抛物面天线的焦距短（即抛面深），反射信号增益高、波速窄。微波在地面传送，传播方向一般与地面平行，受地面干扰源的影响比较大，信号质量比卫星电视信号差，但比空间开路电视信号要好。微波信号是视距传送，最远只能传输 50～60km。在 50km 内传输是相当稳定的，再远就需要接力传输。

2.2 接 收 天 线

2.2.1 电视接收天线的作用

无线电广播和无线电通信都是由发射机、接收机和天线（含馈电系统）三大部分组成。电视广播发射天线的作用是把电视发射机输出的电视已调波信号，由高频电流能量转变为电磁波能量并辐射到空中去。接收天线的作用正好相反，把所需要的电视信号的电磁波能量接收下来，并转变为高频电流能量，经过馈电系统传输到接收机。

2.2.2 系统对接收天线的要求

1）有较高的增益和信噪比，以提高系统接收效果。

2）良好的频率特性。为了获得清晰的图像和伴音，要求接收天线有足够的频带宽度，一般略大于 8MHz。若天线的频率特性不好，其水平清晰度会下降，尤其对彩色电视，若接收天线频带过窄，还将使受到抑制，使彩色图像无法重现。

3）较好的方向性。接收天线的方向性与电视接收质量关系很大，较高的方向指标，有利于抗干扰和抗重影。

4）有良好的匹配特性，天线的阻抗与传输线阻抗基本相等，以减少反射波对系统的干扰。

5）机械强度高、天线尺寸小、耐腐蚀，并采取必要的避雷措施，以提高系统的安全性和可靠性。系统的接收天线，都是装在高层建筑物顶上的，长年经受风吹雨打，因此，要求机械强度高。在沿海地区，还受盐雾侵蚀，因此，对接收天线不仅要求机械强度高，还要能耐腐蚀。天线尺寸小、重量轻、便于架高和减小风的张力。

2.2.3 VHF 接收天线

VHF 接收天线主要有八木天线、背射天线、对数周期天线、数组天线等，下面以八木天线为例进行讨论。八木天线的基本结构如图 4-8 所示，由有源振子、反射器和引向器组成。

2.2.4　UHF 接收天线

UHF 接收天线主要有角形反射器、对数周期天线两种。带有 90°角形反射器的分米波接收天线如图 4-9 所示。在角形反射器天线有源振子的前面，可以设置多个引向器，当引向器增加到 20 个时，如图 4-10 所示，增益可达 13dB 左右。

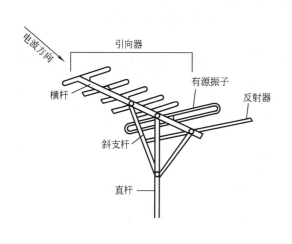

图 4-8　八木天线的基本结构　　　　图 4-9　带有 90°角形反射器的分米波天线

2.2.5　抛物面天线

抛物面天线是指用来产生所需方向性的反射镜面形状的天线，抛物面反射器可分为旋转抛物面、切割抛物面、抛物柱面三种。如图 4-11 所示为抛物面天线的外形图。

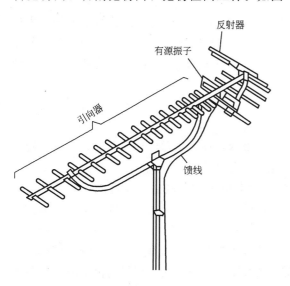

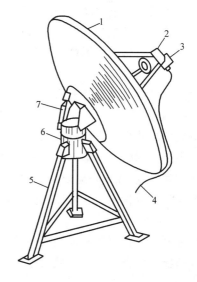

图 4-11　抛物面天线的外形图

1—抛物面反射器；2—高频馈源；3—高频头；4—低
损耗同轴电缆；5—安装架；6—方位角调整装置；
7—仰角调整装置

图 4-10　多单元分米波天线

149

2.3 卫星地面站

地面站是卫星通信系统的重要组成部分。它的作用一是向卫星发射信号，二是接收卫星转发的、来自其他地面站的信号。

按照安装方式及规模分，地面站可分为固定站、移动站和可拆卸站。可拆卸站是指在短时间内能够拆卸并改变地点的站；按照用途，地面站又可分为民用、军用、广播、航海、气象、通信、探测等多种地面站；按口径的大小，可分为 30m 站、10m 站、5m 站、3m 站、1m 站等。

如图 4-12 所示，一个标准的地面站由天线系统、发射系统、接收系统、通信控制系统、信道终端系统和电源系统六部分组成。

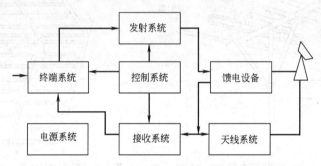

图 4-12　标准的地面站组成

2.4 前 端 设 备

2.4.1 信号放大器

所谓信号放大器，是 CATV 系统内的各种高频放大器的总称。它们的作用是放大接收天线接收下来的信号功率；补偿 CATV 系统中的各种损耗（如混合器、分配器、分支器的插入损耗，传输电缆的损耗以及其他各类附加损耗），以保证各用户端具有满足设计要求的电平。

放大器的性能指标主要有：

（1）增益

放大器的输出功率与输入功率之比（用分贝表示）称为增益。如前所述，当放大器输入输出阻抗相同时，其增益等于输出电平与输入电平之差。

在 CATV 系统中，应根据放大器不同的用途选择放大器增益，并且选择增益时还需使系统有较高的信噪比、较小的交扰调制和相互调制干扰。满足这一原则的增益，称实用增益。

放大器的增益可在其范围内调整。一般要求放大器在不改变输入信号电平的情况下，使放大器输出电平有一个可调的范围，即要求放大器的增益可调。调整的范围通常有两种表示方法：

1）给出最大增益和可以向低方向调整分贝数（10dB 以上），如图 4-13（a）所示。

2）给出标准增益和可以正负方向调整分贝数（±3dB），如图 4-13（b）所示。

无论是那种方法，向负方向调整都应留有余地。

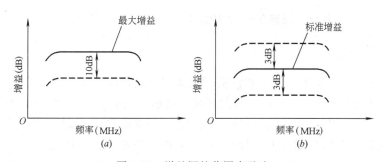

图 4-13　增益调整范围表示法

（a）低方向调整；（b）正负方向调整

（2）工作频带和幅频特性

1）工作频带。放大器的增益是频率的函数，因此只有在特定的频率范围内，增益才有实际意义，这个特定的频率范围称放大器的工作频带。不同的放大器，其工作频带不同。

2）幅频特性。放大器对电视信号的增益与频率变化叫做放大器的振幅频率特性，简称幅频特性。放大器在工作频带内要求有较平坦的频率特性，即在工作频带内，曲线最高点与最低点的分贝数之差，不应超过规定的值。由于放大器的频带范围差异很大，为了确切地表示出每一频道的不平度，通常用频道内幅频特性来表示，即规定在任意频道（8MHz 带宽）内，增益变化不得大于 $\pm 2dB$，同时还要求在同一频道内，频率变化 2.5MHz 时，其增益变化不得大于 0.5dB，如图 4-14 所示。

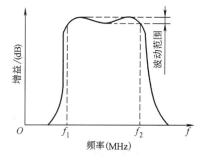

图 4-14　幅频特性的不平度

（3）最大输出电平和额定输出电平

最大输出电平是放大器在正常工作情况下输出电平的界限，超过这一界限，放大器的工作点就进入非线性区，而产生非线性失真，于是就会产生交扰和相互调制干扰。因此，常把交扰调制为 $-46dB$ 时（交调还感觉不出）的输出电平，作为放大器的最大输出电平。而把最大输出电平减去 3dB 作为额定输出电平。若多个放大器串接时，只能工作在额定以下。

（4）噪声系数

放大器在输入、输出阻抗匹配的情况下，其输出端信噪比与输入端信噪比的比值，称放大器的噪声系数，它是衡量放大器内部杂波的一项指标。

放大器的噪声是 CATV 系统内部噪声的来源，要保证系统有足够高的信噪比，则要求放大器的噪声系数足够低，尤其在弱场强地区，对放大器噪声系数的要求就更高，如低电平天线放大器一般要求为 3dB 左右，而中、高电平线路放大器要在 10dB 左右。

（5）电压驻波比或反射损耗

电压驻波比是衡量放大器的实际阻抗与标称阻抗偏差的指标。显然，该值越小越好，线路放大器的电压驻波比通常要求小于 2。

信号放大器按其特性、用途及在系统中使用的位置可分为前端和线路两大类。前端使用的放大器有天线放大器、频道放大器等。线路中使用的放大器统称线路放大器，它包括干线放大器、分配放大器、线路延长放大器等。

放大器的种类主要有：

（1）天线放大器

天线放大器又叫做低电平放大器或前置放大器，其作用是用来提高接收天线的输出电平，以便获得较高的噪声比，提高信号的质量。其输入电平通常为 $50\sim60\mathrm{dB}\mu\mathrm{V}$，所以要求噪声系数很低（$3\sim6\mathrm{dB}$）。天线放大器的外壳多为防雨型结构，可以将它直接装在天线杆上。

天线放大器方框图如图 4-15 所示。它的工作原理是：由天线输入的射频电视信号，经滤波和三级放大后输出，再经电缆至前端设备或用户电视机；同时，还通过电缆为各级放大器提供工作电源。

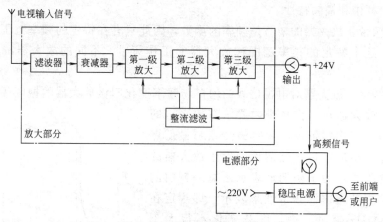

图 4-15 天线放大器方框图

（2）频道放大器

频道放大器即单频道放大器，它位于系统的前端，其后接混合器。对于使用单频道天线的系统，在进行混合之前，多数情况（当各频道信号电平参差不齐时）需要进行电平调整，使混合之前的各信号电平基本接近，这一工作是由频道放大器来完成的。

频道放大器的增益较高，输出电平可达到 $110\mathrm{dB}\mu\mathrm{V}$，故为高电平输出。频道放大器一般工作在各天线输出电平相差较大，而各频道放大器的输出接近的场合。因此，可以根据频道放大器的不同使用，选择无单独存在的增益控制器、手动增益控制器或自动增益控制器三种类型，其方框图如图 4-16 所示。

其中图 4-16（a）只是在输入端加可调衰减器，以调整输入信号电平。图 4-16（b）在第二放大级加装手动增益控制器，根据输入信号电平情况，进行手动增益调整。图 4-16（c）是从放大器输出端处取出一部分信号通过 AGC 电路控制放大器电平。

（3）线路放大器

设置在传输分配系统中的放大器称线路放大器，又称宽频带放大器。按其设置的位置不同可分为：

1）干线放大器。它是 CATV 系统中的重要部件，设置在系统的干线部分，用于补偿干线的电平损失，当系统中用户较多而又较集中时，由于分配器、分支器较多，这时放大器主要用于补偿分配和分支损失，其最高增益一般为 $22\sim25\mathrm{dB}$。

图 4-17（a）是具有 AGC 和 ASC 的干线放大器，从输出端定向耦合器耦合一部分导

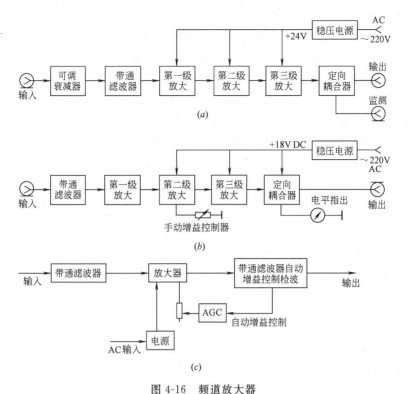

图 4-16 频道放大器

（a）单独存在增益控制器；（b）手动增益控制器；（c）自动增益控制器

频信号进行分路，再分别进入高低导频带通滤波器，经滤波、放大和检波，分别进行
AGC 和 ASC 控制。这是一种功能最全，性能最好的干线放大器，它要求在前端发送两个
导频信号作为 AGC 和 ASC 控制信号。图 4-17（b）是手控增益（MGC）和斜率均衡，加

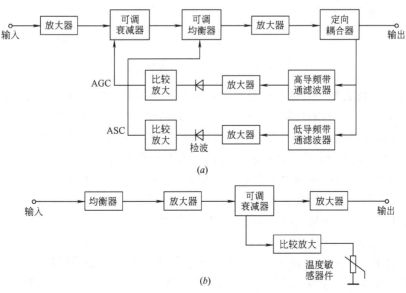

图 4-17 典型的干线放大器框图

（a）自动增益控制（AGC）和自动斜率控制；（b）手动增益控制（MGC）

上温度补偿的干线放大器。它是利用温度敏感器件（热敏电阻），通过不同的温度转换成不同的控制电流来控制衰减器的衰减量，以实现增益调整，并以均衡器来进行斜率补偿。这种干线放大器在一定程度上克服了由于温度变化而引起的电缆衰减变化，它的技术性能低于自动控制的干线放大器。

2）分配放大器。分配放大器是在干线或支线末端，以供 2～4 路分配输出的放大器，即可在一般线路放大器末端放大后加一个分配器组成，如图 4-18 所示。分配放大器是宽频带高电平输出的一种放大器。通常为等电平的回路输出，其输出电平约为 $100dB\mu V$。分配放大器的增益定义为任何一个输出端的输出电平与输入电平之差。

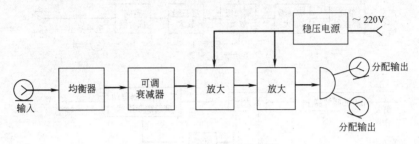

图 4-18　分配放大器的框图

3）分支放大器。分支放大器是装在干线或支线末端，有一个输入端和一个干线或支线输出端；并从干线或支线输出端的定向耦合器取出信号作为支线输出端。和分配放大器一样，分支器可以加在一般线路放大器的末端，其方框图如图 4-19 所示。

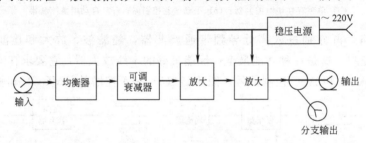

图 4-19　分支放大器的框图

4）线路延长放大器。线路延长放大器安装在支干线上，用以补偿分支器的插入损耗和电缆的传输损耗。它的输出端不再有分配器，因而输出电平一般在 $103～105dB\mu V$。

线路放大器使用的场合是干线或支干线部分，通常在一根同轴电缆中总是传输多个频道乃至整个 VHF 或 UHF 频段的电视信号，放大器必须同时放大它们。所以，主放大器属于宽频带放大器，因此对主放大器要求有较平坦的幅频特性，较大的增益调整范围，较高的输出电平和良好的交扰调制及相互调制特性。在实际应用中，当有多个放大器与干线级联使用时还应具有自动增益控制和自动斜率控制的性能。

2.4.2　混合器

在 CATV 系统中，将多路不同频道的电视信号混合成一路信号的装置，叫做混合器。混合器不仅能将不同频道的电视信号混合成一路传输，而且可消除同一信号经过不同天线接收而产生的重影，并能有效地滤掉干扰杂波，因此混合器具有一定抗干扰能力。

（1）混合器的技术指标

154

混合器的主要技术指标有插入损失、相互隔离、工作频率、驻波比及输入输出阻抗。

1）插入损失。混合器输入功率与输出功率之比的分贝数，称混合器的插入损失。由不同滤波器组成的混合器，其插入损失不同。

2）相互隔离。在各路匹配的情况下，任一输入端加一输入信号，而在其他输入端将感应出相应信号，其输入信号电平（dB）与感应信号电平（dB）之差，称混合器输入端之间的相互隔离。对不同的混合器应有不同的要求，但一般要求大于20dB。

3）工作频率。任意一个混合器只能在某一特定的频率（或频带）内工作，这一特定的频率（或频带）称作混合器的工作频率。不同作用的混合器，其工作频率不同。

4）输入输出阻抗。在一般情况下，混合器的输入输出阻抗均为75Ω。

5）电压驻波比。驻波比是衡量混合器的实际阻抗与标称阻抗的偏差程度的指标。显然该值越小越好，混合器的电压驻波比一般应小于2。

（2）电路组成及分类

混合器由低通滤波器、高通滤波器、带通滤波器、阻带滤波器和放大器等基本单元电路的不同组合而构成。混合器可按不同的方法分成若干类。

按组合方式，混合器分有源和无源两大类：

1）无源混合器，又称滤波式混合器，由无源滤波器组合而成，其电路完全是线性的，因此它可以将输入和输出端互换使用，即作为分波器使用。

2）有源混合器由滤波器和放大器两大部分组成，其电路为非线性有源电路，因而不能反过来作分波器使用。

按其使用频率范围可分成频道混合器和频段混合器：

1）频道混合器：将两个或两个以上的单一频道的信号合成一路信号的器件，称频道混合器。其电路由两个及以上的带通滤波器组成。

2）频段混合器：将不同频段的信号混合起来的器件，称频段混合器。其电路由低通和高通滤波器组成。

2.4.3 频道转换器

在CATV系统中，常用U-V、V-V、V-W等频道转换器。

在离电视台较近、场强较高的地区，电视台发射的信号电波会直接穿过电视机外壳而进入它的内部。这种直接信号比CATV系统送来的信号提前到达，而电视扫描又总是从屏幕的左面扫向右面，因此，直接信号就在图像的左面造成重影。场强越强、系统传输距离越远，重影越明显。这种重影无法靠天线去解决。虽然加大系统的输出电平情况会有一些改善，但根本的办法是在前端进行频道变换处理。这时直接信号就会因其频道与转换后的接收频道不同。而被电视机的高放、中放等有关电路滤除掉。

在传输300MHz信号的大型系统中，前端常用U-V变换器将UHF信号转换成300MHz内的某一频道信号，然后按转换后的信号进行处理。

2.4.4 调制器

录像机、摄像机和卫星电视接收设备，通常都是输出视频图像信号及伴音信号，它们再由调制器调制在某一频道的高频载波上，成为全电视信号后，才能进入CATV系统。其电路原理框图如图4-20所示。

图 4-20　调制器原理框图

2.4.5　阻抗匹配器

阻抗匹配器即 $300\sim75\Omega$ 平衡—不平衡变换器，它可以反过来成为 $75\sim300\Omega$ 不平衡—平衡变换器。平衡线路如果直接与不平衡线路连接就会破坏平衡状态，使其中一根导线电流产生的影响不能为另一根导线电流产生的影响所平衡，这将导致向外辐射使信号功率损耗；另一方面，受到干扰时不再能平衡而抵消；天线的平衡性受到破坏、方向还会发生变形，抗干扰性能也降低了。

通常采用传输线形式的变压器，作成宽频带阻抗匹配器。传输线变压器是在双孔磁芯上（如 NX-10 型铁氧体磁芯）用双根导线并绕而成，每两根导线构成一均匀传输线，利用传输线变压器的原理，在传输线上进行阻抗变换。磁芯为两个变压器提供了各自的磁力线闭合回路，可以免除磁的寄生耦合，如图 4-21 所示。

2.4.6　衰减器

CATV 系统中，常用的固定衰减器有对称 T 型和对称 π 型两种，如图 4-22 所示。

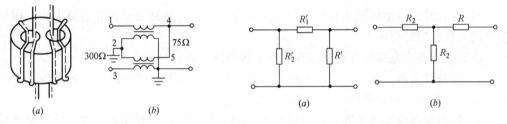

图 4-21　宽频带阻抗匹配器

图 4-22　衰减器电路原理图
(a) π 型；(b) T 型

由衰减器的输入、输出阻抗及衰减量可以计算出衰减器的电阻值。CATV 系统中要求它的输入输出阻抗均为 75Ω。

2.4.7　自动开关机设备

CATV 系统的线路放大器目前都采用半导体元件，寿命长、功耗小。每个放大器的耗电量通常只有几瓦，因而不少小型 CATV 系统都是长期供电，无人管理的，这样既省去了管理上的许多麻烦，也不会有附加设备出现故障带来的影响。

在大型的 CATV 系统中由于使用的线路放大器较多，功耗大，而且有自播节目设备，系统多为统一供电方式。一般来讲，系统的电源接通多为人们所关心，而关断易被人们遗忘。因此，对大型的 CATV 系统通常采用自关机或自动开关机设备进行管理。自动开关机设备原理见方框图 4-23 所示。

图 4-23　自动开关机设备原理图

自动关机设备的工作原理：用定向耦合器从控制器输出端取出微弱高频电视信号，送入宽频带放大器均衡放大，经检波器取出其直流分量再由线性电路进行直流放大，放大后的直流信号控制多谐振荡器，当高频电视信号消失后多谐振荡器开始工作，振荡电压（经积分电路延迟 3~5min 后）通过功率放大器驱动继电器去关断电源，达到自动关机的目的。

课题 3　电视的干线传输系统

干线传输系统是 CATV 系统的重要组成部分，它处于前端和分配系统之间，如图 4-24 所示。其作用是将前端系统输出的高频信号不失真地、稳定地传输到系统的用户分配网络输入端口，且其信号电平需满足系统分配网络要求。

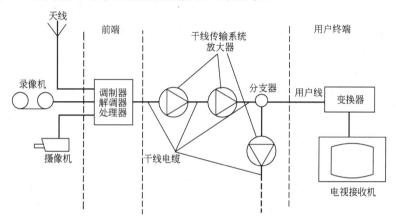

图 4-24　干线传输系统组成

在 CATV 系统中，干线传输媒体主要有同轴电缆和光缆。

3.1　干线传输系统的结构

传输介质是构成网络结构的主体，且与网络的结构形式有关，即同轴电缆和光缆各有其特别适合的网络结构形式。因此在进行网络结构设计时应当结合传输介质的特点来考虑。CATV 系统的干线传输网络结构有树形、星形或树和星形的混合形。

树形网络通常采用同轴电缆作传输媒介。同轴电缆传输频带比较宽，可满足多种业务信号的需要，同时特别适合于从干线、支干线分支拾取和分配信号，价格便宜，安装维护方便，所以同轴电缆树形网络结构至今被广泛采用。

由于分解和分支信号的困难，光缆不能使用树形分支网络结构，但它更宜使用星形布局。星形网络结构特别适合用于用户分配系统，即在分配的中心点将用户线象车轮辐条一样向外辐射布置。这种结构有利于在双向传输分配系统中实行分区切换，以减少上行噪声的积累。

在实际的设计和应用中，往往采用两者的混合结构，以使网络结构更好地符合综合性多种业务和通信要求。

3.2　同轴电缆传输

目前大多数 CATV 系统的干线传输媒体均采用同轴电缆，因而同轴电缆的结构和材料对信号的传输质量有着密切的关系。由于电视信号的频率较高，在同轴电缆中传输时必然会产生衰减，且频率越高，衰减量越大（衰减量与频率的平方根成正比）。这样，当高频电视信号在同轴电缆传输一段距离后，信号会下降，随着距离的加长，会使不同频率电平产生差值，影响系统分配网络的正常工作。为了克服这些不利因素，除了采用优质低耗的同轴电缆外，还要采用具有自动电平控制（ALC）和自动斜率控制（ASC）的干线放大器。此外，主干线上尽可能少分支，在干线中串接的干线放大器数量尽可能少，因为放大器的使用，会导致噪声的增大、频率响应特性变差和非线性失真产生。就目前的技术水平而言，采用同轴电缆作为干线传输媒体，所能串接的干线放大器理论值不能超过 25 级。系统的传输距离也就在 10km 左右。

根据整个系统规模、用户密度及其分布状况，同轴电缆的布置和路由的选择应从如下几方面考虑。

1）为使干线传输系统高质量、低损耗地传输信号，干线敷设应尽可能选择短而直的路由，以减少放大器串接级数、节约电缆、降低成本。

2）传输干线应远离强电线路和干扰源敷设。

3）干线系统中可通过分支放大器向分配网络馈送信号，而尽量少用分配放大器。

4）干线放大器一般应设置在其增益刚好抵消前一段电缆损耗的位置。干线分支放大器的位置应处于用户分配网点的中心地带，这样分支线短而输出电平高。

5）传输干线终点位置应以能满足系统最远的分配网点的电平需要而定。

6）在需要将干线分成两路传输时，可在干线中接入分配器，其位置应靠近干线放大器输出端，远离下端，同时要求分配器以后的支干线的电缆损耗和阻抗应相等或匹配，以减少反射影响。

7）高寒或温度变化大的地区以及为了传输干线的稳定和安全需要，应尽可能采用埋式电缆地下敷设。

3.3　光　缆　传　输

对于大型的电缆传输系统中，随着传输距离的增加及放大器的级数增多，电视信号的非线性失真及信噪比不断恶化。同时，由于同轴电缆的衰减随频率及温度的变化而波动，在长距离传输系统中需要增加温度和频响的补偿装置。因此单一的电缆传输网，无论是从传输距离还是传输质量上，都已不能满足宽信息高速传输网的发展要求。随着光纤技术的进步和价格的降低，目前 CATV 系统已开始广泛采用光缆来作为干线传输媒体。尤其是在一些大中城市，光缆传输网络已开始步入居民住宅。

3.3.1　光缆 CATV 系统的特点

1）传输损耗小。CATV 系统一般采用 1310nm 和 1550nm 波长的单模光纤传输电视信号，其损耗仅为 0.4dB/km 和 0.25dB/km，而电缆传输（550MHz）电视信号时衰减高达 40~50dB/km。因此，使用光缆传输减少了有源器件的数量，提高了系统的各项指标。

2）传输频带宽、频率特性好。

3）传输质量高。光缆不受电磁信号的干扰及环境温度的影响，系统的稳定性大大地提高，传输质量得到了充分的保证。

4）光缆传输保密性好，信号不产生辐射和泄漏。

5）光缆体积小、重量轻、传输容量大、易于维护和敷设，使用寿命长。

6）光缆传输速率快。光缆传输数据的速率可达 6Gbit/s，而铜缆仅能传输 400Mbit/s。

3.3.2 光缆传输基本原理

（1）传输系统的组成

光缆传输系统是由光发射机、光接收机和光缆组成，光缆传输系统方框图如图 4-25 所示。

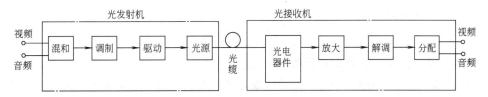

图 4-25 光缆传输系统方框图

由图中可知，视频和音频信号在光发射机中，经过混合、调制放大后，由驱动电路对发光二极管（光源）进行直接光强度调制，把电信号转换成光信号，经光缆传输到接收端，在接收端，光接收机中的光电器件，把调制的光信号转换成电信号。然后经过放大、解调、分配、还原成视、音频信号输出。

由于电视信号的传输是可调制的高频信号，所以用光缆传输电视信号时，在发射端，可以直接通过驱动电路进行电/光转换。

（2）光的调制方式

用光缆传输电视信号时，光的调制方式分模拟和数字两种。

1）模拟调制。模拟调制有模拟基带直接光强调制（IM）和脉频调制（PFM）等多种方式。

IM 调制是利用电视信号直接对光强度进行调制，调制方式简便，经济。

PFM 调制是将连续的电视信号，转换成不连续的脉冲信号对光强度进行调制。这种调制方式，由发光管产生的非线性失真对系统影响不大，可以实现远距离，高质量的传输。

2）数字调制。数字调制分脉码调制（PCM）和差分脉码调制（DPCM）两种，前者所需频带较宽，但电视信号与杂波易分开，适合远距离传输。后者所需频带虽为前者的一半，但信号质量差。

（3）光缆的多路传输

光缆的多路传输是指一根光缆同时传输多路电视信号。

目前，用光缆进行多路电视信号的传输方法常采用波分多路（WDM）和频分多路（FDM）。

1）WDM 方式：波分多路方式是利用光辐射的高频特性及光缆宽频带、低损耗的特点，用一根光缆同时传输几个不同波长的光，每个波长的光载有不同的电视信号。其系统框图如图 4-26 所示。

在发射端，每个频道的电视信号，被相应的光发射机进行调制，形成不同波长的光载波信号（如 λ_1、λ_2、…λ_n）。这些信号由光合波器合成一路输出，经光缆传输到接收端，由光分波器把输入的多路光载波信号还原成单一波长的光波信号，最后由光接受机输出。

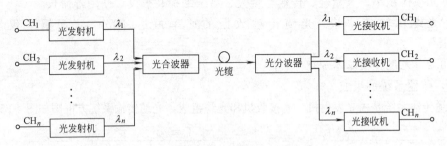

图 4-26 波分多路传输系统图

波分多路传输方式可以实现双向传输的功能。

2）FDM方式：频分多路方式是将多路电视信号由混合器混合成一路后输出至光发射机，经电视信号调制后的光波，由光缆传输至光接收机。通过光接收机对光信号的处理后，由频道分配器输出各相应的电视信号。其系统框图如图 4-27 所示。

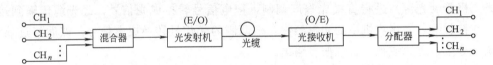

图 4-27 频分多路传输系统图

3.4 双 向 传 输

目前国内 CATV 基本上都是单向传输，即从前端送出电视信号，用户端接收电视信号，而用户端并没有信号传送至前端。即使是付费电视节目也是单向的。只有当用户将信息反送至前端控制中心时，才实现了信息的双向交流。

通过 CATV 双向传输技术，使控制中心与用户，用户与用户之间均实现双向信息的传输。用户使用手中的通信工具可以进行话音，传真等项通信，使用计算机就可以进行电子邮件、远程教学、家庭办公、信息资料查询、股票交易等数据通信。还可以通过电视机的视频点播（VOD）服务，观看文艺及娱乐收费节目、商业信息检索及购物、互动式电视服务、远程医疗等内容服务。因此，双向传输系统是实现宽带综合信息网的基础，以交互性电缆电视网为基础的综合业务数字网将是今后 CATV 系统的发展方向。

在双向传输系统中，通常把前端传向用户的信号叫下行信号，用户端传向前端的信号叫上行信号。

双向传输一般有三种方式：

1）空间分割方式。它是由两个单方向系统组合而成。

2）时间分割方式。在一个系统内通过时间的错开，得到双向传输信号。

3）频率分割方式。在一个系统中将传输频率划分出上行和下行频段，分别用于传输上、下行的信号。如 550MHz、750MHz 模拟传输频段的划分为：

中分割方式 $\begin{cases} 上行频段 \quad 5～65MHz \\ 中间过渡带 \quad 65～84MHz \\ 下行频段 \quad 84～550MHz 及 84～750MHz \end{cases}$

$$低分割方式\begin{cases}上行频段\quad 5\sim30MHz\\中间过渡带\quad 30\sim47MHz\\下行频段\quad 47\sim550MHz\ 及\ 47\sim750MHz\end{cases}$$

分割方式主要取决于系统的功能多少，规模大小，信息量的多少。

低分割方式用于上行频道少，主要传输的是控制信号。反之传输系统规模大，功能多时就采用中分割方式。

课题 4　用户分配系统

分配系统是 CATV 系统最后一个环节，是整个传输系统中直接与用户端相连接的部分，它的分布面最广，其作用是使用成串的分支器或成串的串接单元，将信号均匀分给各用户接收机。由于这些分支器及串接单元都具有隔离作用，所以各用户之间相互不会有影响；即使有的用户输出端被意外地短路，也不会影响其他用户的收看。

4.1　主　要　器　件

4.1.1　分配器

分配器是分配高频信号电能的装置。其作用是把混合器或放大器送来的信号平均分成若干份，送给几条干线，向不同的用户区提供电视信号，并能保证各部分得到良好的匹配，同时保持各传输干线及各输出端之间的隔离度（因为电视机本身振荡辐射波或发生故障产生的高频自激振荡对其他输出接收机没有影响，要求隔离度在 20dB 以上）。它本身的分配损耗约为 3.5dB，频率越高损耗越大，在 UHF 频段约为 4dB。实用中按分配器的端数分有二分配器、三分配器、四分配器及六分配器等。最基本的是二、三分配器，其他分配器是它们的组合。例如四分配器可以用三个二分配器组成，六分配器可以由一个二分配器和两个三分配器组成。常用分配器电路图见表 4-8。

常用分配器电路图　　　　　　　　　　　　　　　　表 4-8

类　　型	电　路　图(75Ω)
二分配器	
三分配器	

类　型	电　路　图（75Ω）
四分配器	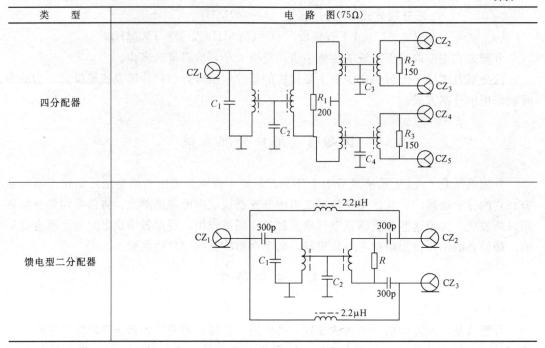
馈电型二分配器	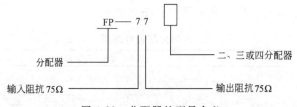

按其频率划分有 VHF 频段分配器和 UHF 频段分配器。按安装场所分为户内型及户外型。任何一种分配器都可以当作宽频带混合器使用（但是选择性差，抗干扰能力比带通滤波器弱），只要把它的输入与输出端互调即可，而且可以在 VHF 或 UHF 频段工作，在其输入端对频率不受限制。

分配器的型号含义如图 4-28 所示：

图 4-28　分配器的型号含义

理想的二分配器的衰减约为 3dB，实际是 3.5～4.5dB。理想四分配器的衰减为 6dB，实际是 7～8dB。分配器的频率范围应包含 1～68 频道和调频广播（FM）的频段，即 48.5～223MHz 及 470～958MHz。

4.1.2　分支器

分支器是从干线上取出一部分电视信号，经衰减后馈送给电视机所用的部件。分支器和分配器不同，分配器是将一个信号分成几路输出，每路输出都是主线；而分支器则是以较小的插入损失从干线上取出部分信号经衰减后输送给各用户端，而其余的大部分信号，通过分支器的输出端再送入馈线中。

分支器由耦合器和分配器组成，具有单向传输特性。分支器的输入端至分支输出端之间具有反向隔离性能，正向传输时损耗小，反向时损耗大，从而保证了分支输出端在开路或短路现象时，均不会影响干线的输出。分支间的隔离好，使其相互间干扰小，保证接收信号互不影响。二分支器的输入损耗有 8、12、16、20、25、30dB；四分支器的输入损耗有 10、13、16、20、25、30dB 等，其作用是通过设计各楼层用不同的分支损耗以达到使各层楼的电视机都得到理想的电平信号。分支器本身的插入损耗是很小的，约为 0.5～2dB 左右。目前我国生产的有一分支器、二分支器和四分支器等规格。常用分支器电路图见表 4-9。

常用分支器电路图

表 4-9

类　型	电路图(75Ω)
二分支器	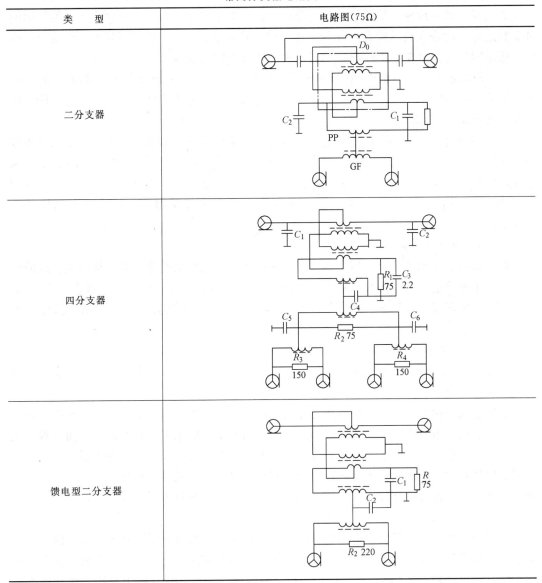
四分支器	
馈电型二分支器	

分支器的型号含义如图 4-29 所示：

分支器的主要电气性能有：

1）插入损耗。插入损耗是将分支器插入电路后，在主线输出中所引起的信号电平的损耗，即输入端信号电平与输出端信号电平之比，若用分贝计算，则为其两端分贝数之

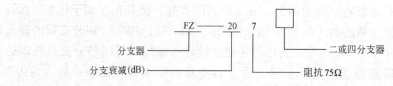

图 4-29　分支器的型号含义

差。因此，我们希望分支器的插入损耗越小越好。

2）分支衰减。分支衰减是指信号电平经分支器后，信号在主线输入端到分支输出端之间的损耗，既主线输入端信号与分支端输出信号电平之比，若用分贝计算，则为其两端分贝数之差。对分支衰减而言，并不是越大越好或者越小越好，而是需要有一个定值。这样选用不同的定值可使分支输出在不同电平的主线上大致相等。

3）反向隔离。反向隔离亦称反向耦合衰减量，它表示从一个分支输出端加入信号时，转移到分支器主输出端所出现的损失。这个值越大，表示抗干扰能力越强，分支器的反向隔离一般要求在 25dB 以上；

4）分支隔离（相互隔离）。分支隔离也称分支端间耦合衰减量，它表示分支器分支端子间相互产生干扰程度的量。当一个分支器有几个分支输出端时，在其中一个分支输出端加入的信号电平与在另一个分支输出端得到的信号电平之差，即为分支隔离。为了抑制用户接收机间的相互干扰，要求分支器分支端子间的隔离要足够大，一般要求隔离量大于 20dB。

4.1.3　用户终端盒

用户终端盒又称终端盒、用户盒、用户端插座盒、墙壁插孔等，它是将分支器来的信号和用户相连接的装置。电视机从这个插座得到电视信号，对用户电平一般设计在 $70\pm5\text{dB}\mu\text{V}$，安装高度一般距地 0.3m 或 1.8m，与电源插座相距不要太远。在用户插座面板上有的还安装一个接收调频广播的插座。

4.1.4　串接单元

串接单元又称一分支器或分支终端器，它将分支器与用户插座合为一体。它在系统分配网络中是一个一个串入支线中的，故称为一分支器。

串接单元有两种，还有一种称作二分支串接单元，也称为二分支终端器。它本身带一个插座，还能分出一路接一个用户插座。一分支器不宜串联很多；它的输出、输入端不能接反。串接单元的优点是节省电缆和分支器，系统简单、造价较低，适合于楼层结构形式相同的建筑物共用天线电视系统之用。但如发生故障，将影响到该插孔至终端之间的其他输出插孔。一些地区的有线电视规定：原则上不允许使用串接单元方式。

4.1.5　同轴电缆

它的作用是在电视系统中传输电视信号。它是由同轴的内外两个导体组成，内导体是单股实心导线，外导体为金属编织网，内外导体之间充有高频绝缘介质，外面有塑料保护层。目前常用型号有 SYV-75-9、SYV-75-5，前者用于干线，后者用于支线。此外还有一种被称作耦心同轴电缆，型号为 SBYFV-75-5、SDVC-75-5、SDVC-75-9、SYKV-75-5、SYKV-75-9 等，这种电缆损耗较少。型号规格为 -9 的用于干线，9 是屏蔽网的内径9mm；-5 用于支线，5 是屏蔽网的内径为 5mm。

同轴电缆的特征阻抗由下式计算：

$$Z_C = \frac{138}{\sqrt{\varepsilon}} \lg \frac{D}{d}$$

式中 D——铜网的内径（mm）；

$\quad\quad d$——芯线的外径（mm）；

$\quad\quad \varepsilon$——导体间绝缘介质的介电常数。

上式表明同轴电缆的特性阻抗和导体的直径、导体的间距及绝缘材料的介电系数有关，而与馈线的长短、工作频率以及馈线终端负载的大小等因素无关。

例如 SYV-75-9、SYV-75-5 的铜网内径分别为 9mm 和 4.6mm，芯线的外径 d 为 1.37mm 和 0.72mm，ε 为 2.26，计算它们的特性阻抗为：

SYV-75-9： $\quad\quad Z_C = \frac{138}{\sqrt{\varepsilon}} \lg \frac{D}{d} = \frac{138}{\sqrt{2.26}} \lg \frac{9}{1.37} = 75.2\Omega$

SYV-75-5： $\quad\quad Z_C = \frac{138}{\sqrt{\varepsilon}} \lg \frac{D}{d} = \frac{138}{\sqrt{2.26}} \lg \frac{4.6}{0.72} = 73.9\Omega$

同轴电缆的优点是电视信号衰减少、温度系数较小、抗干扰性能好，即尽可能不接收杂散的干扰信号、机械弯曲特性好、价廉。另一种电视电缆是扁平馈线，即 SBVD 型 300Ω 扁平馈线，因损耗大，100MHz 信号通过 50m 长的馈线将衰减一半，若使用还须加阻抗变换器，故不常用。

电视信号在同轴电缆中传输不仅会随电缆的长度增长而衰减，而且衰减量还会随信号的频率增加而增加，其衰减与频率的平方根成正比。常用同轴电缆的频率衰减特性如图 4-30 所示。

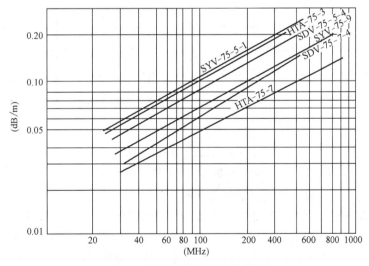

图 4-30 同轴电缆的频率衰减特性

4.2 用户电平和分配方式

4.2.1 用户电平

用户电平是用户分配网络计算的依据。用户电平过高过低都不好，选择适当的用户电平，才可使接收机工作在最佳状态。用户电平太高，接收机会工作在非线性区，产生互扰调制和交扰调闸，出现"窜台""网纹"等干扰现象；用户电平太低，又会使接收机的内部噪声起作用，形成"雪花"干扰。按国家标准 GB 50200—94 规定：CATV 系统提供给用户的电平范围为 $60\sim80\mathrm{dB}\mu\mathrm{V}$。

在实际应用中，若电视接收机离电视台较近，场强很强，或有较强干扰源的一些地区，电缆和接收机中会直接串入电波，引起重影或干扰。在这些地区用户电平取高一些可减轻一些干扰，一般可控制在 $70\pm5\mathrm{dB}\mu\mathrm{V}$ 的范围内；若在其他干扰较小地区，可将用户电平降低，使设备经济些，一般可控制在 $65\pm5\mathrm{dB}\mu\mathrm{V}$ 的范围内。极个别的情况才用到 $80\mathrm{dB}\mu\mathrm{V}$。

4.2.2 分配方式

用户分配系统的基本方式有四种，如图 4-31 所示。

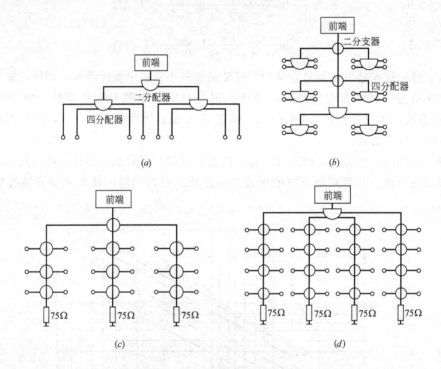

图 4-31　分配系统的四种方式

(a) 分配——分配方式；(b) 分支——分配方式；(c) 分支——分支方式；(d) 分配——分支方式

分配信号的方式应根据分配点的输出功率、负载大小、建筑结构及布线要求等实际情况灵活选用，以能充分发挥分配器和分支器的作用为原则。例如应用分配器可将一个输入口的信号能量均等或不均等分配到两个或多个输出口，分配损耗小，有利于高电平输出。但分配器不适合直接用于系统输出口的信号分配，因为分配器的阻抗不匹配时容易产生反射，同时它无反向隔离功能，因此不能有效地防止用户端对主线的干扰。而分支器反向隔离性能好，所以多采用分支器直接接于用户端，传送分配信号。分支器传输分配信号的形式通常有分支器分配方式和串接单元分配方式。

(1) 分支器分配方式

图 4-32 是一个分支器分配方式的示例。用一个四分配器分出四路，每路供给一个单元（楼门）。每层用一个四分支器将输出信号送给各用户，用户备有用户终端盒供接电视

机用。如每单元的每层只有三户，可将分支器的一个空闲端终接 75Ω 电阻。如只有三个单元，则可将分配器的一个空闲端终接 75Ω 电阻。对高层建筑分配器输出电平不够时，可在输出端再增加宽带放大器以提高电平。

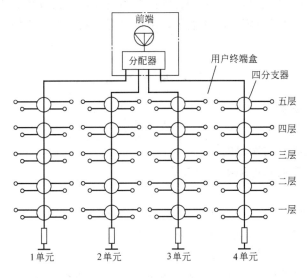

图 4-32　分支器分配方式

　　分支器分配方式适用于高层建筑、用户数量多且用户点分布不规则以及允许横向布线的场合，其优点是用户之间隔离好，互不影响，同时可采用各种档次分支损耗的分支器，以保证每个用户电平基本一致。此外维修也较方便。

　　（2）串接单元分配方式

　　图 4-33 是一个串接单元分配方式的实例。与分支器分配方式不同的是，它在每层的

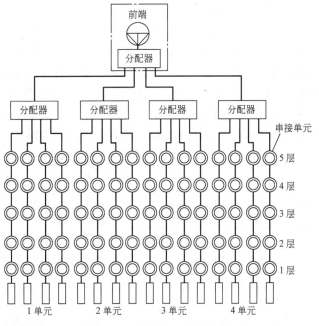

图 4-33　串接单元分配方式

同一房间内装有串接单元，亦即分支终端器。电缆由上到下将这些串接单元串接起来，这样，将用户终端盒和分支器合而为一，造价大为降低；对于建筑施工也方便得多。和分支器一样，串接单元（分支终端器）也有一系列不同分支损耗的型号，以保证各用户的接收电平大致相等。其主要缺点是灵活性差、维修费用较高，一处发生故障就会影响到整串分配线的工作。同时，由于需要较高的电平，串接单元的数量有一定限制，故该分配方式仅适用于小型系统。

4.3 电平计算

4.3.1 计算的依据

1）用户所要求的电平；

2）分配点或放大器的输出电平；

3）分配器、分支器及电缆等性能参数。

4.3.2 计算公式

$$U_K = U_0 - U_d - \alpha \cdot L$$

式中 U_K——第 K 个分支器或第 K 个用户电平（dBμV）；

  U_0——分配点或放大器输出电平（dBμV）；

  U_d——分配器的分配损耗、分支器的插入损耗、分支衰减等（dBμV）；

  α——电缆衰减系数（dB/m）；

  L——分配点或放大器距用户点电缆长度（m）。

4.3.3 计算方法

CATV 系统的电平计算方法很多，有顺算法、倒推法、列表法和图示法等。它们各有特点，可根据实际需要选择一种或两种结合运用。比较常用的是顺算法和倒推法。

顺算法：即从前往后计算。根据分配点及线路延长放大器的输出电平，用递减法顺次求出用户端电平，一般复杂系统用此法较好。

倒推法：即从后往前计算。首先确定用户端电平值，然后逐渐往前推算各个部件的电平值，最后推算出分配点及延长放大器应具有的输出电平。一般较简单的系统采用此法。

计算时，首先选择线路距离最远，用户最多，条件最差的分配线路计算；当系统传输全频段信号时，应将 UHF 和 VHF 频段电平分别计算；当系统传输 VHF 频段信号时，应将高频道（如 12 频道）和最低频道（如 1 频道）电平分别计算；根据分支器的特点，一般是从上到下（或从前往后）的顺序串接的，前面的应用分支损耗大的分支器，往后依此采用分支损耗小的分支器，以使各用户端电平差别较小，基本趋于一致。

4.3.4 举例

【例 4-4】 在一串二分支器中有一段线路如图 4-34 所示，其中分支器采用的是北京电视设备厂的产品 GZ-218 型分支器，两分支器之间的距离为（楼层距离）3m，电缆主线用 SYV-75-9，分支线用 SYV-75-5-1，分支线长为 6m，第一个分

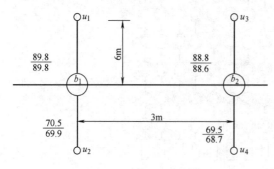

图 4-34 例 4-4 用户分配网络的计算

支器的输入电平为 89.8dBμV（图中分子表示 1 频道的电平，分母表示 12 频道的电平）。试求各点的电平。

【解】 由北京电视设备厂的产品说明书中可以查得，GZ-218 型二分支器的主要技术数据为：分支衰减为 18.7dB，插入损耗：45MHz（1 频道）为 0.8dB；230MHz（12 频道）为 0.9dB。由同轴电缆损耗特性曲线中可以查得：SYV-75-5-1 在 1 频道时的电缆损耗常数为 0.1dB/m；在 12 频道时为 0.2dB/m。SYV-75-9 在 1 频道时的电缆损耗常数为 0.06dB/m；在 12 频道时为 0.1dB/m。

用户 u_1、u_2 的条件相同，故其用户电平相同。用户 u_3、u_4 的电平也必相同。由此便不难求出用户 u_1、u_2 的信号电平，即从分支器 b_1 的输入电平减去 b_1 的分支衰减，便为分支线上的输出，然后再减去传输线上的电缆损耗，即可求得用户电平（顺推法）。即 u_1、u_2 的信号电平为：

1 频道电平＝89.8dBμV－18.7dBμV－0.1×6dBμV＝70.5dBμV

12 频道电平＝89.8dBμV－187dBμV－0.2×6dBμV＝69.9dBμV

这是符合用户电平 70±5 dBμV 的要求的。

第二个分支器 b_2 的输入电平为 b_1 的输入电平减去 b_1 的插入损耗及 3m SYV-75-9 主线的电缆损耗，所以 b_2 的输入电平为：

1 频道电平＝89.8dBμV－0.8dBμV－0.06×3dBμV＝88.8dBμV

12 频道电平＝89.8dBμV－0.9dBμV－0.1×3dBμV＝88.6dBμV

由此便可求得用户 u_3 和 u_4 端的信号电平：

1 频道电平＝88.8dBμV－18.7dBμV－0.1×6dBμV＝69.5dBμV

12 频道电平＝88.6dBμV－18.7dBμV－0.2×6dBμV＝68.7dBμV

这也符合用户电平为 70±5dBμV 的规定。

【例 4-5】 某工程为 6 层楼房，其共用天线电视系统的分配方案如图 4-35 所示。图中 d_1 为二分配器，其分配衰减为 3.7dB，d_2 为四分配器，其分配衰减为 7.5dB；b_1、b_2、b_3 为三个二分支器，其分支衰减各为 14dB、14dB、17dB，它们的插入损耗均为 1.4dB；u_1～u_6 是 6 个用户终端盒，其插入损耗为 1dB；干线采用 SYV-75-9，分支线采用 SYV-75-5-1，线路距离已在图中标出。试求，当用户 u_1 所需的信号电平不小于 63.2 dBμV 时，前端的输出电平应该是多少？其他各用户端的输出电平各是多少（按北京地区接收八频道中心频率为 187MHz 考虑）？

【解】 此题是在分配方案及所选器件大体确定之后，由最末一个用户终端

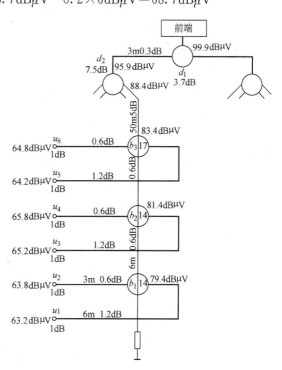

图 4-35 例 4-5 系统分配方案

169

逐个向前推进的办法（倒推法），来求出所需的前端输出电平值。

由同轴电缆的损耗特性曲线中可以查得，干线 SYV-75-9 在传输入频道信号时每米损耗约为 0.1dB；分支线 SYV-75-5-1 在传输八频道信号时每米损耗约为 0.2dB。由此便可把线路中的各段衰减量算出，标于图中。

分支器 b_1 的输入电平＝分支衰减＋线路损耗＋用户终端盒的插入损耗＋用户电平＝$14dB\mu V＋1.2dB\mu V＋1dB\mu V＋63.2dB\mu V＝79.4dB\mu V$。

分支器 b_2 的输入电平＝b_1 的输入电平＋线路损耗＋b_2 的插入损耗＝$79.4dB\mu V＋0.6dB\mu V＋1.4dB\mu V＝81.4dB\mu V$。

分支器 b_3 的输入电平＝$81.4dB\mu V＋0.6dB\mu V＋1.4dB\mu V＝83.4dB\mu V$

分配 d_2 的输入电平＝b_3 的轴入电平＋线路损耗＋d_2 的分配衰减＝$83.4dB\mu V＋5dB\mu V＋7.5dB\mu V＝95.9dB\mu V$。

前端输出电平＝分配器 d_1 的输入电平＝d_2 的输入电平＋线路损耗＋d_1 的分配衰减＝$95.9dB\mu V＋0.3dB\mu V＋3.7dB\mu V＝99.9dB\mu V$

这就是所要求的数值。

根据主线上各点已求得的电平值，便不难求出各用户的电平值。例如：

用户 u_6 的电平＝分支器 b_3 的输入电平－b_3 的分支衰减－线路损耗－用户终端盒的插入损耗＝$83.4dB\mu V－17dB\mu V－0.6dB\mu V－1dB\mu V＝64.8dB\mu V$

参照此法，即可求出各用户电平值（已标注在图中）。由计算结果看到，各用户电平相差无几，均能满足要求。

课题 5　卫星电视广播系统

卫星电视广播系统由上行发射、星载转发和地面接收三大部分组成。上行发射站可以是固定式大型地面站、或移动式地面站，其任务是将图像和伴音信号处理放大后发射到卫星转发器上。转发器的作用是把接收到的上行信号变换成下行调频信号，放大后由定向天

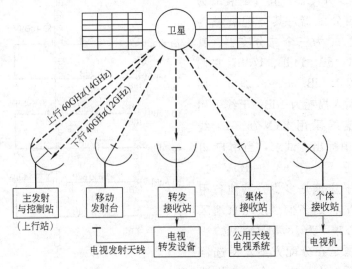

图 4-36　卫星电视广播系统组成

线向地面发射。地面接收站将接收到的下行信号变频、解调，然后送往 CATV 系统。图 4-36 是卫星电视广播系统的组成示意图。

5.1　上行发射站

上行发射站主要由基带信号处理单元、中频调制器、中频通道、上变频器、功率放大器、双工器和发射天线组成。我国采用 PAL-D 制式，其原理框图如图 4-37 所示。

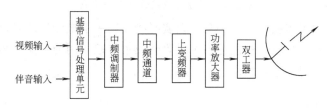

图 4-37　上行发射站组成框图

在基带信号处理单元中，视频信号经 0～6MHz 低通滤波器滤去高频干扰信号，伴音信号经伴音载波进行调频（6.6MHz），然后再调制到副载波上。视频信号和副载波信号合成为基带信号，通过调制器把它们调制到 70MHz 或 140MHz 的中频信号。进入由衰减器、带通滤波器、中频放大器等组成的中频通道，经整形放大处理后的中频信号进入上变频器。在上变频器中，中频信号变换成 6GHz 的上行频率微波信号，经功率放大器放大，馈给双工器，供天线发射给星载转发器。

5.2　星载转发系统

星载转发器是由收发天线、星载转发器和电池组成；卫星的接收和发射天线一般是共用的。电源主要用硅太阳能电池和后备蓄电池。图 4-38 是星载转发系统组成方框图。

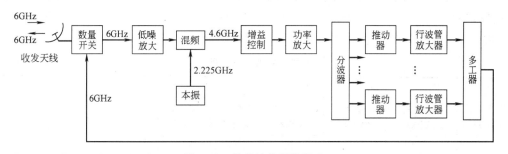

图 4-38　星载转发系统组成

由接收、放大、变频和发射等电子设备组成的星载转发器，在接收到上行发射站发来的各个频率的微波信号后，经放大、混频、将上行频率（5.925～6.425GHz）下变频为下行频率（3.7～4.2GHz，C 波段），通过增益控制和功率放大等处理后，由天线发射到地面卫星电视接收系统。

5.3　卫星电视接收系统

卫星电视接收站由天线和接收机部分组成，接收机包括室外单元（抛物面天线、馈源、高频头等）和室内单元（调谐解调器，或称卫星接收机；监视器等），如图 4-39 所

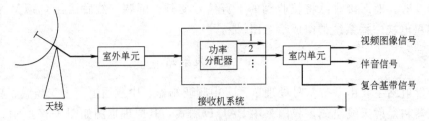

图 4-39　卫星电视接收站设备组成

示。室外和室内之间可连接功率分配器，以实时接收同一卫星传送的多路电视节目。

卫星电视接收系统按技术性能分为可供收转或集体接收用的专业型和可直接接收用的普及型。如图 4-36 和图 4-40 所示。

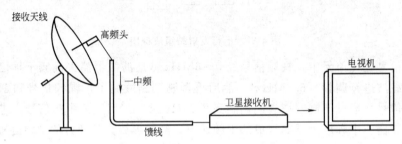

图 4-40　卫星电视直接接收系统的组成

必须指出：普通电视是调幅制，而卫星接收是采用调频制，所以普通电视机收不到卫星电视的图像。收看卫星电视节目必须在电视机（监视器）之前接入卫星接收机。

5.4　卫星电视广播频率

全世界卫星电视广播按规定分为三个区，见表 4-10，我国属第三区。目前我国的卫星电视广播只有 C 波段（下行频率 3.7～4.2GHz）和 Ku 波段（下行频率 11.7～12.2GHz），见表 4-11 和表 4-12。

卫星广播用频段分配表　　　　　　　　　　表 4-10

波段名称 （GHz）	频率范围 （GHz）	带宽 （MHz）	地　区　分　配			备　　注
			欧洲、非洲、 前苏联	南美洲、 北美洲	亚洲、 澳洲	
			1 区	2 区	3 区	
L	0.62～0.79	170	V	V	V	不能妨碍地面电视
S	2.5～2.69	190	V	V	V	只供集体接收
C	3.7～4.2	500			V	亚洲通信卫星组织
Ku（12）	11.7～12.2	500			V	广播卫星业务优先使用
	11.7～12.5	800	V			广播卫星业务优先使用
	12.1～12.7	600		V		广播卫星业务优先使用
	12.5～12.75	250			V	共同接收用
Ka（23）	22.5～23	500		V	V	与主管部门协商
Q（42）	40.5～42.5	2000	V	V	V	广播卫星业务用
V（85）	84～86	2000	V	V	V	广播卫星业务优先使用

频道	1	2	3	4	5	6	7	8
频率(MHz)	3727.48	3746.66	3765.84	3785.02	3804.20	3823.38	3842.56	3861.74
频道	9	10	11	12	13	14	15	16
频率(MHz)	3880.92	3900.10	3919.28	3938.46	3957.64	3976.82	3996.00	4015.18
频道	17	18	19	20	21	22	23	24
频率(MHz)	4034.36	4053.54	4072.72	4091.90	4111.08	4130.26	4149.44	4168.62

频道	1	2	3	4	5	6	7	8
频率(MHz)	11727.48	11746.66	11765.84	11785.02	11804.20	11823.38	11842.56	11861.74
频道	9	10	11	12	13	14	15	16
频率(MHz)	11880.92	11900.10	11919.28	11938.46	11957.64	11976.82	11996.00	12015.18
频道	17	18	19	20	21	22	23	24
频率(MHz)	12034.36	12053.54	12072.72	12091.90	12111.08	12130.26	12249.44	12168.62

第三区使用的频带划分为 24 个频道，由表 4-12 可见，各频道的间隔为 19.18MHz。我国计划使用的是 1、5、19 和 13 频道。

课题6 数字电视业务

6.1 基本业务

有线电视基本业务就是电视广播业务，但是电视技术正在经历着由模拟向数字，由常规向高清晰度电视发展的一场技术变革。

6.1.1 数字电视

（1）广播电视的数字化

数字技术的采用，其原因至少有以下三方面。

1）数字信号在抗干扰性和几乎无误差、完美的图像和声音的广播上，其性能要优于模拟信号。

2）数字信号的比特流可以在一个传输频道内复接、交织，因而可使辅助信号或数据信号与视音频信号一起被发射、传输、存储或处理，使原来的广播电视频道具有拓展综合信息广播的能力，增加了广播电视节目的多样性。

3）数字信号可使用基于冗余度缩减的压缩编码技术以提高频谱利用率，增加系统可靠性，降低运行费用，使广播电视具有数字声广播、标准数字电视（SDTV）、高清晰度电视（HDTV）的传送能力。

电视广播的数字化，既涉及到采、编、录、制整个节目制作过程的数字化，又涉及到从播出到接收的传输系统的数字化。从 20 世纪 90 年代开始陆续发表的数字地面电视传输的标准，对数字电视的发送和接收整个传输链路的数字化作了详细的描述和规定。

（2）数据业务与有线电视网络

随着光纤技术的逐步引入网络主干，使网络带宽的瓶颈转移到网络最后 1km 范围内的用户接入系统。相比之下，采用同轴电缆分配结构的有线电视分配网要比采用铜双绞线的电信接入网更具有优势。

由表 4-13 可见，HFC 结构的有线电视网，其数据传输速率是目前采用 ADSL 或 N-ISDN 接入方式的电信网的 20～200 倍，且传输距离长，运行成本低。近几年来，有线电视网的宽带特性倍受关注，引得许多电信业出巨资并购有线电视网。例如：美国 AT&T 公司用 480 亿美元购并美国 TCI 有线电视网；中国电信投资地方有线电视网的改造。

电信网与有线电视网的数据传输特性　　　　　　表 4-13

播　入　方　式		传　输　速　率	传　输　距　离	备　　注
N-SDN		128kbit/s	几十千米	
数字用户线 （DSL）	HDSL	784kbit/s	约 3.6km	
	ADSL	1.5Mbit/s（下行）	约 5.4km	
		256kbit/s（上行）		
	SDSL	1.5Mbit/s		正研制
	VDSL	25Mbit/s（下行）	约 300m	正研制

（3）有线电视系统的数字化

为适应数字电视广播或未来高清晰度电视广播的传输要求，并满足不断增长的数据业务对网络带宽的需求，有线电视系统的数字化已势在必行。

有线电视系统数字化的最直接的好处是：①提高频谱利用率，增加频道容量；②有条件接收、加强网络管理；③开发交互式业务、增加网络收益。

为此，国家广播电影电视总局在 1997 年将有线电视业务定位为基本业务、扩展业务、增值业务等三类业务，以推动有线电视系统的数字化。

有线电视系统的数字化工作主要在两个方面展开。

1）HFC 网络结构的改造。即根据网络覆盖地域的实际情况，建设环形或星形结构的光纤骨干网，尽量将光节点下移，以缩小同轴电缆分配系统的用户规模；拓宽电缆分配系统的传输带宽，优化回传通道的设计，改善上行信道的传输特性。

2）制定一系列数字有线电视的传输标准。目前已实施的有北美的有线电视数字视频传输标准和欧洲的 DVB 标准，我国采用 DVB 标准，如表 4-14 所示。

DVB-C 标准与北美标准的对比　　　　　　表 4-14

		DVB-C 标准	北美标准
信源编码	视频	MPEG-2	MPEG-2
	音频	MPEG-2 层 Ⅱ	DolbvAC-3
	复用	MPEG-2	MPEG-2
信道编码	外纠错码	RS （204.188.8）	RS （204.188.8）
	内纠错码	交织码	交织码
调　　制		QAM	QAM

作为交互式有线电视业务传输系统标准，国际电联颁发了美国的 DOCSIS 标准和欧洲的 DAVIC 标准。我国许多地方大都采用 DOCSIS 标准。欧、美两种交互式有线电视业务系统的主要差别在于欧洲的 DAVIC 是基于 ATM 的通信机制，而美国的 DOCSIS 则主要基于 IP 包的通信方式。

（4）数字电视技术基础

1）信源编码技术。当模拟信号数字化后其频带大大加宽，一路 6MHz 的普通电视信号数字化后，其数码率将高达 167Mbit/s，对存储器要求很大，占有的带宽将达 80MHz 左右，只有采用数字压缩技术才能很好地解决上述困难，压缩后的信号所占用的频带大大低于原模拟信号的频带。

有线电视网中数字压缩技术主要包括用于会议电视系统的 H.261 压缩编码，用于计算机静止图像压缩的 JPEG 和用于活动图像压缩的 MPEG 数字压缩技术。

编码压缩方法有许多种，从信息论角度出发可分为两大类：

① 冗余度压缩方法，也称无损压缩。具体讲就是解码图像和压缩编码前的图像严格相同，没有失真，从数学上讲是一种可逆运算。哈夫曼编码、算术编码、行程编码、Lempel2ev 编码属于无损压缩编码。

② 信息量压缩方法，也称有损压缩。也就是讲解码图像和原始图像是有差别的，允许有一定的失真。DPCM 和运动补偿的预测编码、正交变换编码、统计分块编码、分形编码属于有损压缩编码。

JPEG 标准：JPEG 主要用于计算机静止图像的压缩，在用于活动图像时，其算法仅限于帧内，便于编辑。JPEG 标准所根据的算法是基于 DCT（离散余弦变换）和可变长编码，关键技术有变换编码、量化、差分编码、运动补偿、霍夫曼编码和游程编码等。

MPEG-2 标准：MPEG 意思是"运动图像专家组"，MPE&-2 是 MPEG 专家组制定的有关运动图像的一组压缩编码标准。MPEG-2 规定的图像格式符合 CCIR601 建议（NTSC 为 704×480，PAL 为 704×576），规定的码率为 4～8Mbit/s。MPEG 用句法规定了一个层次性的结构，共分六层。这六层是图像序列-图像组-图像-宏块条-宏块-块。

2）信道编码技术。数字信号在传输过程中，会受到各种噪声和干扰的影响，使接收端产生错误判决，造成误码（差错）。

两种差错的类型。①随机差错：由随机噪声所造成的差错；②突发差错：指成串出现的差错，差错分布比较密集，差错之间有相关性。

3）数字信号的载波调制。数字基带信号的频谱集中分布在低频段，不适合直接在带通信道中传输，为了在带通信道中传输数字信号，必须采用数字调制技术将基带信号的频谱搬移到适合信道传输的频段再进行传输，这种通信方式称为数字信号的载波传输（调制传输），如图 4-41 所示。

所谓数字调制是指用基带信号对正弦载波信号的某些参量进行控制，使其随基带信号的变化而变化。数字调制有三种基本调制方式：幅度键控（ASK），频移键控（FSK），相移键控（PSK）。在数字电视中广泛应用的几种数字调试方法有：四相相移键控（QPSK）、正交振幅调制（QAM）、正交频分复用（OFDM）。

四相相移键控（QPSK）广泛应用于数字卫星电视的下传信道和有线电视的上传信道。

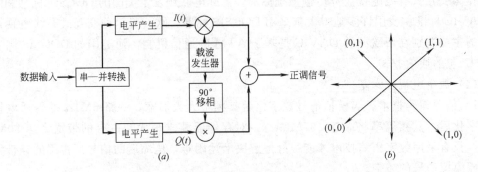

图 4-41 QPSK 调制原理及其星座图

(a) 原理图；(b) 星座图

正交振幅调制（QAM）调制器是有线电视数字化中主要的传输设备之一。

欧洲的 DVB-T、HDTV 以及 DVB 系统都采用 OFDM 调制方式，我国的数字地面广播体系也采用此类方法—COFDM。

6.1.2 数字视频

（1）数字图像采集简介

数字图像处理从图像采集开始。无论是通过家庭中的静态数码相机，还是演播室中的高端广播设备，或者是工作时的平板扫描仪，数字图像采集都从某种形式的光到数据的转换过程开始，最终则输出一个二进制数据文件。

数字采集的核心是 CCD（电耦合器件）技术。有许多令人兴奋的产品应用都使用了被我们称为"数字采集"的技术。包括：数字电影，视频会议，可视电话，数字便携式摄像机，数码相机和扫描仪。

（2）数字图像处理简介

数字图像处理在很大程度上是整个数字视频技术的关键。利用 DSP 算法，数字图像处理可达到很高的质量。通过日益强大的编码技术，数字图像处理技术能更有效地使用实际通信带宽，而且基于多种其他数字技术，数字图像处理技术还能提供一些独特而宝贵的功能（屏幕菜单叠加、交互功能等）。

数字图像处理包括许多方面，每种应用都有其独特的要求。然而，一般来说，数字图像处理所涉及的技术通常可分为以下几类。

1）文件编码/解码。每个数字文件都必须采用特定的格式进行处理，即编码和解码。

视频和图像处理有许多种格式可供选择，包括 MPEG2、MPEG4、JPEG、MJPEG、TIFF 以及更多其他格式。军事、医疗、科学研究和工业应用中的系统由于各种原因而采用了专用格式。所以，保证许多内容具保护机制的完整性，而且错误检测和校正也越来越重要。

2）文件加密解密。随着数字视频技术的繁荣和发展，对于内容保护的需求越来越大，需要进行文件的加密/解密。然而，现在没有统一的标准，任何内容保护的解决方案都受到系统设计时需要在各种因素之间进行折衷的长期威胁。对于成功的数字视频产品来说，采用一个高性能的内容保护结构极为重要。

3）图像变换、图像增强和 DSP。每种数字产品都针对其特殊应用对数据进行调整。

在数字视频应用中，图像变换、图像增强和 DSP 用来处理不同格式和显示标准、与技术相关的特殊色彩性能、用户的观看喜好以及多种其他问题。然而，尽管原则上设计应当尽可能简单，但实时以视频数据速率完成这些任务（通常几乎都需要并行处理）确实意味着极大的挑战。

（3）数字图像显示简介

数字图像只有当其被显示出来时才有意义。这些产品可接收数字视频数据流并将其转换为驱动 LCD、PDP 或投影仪等显示设备所需要的特定技术格式。在数据变换过程中完成色彩校正，同时进行特殊处理以去除非自然信号并适应观看者的喜好。数字显示技术是数字电视和计算技术融合的结果。这些应用推动了数字传输格式、平板显示比例以及更高分辨率和图像质量的发展。推动这一融合过程的另一个因素是有线电视网络和视频市场中数字视频内容的爆炸性增长。其结果是显示市场正在发生根本性的变化，预计未来 5 年时间里平板显示技术将超过传统显示器。

如同数字采集技术一样，也有许多令人兴奋的产品应用都可称为"数字显示"产品。这些产品包括：数码相机、视频点播、视频会议、HDTV、等离子显示器、数字 VCR、LCD 投影仪、数字电视以及更多其他产品。

6.1.3　高清晰度电视

（1）高清晰度电视 HDTV（High-Definition Television）

数字电视是指系统，高清晰度电视是指系统内的业务，高清晰度电视是一种电视业务，或者说高清晰度电视是一个视力正常的观众在距该系统显示屏高度的三倍距离上所看到的图像质量应具有观看原始景物或表演时所得到的印象。其水平和垂直清晰度是常规电视的两倍左右，并配有多路环绕立体声。所以，广义上说，数字电视是数字传输系统，是原有电视系统的数字化。数字电视系统可以传送多种业务，如高清晰度电视、常规清晰度电视、立体声及数据业务等。下一代电视系统是可以传送普通清晰度电视和高清晰度电视等不同级别图像，是集图像、声音和数据等多种业务的数字系统。从硬件方面讲，HDTV 为了增加构成画面的像素，采用 1125 行扫描，它是美日现行电视制式 NTSC 的525 行扫描或我国现行的电视制式 PAL 的 625 行扫描的两倍左右。

（2）高清晰度电视的优点

1）清晰度高。由于采用 1125 行扫描，因而清晰度很高。

2）真实感和临场感强。真实感和临场感与电视画面的幅型比和尺寸有关。HDTV 屏幕的幅型比为 16∶9，屏幕尺寸都在 64cm（25in）以上。这样可以提供宽银幕、类似影院的图像，看上去与原始景物很接近，给人以身临其境的感觉。

3）音质优美 HDTV 的伴音采用数字 4 声道立体声，放音质量相当优美，可与激光唱片相比美。

4）信息量大高清晰度电视丰富多彩的屏幕，是一个高度集成的通信网。这个通信网不仅包括电视，而且包括计算机、电话、视频游戏、CD 唱机和其他电子媒体。

5）功能多。具有完备的交互选择功能（从局域使用中逐步扩展）；有教育、游戏、短片包等增值增项服务功能；也有计算机作业功能；可以扩展到图形影像信息的适时浏览；你也可以播送你自己制作编辑的电视信息。

（3）高清晰度电视技术

现在高清晰度电视已确定在全数字化上。数字高清晰度电视是指 HDTV 节目全部采用数字方式制作、传输和接收。

数字电视和现行的模拟电视最大的区别是数字电视的图像清晰而稳定，在覆盖区域内图像质量不会因信号传输距离的远近而变化，在信号传输整个过程中外界的噪声干扰都不会影响电视图像。而模拟电视会随着信号传输距离越远，图像质量越差。近年来，技术开发实力较强的企业开始在视频处理电路中采用数字技术处理信号，提高了模拟电路的性能。例如：使模拟电视的行频、场频提高，实现逐行扫描和倍场（100Hz）扫描，以消除闪烁和提高图像质量。但是这同前面提到的数字电视在工作原理上是完全不同的，其效果还是比数字电视差很多。例如：高清晰度电视的显示格式 1920×1080i 图像像素密度可达 135 电影胶卷的图像质量。数字电视还具有多种清晰度等级不同的图像显示格式。我国的高清显示格式为 1920×1080i/50Hz 隔行扫描，而美国的高清晰度电视显示格式有 1920×1080i/60Hz 隔行扫描，1280×720P/60Hz 逐行扫描，标准清晰度显示格式有 720×480P/60Hz 逐行扫描，这些都是模拟电视所没有的。

6.2 增值业务

6.2.1 图文电视

图文电视又称电视文字广播，是一种附属于电视的广播业务。图文电视是利用电视播放时不传送画面的间隙，即"场消隐期"的部分时间，插空播送简短的文字和图形信息，例如简明新闻、市场信息、交通信息、天气预报、股市行情等，将这些信息传送到用户家的电视机屏幕上或专用的图文电视接收机上。图文电视用户如要在普通电视机上收看图文电视，需要加装译码器和键盘。用户通过键盘上的按键可以选看他所需要的信息内容。并在需要时可通过按键使信息停留在屏幕上。如果用户备有复印机，还可以将内容复印出来，用录像机也可将信息录制下来。

图文电视系统主要由编辑部分、传输部分和接收部分组成。

1）编辑部分在图文电视信号发送之前，需要先把图文信息编辑成"页"和"册"，然后将编好的页和册的数据插入到电视信号中规定的回扫行中，再由发射机发送出去。目前编辑部分都是从计算机数据库中取出数据，然后自动编辑成页，即自动编辑方式。

2）传输部分通过微波把信息送到电视发射机发射出去。因为是利用电视信号的场消隐期传送的，所以和电视信号同用一个频道。

3）接收部分如前所述，接收部分通常是加装了译码器和键盘的电视接收机。译码器的作用是把从天线收到的图文电视数字编码信号转换为在屏幕上显示的文字和图形信息。键盘则是供用户控制和选择图文电视的内容。

6.2.2 会议电视

电视会议业务是利用电视和计算机技术及设备，通过数字传输信道在两地或多地之间召开会议的一种可视通信业务。出席会议的人员通过会议电视系统，既可以听到对方的声音，又可在屏幕上看到与会者的形象动作，还可通过控制系统传送图表、文件等资料，如同面对面地交流。

会议电视是用通信线路把两地或多个地点的会议室连接起来，以电视方式召开会议，能实时传送图像、声音和文件等的一种图像通信方式。两地之间的会议电视,称为点对点会议电视,多个地点间的会议电视,称为多点式会议电视。

我国公众会议电视业务是通过信息产业部的公众会议电视骨干网来实现的。信息产业部公众会议电视骨干网,由会议电视终端设备(含编解码器)、数字信道(光缆、卫星)、多点控制设备(MCU)组成。并通过光缆信道与沈阳、上海、南京、武汉、广州、成都、西安所置设备相连。这些 MCU 除与本城市的终端设备相连接外,还与附近几个省会城市的终端设备相连接,其中,光缆信道为主信道,卫星信道则作为备用信道。

6.2.3　视频点播

随着多媒体技术、通信技术以及硬件存储技术的发展,人们已不再满足单一、被动的信息获取方式,而是希望主动参与节目之中。视频点播(Video on Demand,VOD)正是一种交互式业务,它引起有线电视界和通信界的高度重视。

交互式 VOD 系统由前端处理系统、宽带交换网络、用户接入网、用户终端设备(机顶盒加电视机或加计算机)等几个部分组成。VOD 系统既可采用集中处理结构,也可采用集中管理、分布处理的方式;并可灵活地选用 HFC、FTTB、FTTC、ADSL、VDSL等多种接入方式,用户机顶盒可根据需要采用与接入方式匹配的接口,通过电视机、PC机进行视频/音频/数据的显示和通信。

首先,用户通过自己的 VOD 终端,向就近的 VOD 业务接入点发起第一次通信呼叫,要求使用 VOD 业务,经 VOD 业务上行通路(如计算机网、电信网、有线电视网等)向视频服务器发出请求。系统迅速作出反应,在用户的电视屏幕上显示点播单,并对用户信息进行审核,判定用户身份。用户根据点播单作出选择,要求播放某个节目,系统则根据审核结果,决定是否提供相应的服务。在较短的时间间隔内向指定的设备播放所要求的节目,并随时准备响应新的请求。

(1)前端处理系统

前端处理系统一般由视频服务器、磁盘阵列、节目数据库、播控系统等构成。视频服务器的高速数据传输能力保证了用户对大量的影片、视频节目、游戏、商务信息以及其他服务的近乎即时访问。它的突出优点是若干用户可从不同的时间起点观看同一个节目,避免了精彩节目被一个用户所独占,或某个用户播点后,其他用户只能被动跟随的情况,这对于用户点播要求相对集中的场会尤为适合。

VOD 视频服务器保存着大量经压缩的图像节目并能通过网络为用户提供所需的节目复制,也可以包含实时的 MFEG 编码器来接入实况转播。节目数据库是一存档系统,保存着大量压缩形式的电影节目,可成批下载给视频服务器。VOD 视频服务器通过与用户之间直接的、实时双向交互来控制节目的播放,包括节目的选择、播放过程的开始与终止、播放速度的控制以及不同节目之间的动态切换等,VOD 视频服务器必须运行相应的软件来协调各项动作,同时提供友好的用户界面。它应具有如下特征:

1)能够存储至少几百小时的图像节目。

2)如果一个用户对 VOD 服务器随机的动态访问被称为会话过程的话,那么 VOD 服务器须能支持上千个同时进行而又相互独立的"会话"过程。

3)具有一套加密及用户访问控制机制来防止非法用户访问。

作为点播系统的核心,VOD 视频服务器的性能直接决定系统的总体性能。为了能同时响应多个用户的服务要求，视频服务器一般采用时间片调度算法。

视频服务器为了能够适应实时、连续稳定的视频流，其存储量要大，数据速率要高，并应具备接纳控制、请求处理、数据检索、按流传送等多种功能，以确保用户请求在系统资源下的有效服务。存储设备应采用 SCSI 接口，以确保高速、并行、多重 I/O 总线的能力。基于 ATM 的 VOD 系统，采用的视频服务器是以多路由自由选择开关（MPSR）为中心的宽带视频服务器。这种结构的服务器可提供即时交互式视频点播（Interac-tiveVOD with Insta-neous access，IVOD-i）和延时交互式视频点播（Interactive VOD with delayed access IVOD-d）两种服务方式。在大量用户同时点播时，服务器的传输速率很高，同时要求其他相关设备也能支持这种高传输速率，但这很难实现。为此可以在网络边缘（如 ATM 网络前端开关处）设置视频缓冲池，把点播率高的节目复制到缓冲池中，使部分用户只需访问缓冲池即可。当缓冲池中没有要点播的节目，可再去访问服务器，这减轻了服务器的负担，并可以随着用户增加而增加缓冲池。装载缓冲池可用 150Mbit/s 速率，而从缓冲池中向用户传送节目是用 2Mbit/s 速率，从而一个服务器可支持多个用户。

（2）控制管理系统

控制管理系统是一个信令传输网络，用于管理用户到 VOD 视频服务器的连接。由于实际的 VOD 系统中可有多个 VOD 视频服务器，因此，控制管理系统采用两级网关管理，第一级在数字宽带交换系统和传输系统中实现对不同频道的选择；第二级则完成在一个 VOD 视频服务器上对特定节目的选择。VOD 信令和数据流通路具体过程如下：

1）通过预置信令连通机顶盒和访问入口设备，即接通 VOD 系统将服务清单从入口处传给用户。

2）按用户要求，入口选定相关的视频服务器，即接通并提供服务索引。

3）由机顶盒或视频服务器完成初始化，并由服务入口提供路由信息，由服务器提供节目清单。

4）用户从节目单中选择节目并将信令传给视频服务器。

5）通过网络操作将节目由视频服务器发到机顶盒，必要时可将节目从视频库装载到视频服务器。

6）其他信令通路都服务于操作中心的监控、记录等。

（3）ATM 数字宽带交换系统

管理能力、点对点可交换的交互式 VOD 系统中，其服务器、网络、存取设备、用户预定设备等都能运行于多种类型的视频压缩模式和不同带宽要求的环境中。视频服务器可根据用户的要求把用户点播的节目从视频库中取出，并通过 ATM 网络传送给用户。视频信息一般采用 MPEG 标准压缩编码，装入 ATM 信元，在 ATM 网络中传输。

（4）传输系统

传输系统由干线传输系统和分配系统组成，其作用是将来自 VOD 视频服务器及其他信号源的信息送至用户并回送用户的反向信息。邮电企业的一般做法是采用 ADSL/HD-SL/VDSL 技术，在 PSTN 中传输节目；而广电部门一般采用 HFC 技术，在 CATV 系统中播出节目。

从传输速率、实时性、交互性、经济性等方面考虑，3 种常见网络中能够作为 VOD

系统用户接入网的只能是 PSTN 与 CATV 系统。但是，PSTN 与 CATV 系统均需一定改进，PSTN 需提高速率，CATV 系统则需增加双向通信能力。

（5）用户设备

目前用户设备主要为机顶盒，机顶盒的基本功能是对 MPEG 信号解码并与普通电视机接口。还有人机接口、条件接入（编码）、口令控制、智能卡和信用卡阅读器等其他功能。

机顶盒也有低档、高档两类产品。前者由目前的付费电视解码用的机顶盒演变而成，较便宜，但只有有限的用户接口和处理能力。后者由目前的工作站/PC 机演变而成，具有高性能处理平台，包含至少 4MB 的存储能力，可提供图形用户接口、语音识别、动画制作和游戏等。

（6）实现 VOD 的网络结构方案

HFC 结构兼顾目前大楼已有的同轴线缆状况，支持现有的和正在出现的窄带和宽带业务。来自 VOD 视频服务器的信号（155Mbit/s）和传统的诸如 CATV 等其他多媒体信号被送入中心点（HUB）进行调制，而 HUB 则是 VOD 网络中数字模拟转换的接口。前向通道接收 VOD 数字信号和其他多媒体信号，将其通过光纤传送至各节点（Node）。反向信道接收来自用户端的控制信号，加以处理后，将其送至 ATM 交换机及 VOD 视频服务器。Node 通过光纤干线接收来自 HUB 的前向射频信号。通过线性放大器加以处理后，通过同轴电缆分配网络传送至用户。Node 同时也必须过滤出来自用户的射频反向信号，并把它经过激光器驱动回送给 HUB。也可利用 ADSL 技术，于光纤节点处和用户端安装 ADSL 设备实现 VOD 业务及其他宽带业务。ATM 交换机和宽带用户环路是发展 VOD 业务的关键技术。使用 ATM 技术的 VOD 系统，既能很好地服务于用户，而且对网络的带宽要求又最小。目前，ATM 交换机已商用化，而用户网的宽带化是开展 VOD 等宽带业务最大的难题之一。光纤用户环路（FTTH、FITC、FTTB 等）以其频带宽、可传高速数据甚至高清晰度电视、能适应 B-ISDN 和信息高速公路发展等优点，它是未来宽带高速用户环路的发展方向。但由于其投资大，用户难以承受。应充分利用 HFC、ADSL 及 HDSL 技术，挖掘潜力，发展 VOD 等宽带业务。

6.2.4　可视电话

（1）可视电话的概念

多媒体技术与通信技术的完美结合，使得可视电话焕发了新的活力。今天的可视电话（Videophone）将集计算机的数字化技术、交互性处理能力、网络分布性等优越性和多媒体信息的综合性为一体，正发展成将电话、电视、传真及其他通信终端与计算机功能相结合的一种多媒体通信终端。可视电话是一种有着广泛应用领域的视讯会议系统，使人们在通话时能够看到对方影像，它不仅适用于家庭生活，而且还可以广泛应用于各项商务活动、远程教学、保密监控、医院护理、医疗诊断、科学考察等不同行业的多种领域，因而有着极为广阔的市场前景。

（2）可视电话的组成

可视电话设备是由电话机、摄像设备、电视接收设备及控制器组成的。可视电话的话机和普通电话机一样是用来通话的，摄像设备的功能是摄取本方用户的图像传送给对方，电视接收显示设备的作用是接收对方的图像信号并在荧光屏上显示对方的图像。

6.2.5 监控系统

闭路电视监控系统（又称CCTV）是安防领域中的重要组成部分。系统通过遥控摄像机及其辅助设备（镜头、云台等），直接观察被监视场所的情况，同时可以把被监视场所的情况进行同步录像。另外，电视监控系统还可以与防盗报警系统等其他安全技术防范体系联动运行，使用户安全防范能力得到整体的提高。

闭路监控系统能在人无法直接观察的场合，适时真实地反映被监视控制对象的画面。闭路监控系统已成为广大用户在现代化管理中监控的最为有效的观察工具。在控制中心，只要一个工作人员的操作，就能够观察多个被控区域以及实现远距离区域的监控功能。

闭路监控系统提供远、近距离的监视和控制。根据国家有关技术规范，系统应设置安防摄像机、电视监视器、录像机（或硬盘录像机）和画面处理器等，使用户能随时调看任意一个画面，并能遥控操作任一台摄像机等。

闭路监控系统主要组成部分是：产生图像的摄像机或成像装置，图像的传输与控制设备，图像的处理与显示设备。

6.2.6 因特网接入

除上述信息服务外，有线电视用户现在可以用计算机接入因特网而不占用电话线，通过有线网接入因特网，连接到世界任何地方的计算机。它不影响有线电视节目的接收，并且比通过 Modem 由电话线连接快几百倍。具有 500kbit/s 的传输速度使用户在下载很大的文件时所花费的时间比电话线传输少得多，甚至有足够的带宽在计算机上欣赏动态视频图像。有线电视网的网关不仅能使用户更快地接入因特网，而且具有各种各样的多媒体特性的新功能。

Cable Modem（电缆调制解调器）是有线电视（CATV）网中接入计算机的主要部件，它由射频信号调制解调器和网络适配器两大部分组成。数据的收发由射频调制解调器通过有线电视 HFC（混合光纤同轴网）与电视台数据中心的 CMTS 连接。网络适配器通过以太网端口（10/100Base-T）或 USB 端口与用户端 PC 机连接。Cable Modem 能提供高速的 Inter-net 接入和其他诸如语音、视频流的多媒体和网络应用。Cable Modem 原理图如图 4-42 所示。

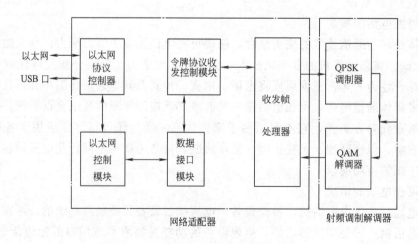

图 4-42 Cable Modem 原理图

有线电视 HFC 把 Cable 压缩到"最后一千米",而 Cable Modem 则是解决"最后一千米"接入的佼佼者(据有关资料显示在北美地区有 550 万户家庭利用有线电视网络上网,占该地区宽带上网用户的 70%)。

6.3 有线电视综合业务网络

6.3.1 CATV 宽带综合服务网的特点

CATV 宽带综合服务网表现出多样性和兼容性的特征。

(1) 模拟信号和数字信号并存

目前电视信号仍以模拟信号为主,并且到全数字电视信号还要有一个相当长的过渡时期,因为现有的数亿台电视接收机是模拟电视信号接收机,并且在宽带综合网传送的信号中,电视广播信号仍占有绝对大的比重。

数字信号目前主要在交互式通信中使用,如计算机数据传输和电话,这些信号已实现了数字化,今后将逐步增加数字电视信号的传输比例。目前卫星转播电视信号已采用了数字压缩编码的信号,今后将逐步会在 CATV 网络上传输 64QAM 的数字电视信号。

(2) 频分复用与时分复用并存

对于多路模拟信号的复用应采用频分复用方式,对于多路数字信号的复用常采用时分复用方式。由于 CATV 网中既有模拟信号又有数字信号,故系统中必然存在频分复用和时分复用并存的复杂情况。

在 CATV 宽带综合网中将充分利用频分复用和时分复用各自的优势,力求以有限的频带来传输更多的节目和信息,力求以最低的经济代价来换取更多的服务。

(3) 光缆与电缆并存

目前我国很多地区已建立了光缆电缆混合网即 HFC 网。因为全光纤网,即光纤到家的网络是目前社会经济水平难以承受的。

(4) 信号分配与信号交换并存

电视广播是一个单向的分配系统,而通信则是双向交互式信息交换。

以上四方面的并存局面说明了 CATV 宽带综合网的复杂性和多样性,需多方面知识和技术的结合,是一个新兴的技术领域。在国际上也还处于起步阶段或探索阶段。

6.3.2 CATV 宽带综合服务网的一般组成

CATV 宽带综合服务网的一般组成方案如图 4-43 所示。

从图 4-43 可以看出整个系统由三部分组成,即前端系统,HFC 传输网及用户终端系统。

(1) 前端系统

前端系统的功能广义地概括起来讲有三项,即信号的接收,信号的处理和信号的控制。

1) 模拟信号的接收则来自卫星,开路广播的信号和自办的信号来自演播室的信号。

信号的处理则是信号的放大,即电平的处理,信号频谱的处理有信号的调制、信号的变频和信号的混合等。信号的控制则主要是信号电平的自动控制和频率精度的控制等。

2) 数字信号信号的接收,主要是指接收来自邮电网、计算机网和上行数据,对于数字信号接收的含义应理解为执行网络节点接口协议和接口转换。

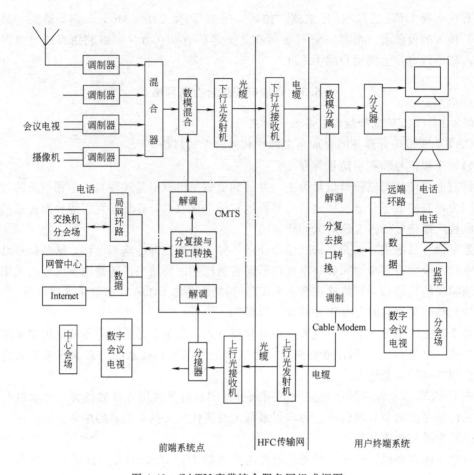

图 4-43　CATV宽带综合服务网组成框图

　　信号处理的内容很多，例如，信号结构的形成，信号的分复接，数字信号的调制，信号的同步等。

　　信号的控制有流量控制、误码控制、故障控制、性能管理和安全管理等。

　　数字前端的主要设备之一是电缆调制解调器端接系统即 CMTS（Cable Modem Ter-mina-tion System）。它包括分复接与接口转换、调制器和解调器。

　　CMTS 的网络侧包括一些与网络连接有关的设备，如远端服务器、骨干网适配器和本地服务器等。应该指出的是，这些设备的种类很多，名称可能也不一样，但作用应大致相同。

　　在 CMTS 的射频侧，则有数模混合器、分接器、光发射机和光接收机等设备。

　　（2）HFC 传输网

　　HFC 传输网的任务是将信号传输给用户。

　　（3）用户终端系统

　　用户终端设备由用户 Cable Modem 和用户室内设备构成。用户 Cable Modem 是这类设备的一个总称。它由调制器、解调器和分复接与接口转换设备构成。不同的厂家有时名称不同，结构也不同，例如有的厂家称为远端设备（RIU）。

6.3.3　网络传输协议（ATM 和 IP）

为了提供高速数据业务以及话音业务，针对每一种业务都有多种解决方案。

以往人们认为，能够支持语言、数据和视频业务的平台只能基于 ATM 技术，但近年来这种观点受到了强烈挑战。由于 Internet 网络的迅速发展，TCP/IP 协议的广泛使用，采用 IP 技术，提供宽带多媒体业务逐渐成熟起来。例如，改善实时应用的协议 RTP，保留宽带的协议 RSVP 以及改善可靠性的协议 IPSEC 等的引入。

目前在骨干网上采用 ATM 技术的争议不大，但在接入网中是否采用 ATM 技术却有很大的争议。

美国 MCNS 标准中，Cable Modem 采用的是 IP 协议，并有许多生产厂商生产了基于以太网的 IP Cable Modem，有的半导体厂商已生产支持 MCNS 标准的标准芯片。因此支持 IP 的 Cable Modem 已成为市场的主流。

一种方案，或一种产品能否迅速推广使用，除了技术上的先进性以外，市场因素是决定性因素。由于 ATM 骨干网尚未广泛建立，而基于 IP 的 Internet 网已为人们所熟悉而广泛使用。另一方面人们对宽带业务的需求还没有达到非常迫切的程度。因此运营商对巨大投资考虑持非常谨慎的态度，这也是 IP 方案能够推广的市场因素。由于 ATM 与 IP 标准上的相容性，使用 ATM 传输技术可以提供基于 IP 的所有业务。因此有的厂商生产既支持 ATM 技术也支持 IP 的产品。即所谓 "IP over ATM" 已成为当今多媒体通信的热点话题。

6.3.4　CATV 宽带综合网服务结构体系及功能发展

CATV 宽带综合网的模式有多种多样，目前也还处在试验阶段，最终市场规律将决定各种方案的生命力。社会的实际需求和社会的实际经济承受能力在此将起着重要的作用。如果脱离了上述两点社会因素，即使从技术角度上来说某种方案是先进的，它具有能够传输多种信号、方便、快捷、可靠性好、网络管理功能齐全，但超出了社会经济承受能力和社会需求，则也是难以推广使用的。相反，某种方案虽然并不完美，但造价低廉，能满足当前人们最迫切的信息需要，则也是有生命力的，至少在一段时间里能得到一定程度的推广使用。应该说目前推出的任何一种 CATV 宽带综合网系统都是过渡性的系统，尚不存在理想的一劳永逸的完美系统。

围绕着提高系统性能和降低造价两方面，推出了各种各样的系统模式，在此无法进行全面介绍，仅举几个例子进行解释。

（1）数据平台与电视平台分离的模式

对于数据传输如果正向信号都从前端发出，而反向信号又都回传至前端，则前端的设备势必十分庞大，所需的传输频带也非常宽。它会给系统造价带来十分不利的影响，也会给数据传输的速率和网络的管理带来不利的影响。数据传输通信网络已自成体系。骨干网的任何一点都可以切入，无须在前端一处进行。网络中各部分，根据光节点的地理分布可以就近切入。这样就减轻了系统负担，降低了造价，从另一个角度上说提高了数据传输的效率和网络管理功能的简化，提高了系统的可靠性。当然对于电缆传输部分是公用的，而对光纤传输部分则是广播信号和数据信号通过不同的光纤传输即光纤网大部分同缆不同纤，或只是到分配区的最后一段是同缆同纤。

（2）减少功能的简化系统

从目前社会需求角度来看，最主要的是窄带数据业务，如 IPPV 的信令和 Internet 等，并且是不对称的业务。从网络获取的信息多，而从用户端回传至网络的信息量少。根据这种判断，有的系统用电话线作为回传反向通道。这样实际上 CATV 系统是一个单向传输系统，系统造价大大降低。

当然，Internet 网是一个开放系统，有时用户也要传送比较多的信息至网络，如传送图像信息，有时会感到不方便。但大多数获取信息量要比发送信息量大，在获取信息时会比以前的窄带网快捷，这种系统应该说是过渡性的，但其思路仍是值得重视的，许多宽带交互式系统信息社会的需求并不十分强烈，而提供这类宽带服务的造价又非常高。因此上述简化的提供窄带交互式业务的综合网在相当一段时间里仍有一定的市场。对于某些宽带业务，如数字化加密电视，VOD 会议电视等对于广大用户来说并非十分需要，只是在小范围群体中有需要，可以想像广大市民要拿钱建这样的复杂系统兴趣不大，目前难以推广。研究社会需求，简化系统结构，降低造价可能是在相当长一段时间里应该重点关注的课题。

（3）集体解码和个体解码方案

在用户端，如每个用户都配备一台 Cable Modem 可能是一种方便的方案，但 Cable Modem 价格较高，大约需 500 美元左右。一般用户难以承受。另一种方案是多个用户配备一台 Cable Modem，然后送入以太网，每个用户再从以太网上获取信息。这样一台 Cable Modem 可由几十个用户甚至更多的用户分摊。系统造价会显著降低。因此系统的结构应根据具体情况来设计，在人口密集的城市，共用 Cable Modem 在经济上是合算的。当然在地域上孤单的用户只能自己花钱安装设备，因为计算机网络的传输距离是有限的。

6.3.5　CATV 宽带综合网的发展方向——从"频分"到"时分"

在多路信号传输系统中，信号的复用方式往往对系统的性能和造价起着重要的作用。信号的复用方式主要有空间复用方式（SDM）、频分复用方式（FDM）、时分复用方式（TDM）和波分复用方式（WDM）等。其中尤其以频分复用和时分复用为最常用的复用方式，有时在一个系统中同时采用几种复用方式，以求得到较好的性能价格比。

（1）频分复用方式

信号的复用方式与信号本身的性质有关，在以往的模拟信号时代，往往都采用频分复用方式，不论对电话或电视信号都是如此。例如，直至今日，我们对模拟电视信号仍按频道划分来进行传输。

（2）时分复用方式

对于数字信号，主要采用时分复用方式。数字技术已在通信和信号处理领域得到广泛应用，若图像传输也能实现数字化将有助于形成一个统一的全数字世界。

全数字时分复用方式可以提供复杂和灵活的功能，诸如业务量集中和疏导、储存和交换、各种业务信号的混合和分插等，还可以综合所有的业务并避免了传统的 VSB AM 和 FM 通路的固定带宽限制。

经编码和压缩处理后的图像信号有两种基本的传输方式。一种是建立在原有 CATV 网上的数字带通传输技术，即仍在频道划分的基础上，对数字信号进行载波调制，例如采用正交调幅方式（QAM）的调制。数字信号的载波调制方式是时分与频分复用方式的结合，是不完全的时分方式。另一种方式是直接进行数字基带传输方式。数字基带传输技术的基本思路比较简单，只需在网络侧和用户侧分别设置具有复用和分用功能的设备即可。用户侧设备即为光网络单元（ONU），由 ONU 将光信号分用为电信号。这种方式非常适用于双向交互型业务；诸如电话和 VOD 等业务，也同样适用于单向广播式 CATV 业务。

过去视频信号是用单独的链路来传输，即用 CATV 网来传输。其原因是电信网的带宽不足，不能传送多路视频信号，现在 SDH 技术提供了足够的带宽，能为各种电信业务提供公共传输通道，其中包括广播电视业务。

SDH 的接口速率为：

STM-1：155.52Mbit/s；

STM-4：622.08Mbit/s；

STM-16：2488.32Mbit/s。

电视信号经 MPEG-2 压缩编码后可做到：

家用电视信号：1.5Mbit/s；

专业级电视信号：4～5Mbit/s；

广播级电视信号：8～9Mbit/s。

SDH 允许接受任何数字式编码，允许把不同格式和速率的信号多工组合在一起。

假定电视广播信息占全部信息的 70%，其余作为通信用。则 STM-16 可提供广播电视容量为 1741Mbit/s，扣除 5% 的开销比特，用于电视信号为 1654Mbit/s。假定平均每路电视信号为 4Mbit/s，则一根光纤可同时传送 400 个以上的电视节目，并且随着技术的发展还可能增加信道数量。有资料显示，对于配有 31Gbit/s 的光端机，其信道容量可达 500 以上，足以实现多路广播电视的要求。

数字基带传输技术无须使用副载波调制，比较简单，对信噪比的要求低。为达到10～9 的误比特率，仅需 21.6dB 的信噪比。而数字带通传输技术，即便采用前向纠错技术后，为达到 10～6 的误比特率仍需要 30～37dB 的信噪比。因此从理论上讲数字基带传输技术是最适合的方式。另外，基带方式可以直接监视基带信号，也可以接入低速支路信号，与 SDH 网的发展和全数字化进程相协调。

对于双向交互式业务，数字基带方式从长远观点看应比数字带通方式经济。从运行维护和调整方面看，基带方式一旦投入运行，基本无须调整维护，运行成本低。

基带传输方式的机顶盒比较简单，没有复杂的射频调谐和解调设备和前向纠错，因而成本可能较低。在实现了全数字方式后，估计电视接收机将有重大的改进，电路将更简单，可以省去 PAL 制的副载波色度信号处理电路。在时分传输系统中，高频调谐电路和中频放大电路也将成为多余，电视信号将可以 R·G·B 三基色信号直接送入电子枪。音频信号也无须 FM 波与调谐电路，甚至可能在显示方式上将产生重大的革新。如果按像素进行矩阵方式显示，则将省去电真空显像管，实现超薄型壁挂式显示方式。

目前邮电部门已建成多条 SDH 通信骨干网络，可以提供数据和话音的全国联网的需求。国家广播电影电视总局也提出了有线电视网络规划草案，规划目标在 1999 年完成全国有线电视光纤联网工程，并分五个层次建网：

第一层次为国家干线网，分东南沿海环、西南环、西北环和东北环四个环路。

第二层次为省级干线网。

第三层次为地、市级干线网。

第四层次为县级网。

第五层次为 HFC 接入网。

国家级干线网传输采用 SDH 体制。

6.3.6　宽带媒体服务器

在 VOD 系统中，专业宽带媒体服务器是 VOD 系统的核心设备，它是专为具有高质量、并发大流量需求的交互式视频点播（IVOD）应用而优化设计的可灵活扩展的、高性能的开放多处理器系统。用户观看节目的模式已不是传统电视台单向播放，用户从被动观看的形式，而变成像 Internet 一样，用户可随时选择喜爱的节目。宽带媒体服务器就是在网络上为视频点播用户提供存储和播放节目功能的设备。

（1）不同体系结构的宽带媒体服务器

1）基于普通微机的宽带媒体服务器，基于普通微机的宽带媒体服务器，支撑小型网络环境；提供对 50 点以内、VCD 级视频点播的要求。这类服务器的特点是价格便宜，但是服务能力有限，能同时服务的用户数目很少，对视频点播的操作控制也很差，如 Starlight 公司的 StarWorks 视频服务器。

2）基于高级工作站的服务器，基于高级工作站的服务器是大型计算机公司开辟新市场的典型设计。这种类型的服务器往往继承公司原有的技术，在高性能计算机的基础上增加支持视频数据访问的有关硬件，再将系统进行一定的优化，以实现一般宽带媒体服务器的功能。这种服务器可以支持中等规模的网络需求，其缺点是价格昂贵，如 Oracle 公司的 OVS 视频点播系统。

3）基于专用硬件平台的服务器，基于专用硬件平台的服务器倾向于用硬件单元解决视频点播的需求。硬件设计和生产厂商将大容量存储设备及高速 I/O 设备结合在一起，形成基于专用硬件平台的服务器。

4）分布式层次结构服务器，分布式层次结构服务器系统是将宽带媒体综合服务器的功能分布到网络中。利用网络中服务器节点来达到很高的服务水平。它能为各种类型的网络提供服务，并且价格很有竞争力。简单的两级层次的宽带媒体综合服务器体系可以应用到旅店、企业等中型网络中，更多层次则可以设计大型乃至城市级的宽带媒体综合服务器。

（2）宽带综合服务器系统构成

1）节目采编录入系统，它是将传统的影视节目的素材如录像带、VCD、DVD、LD 转换成计算机视频文件（MPEG 文件），采用 MPEG-Ⅱ 的文件格式时，转换后的图像效果不会发生改变。

2）节目播控系统，用来控制节目的播出时间、播出顺序及播出频道，操作人员可自行安排，简单方便。

3）专业宽带综合服务器，它是该系统的核心，用来处理并向外部传送视频节目数据流，同时还对影视节目库进行有效管理。

4）影视节目库，用来存放计算机视频文件，它是一组大容量的阵列磁盘，它可根据用户需求选择磁盘容量。

5）并发式多路视频输出系统服务器，它将用户的点播需求通过有线电视宽带网以视频数据流的方式发送到客户端。并同时响应不同客户端对同一节目源的点播需求。这样通过全数字多路影视节目轮播系统就可以满足不同客户、不同时间对不同节目源乃至同一节目源的视频点播需求，进而收看到由本系统播出的精彩影视节目。

（3）宽带综合服务器系统的特点

1）格式统一，该系统可以实现把不同的节目源的格式进行统一，即把各种录像带、VCD、DVD、LD 等统一形成计算机的文件格式（MPEG-I、MPEG-Ⅱ）存储在硬盘上。其中 MPEG-Ⅱ格式文件输出的图像质量可达到 DVD 的效果，图像清晰。

2）存储量大，该系统可无限存储，它支持磁盘阵列，可满足用户对各种信息的查阅，在这些资料，信息的存储方式上，非常简捷。

3）性能可靠，性能十分可靠，可多年连续 24h 开机并工作正常。由于硬盘播放比传统播放质量可靠，可做到无损多次播放。

4）管理方便，它是全计算机化的系统，基本上无须人员操作，所以减少了劳动强度，降低了管理成本。

（4）宽带综合服务器系统应用范围

基于该系统的强大的点播能力，可以将宽带综合服务器系统看作为一个强大的 VOD 平台。目前基于 VOD 技术的所有应用全部可以移植到宽带综合服务器系统上运行，借助于其强大的点播能力，可以使现有的基于 VOD 的应用更充分发挥其作用，利用原有的应用系统完成更多的服务需求：可以作为广电系统城区宽带网的多媒体承载平台；可以利用其小型化产品提供企业网内部的培训平台；可以利用其小型化产品提供酒店内视频点播服务；可以利用宽带综合服务器系统的专用型号产品，作为远程教育系统的承载平台；作为院校智能化 VOD 教学系；提供社区视频娱乐及信息服务。

6.3.7 终端设备（IRD 和 Cable Modem）

（1）综合解码机（IRD）

综合解码接收机（Integrated Receiver Decoder）是数字电视的接收设备。它接收卫星或有线电视前端发送的数字电视信号。经过信道解码，信源解码将传送的数字码流转换到原来压缩前的形式，再经 D/A 和视频编码送往普通电视接收机。根据卫星、有线电视和地面广播方式的不同，分为卫星 IRD、有线 IRD 和地面广播 IRD。这三者使用的通道调制方式不同，卫星通道采用 QPSK 调制解调；有线电视大多采用 QAM 调制解调；地面广播欧洲使用 COFDM 调制解调，美国使用 VSB 调制解调。根据使用场合的不同，又分为家用和商用（CONSUMER AND CONNERCIAL）两种。前者适用于家庭，如有遥控、屏幕显示功能：而后者往往用于有线前端集体接收，要求更高的质量和更多的接口，以供设备间的连接，如数字传送码流输出口接到再复用器等应用。同时商业应用也要求更高的可靠性。

下面我们简单介绍 Philips 的商用卫星 IRD DVS382 的结构，其框图如图 4-44 所示。

该设备主要部分由调谐器、QPSK 解调、去扰码、纠错、解复用、解码、PAL/NTSC 编码、系统控制和智能卡读出器等部分组成。调谐器部分有两个独立的射频输入和 70MHz 中频输出。调谐器能工作在 C 波段和 Ku 波段。根据不同的应用可以设计成 MCPC 接收或 SCPC 接收。MCPC 指一个载波包含多路不同信号，称为多路单载波（Multiple, Channel Per Carrier）系统。由于一个转发器只有一个载波，因此没有多载波的谐波干扰问题，频带和功率的利用率较高。但多路信号要在同一地点上星，不同节目需要地面传输设备将节目传送到地面：站复用后送往上星设备。SCPC（single Channel Per Carrier）是

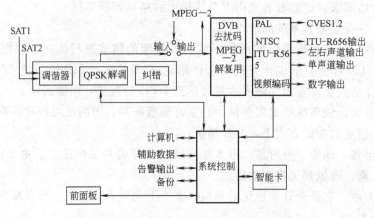

图 4-44　商用综合解码接收框图

单路单载波系统。每路信号占据一个载波，其优点是可在不同的地点上星。由于 C 波段和 Ku 波段的频谱位置左右不一样，因此 Philips 的调谐器具有频谱倒置功能，便于不同卫星节目的接收。两个不同的射频输入端可以用于两种不同极化方式，即水平或垂直极化方式的接收。由于防雷击的原因，通常调谐器输入端子是不允许用来提供电源的，LNB通常由室外电源提供。然而，在特殊情况下，失去外部电源时，商用 IRD 可通过输入接口向 LNB 供电，该电压通常不接通。

（2）电缆调制解调器（Cable Modem）

1）Cable Modem 的作用和发展前景。

Cable Modem 可以提供高速数据通信，比如：in-ternet 接入、在线娱乐、VOD、电视会议、远程工作组以及局域网互联等，它是 HFC 网络的关键设备。

现有的电话 Modem 有其不足之处，已不能满足迅速发展的信息社会的需要，其原因有：①速率太低，大部分为 28.8kbit/s，传输速率很低，尤其是传输多媒体画面耗时很长，而图像的信息往往比声音和其他数据要丰富和直观，是不能忽视的重要信息内容；②通信费用过高；③电话普及率不如有线电视。

而上述问题恰恰是有线电视网的优点：①有线电视网是一个宽带网，可以从 5MHz 到 750MHz，甚至到 1000MHz 的频率范围，可以选其中的两个频段作为下行和上行通带，下行速率可以高到达 56Mbit/s，上行数据速率最高也可到 10Mbit/s，一般上行速率可在 200kbit/s～2Mbit/s 之间，这就大大缩短了数据传输的时间，尤其对信息量很大的图像信息具有十分重要的意义；②有线电视是我国所有入户信息工具中收费最低的；③有线电视的用户已接近 6000 万户，大大超过了电话的用户数。

综上所述，可以预计在迅速迈向信息社会的今天，随着信息网络化的发展，Cable Modem 在有线电视系统中的应用会获得飞速的发展。

2）Cable Modem 的标准。

① MCNS MCNS 是 "Multimedia Cable Network System" 的缩写。MCNS 由 Comcast、Cox Communications、TCI、Time Warner、MdeiaOne、Rogers Ca. biesyste ms 和 CableLabs 等公司组成，它的目标是制定在 HFC 网上通过 Cable Modem 进行数据通信的接口规范，使各生产厂商接受这一规范，从而达到不同厂家的 Cable Modem 具有互换性。

MCNS 制定的 DOCSIS（Data Over Cable Service Interface Specification）由 12 个规范组成，在这些文件中，定义了数据、射频和电话回传接口以及安全、管理和业务支持。

MCNS 文件的主要技术内容有：A. MCNS 网络层使用 IP 协议；B. 数据链路层分为三个子层，即逻辑链路控制子层、链路层安全子层和媒体访问控制子层（MAC）。MAC 为所有下行数据流的传输定义了一个前端设备，即 CMTS（Cable Modem Termination System），每个 CM（Cable Modem）都侦听下行的所有数据而只有地址匹配的 CM 才能接收数据，CM 之间的通信也要通过 CMTS，上行通道为多个 CM 对一个 CMTS 进行时分复用；C. 物理层划分为两个子层，即传输收敛子层和物理媒体依靠子层。传输收敛子层只适用于下行通道，提供附加服务。物理媒体依靠子层中，下行通道遵循北美数字视频传输规范，采用 64/256 QAM 调制，6MHz 带宽和可变深度交织等，上行通道在 CMTS 控制下，CM 具有灵活性和可编程等特点，上行调制采用 QPSK 或 160AM。

② IEEE802.14。802.14 是 IEEE 的一个工作组，主要定义 MAC 层和 PHY（物理层）接口规范，包括：MAC 接口、PHY 接口、安全协议、基于 ATM 信元的接口技术（QOS 及带宽分配等）。

③ 两种标准的比较。①MCNS 和 IEEE802.14 两种标准的物理层接口非常相近；②MCNS 基于帧结构而 IEEE802.14 是基于 ATM 信元；③MAC 层接口不同；④MCNS 定义了安全规范、管理和业务支持，而 IEEE802.14 没有。

MCNS 在实用方面走在了 IEEE802.14 前面，已有半导体厂商宣布能生产支持 MCNS 的标准芯片。

3）Cable Modem 的分类。

依据系统的类型和用户功能的不同，Cable Modem 有不同的类型。

按数据传输的方式，可分为对称型业务和不对称型业务 Cable Modem。

按使用功能，可分为公共信息型和专用信息型 Cable Modem。

按带宽速率分配方式，可分为动态分配带宽速率与固定带宽速率 Cable Modem。

动态分配带宽速率方式适用于 Internet 的接入、公共信息查询等业务。固定带宽速率方式适用于电话、数据、专线等业务。

4）Cable Modem 系统的组成。

所谓 Cable Modem 系统，即采用 Cable Modem，借助于有线电视传输网络开展计算机网络业务的系统。

该系统通常由前端系统，具有双向功能的 CATV 传输网和用户端子系统三部分构成。根据 MCNS 的定义，前端主要设备是电缆调制解调器端接系统，即 CMTS（Cable Modem Termination System），CMTS 中包括网络接口、调制器和解调器，CMTS 的网络侧包括有如下设备：远端服务器、骨干网适配器和本地服务器。

CMTS 的射频侧包括有如下设备：混合器、上行信号频分器、光发射机和光接收机等。

CSTV 双向传输网络包括光纤及同轴电缆传输网，即 HFC 网。

用户端子系统主要包括 Cable Modem 和用户室内设备（计算机等）。

Cable Modem 系统的组成框图示于图 4-45。

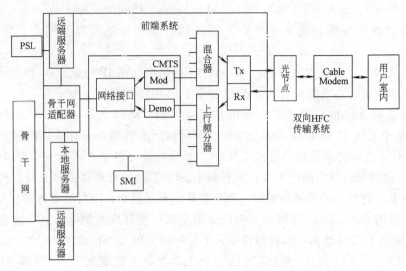

图 4-45　Cable Modem 系统组成框图

5）Cable Modem 的组成和功能。

CM 有多种型号，一个典型的 CM 包含调制解调单元、电视调谐单元、解密单元，有的 CM 还具有以太网集线器功能、桥接器功能、路由器功能以及网络控制功能等单元。

CM 是一个双向接收发送设备。

下行方向，数字信号调制在 88～860MHz 内的某一个 8MHz 带宽的一个载波频率上，调制方式多采用 QPSK 或 64QAM。

上行信道设置在 5～42MHz 频段上，该频段的噪声干扰比较大，例如无线干扰、家用电器的脉冲噪声干扰和各种工业干扰，同轴电缆的失配和屏蔽不良也会侵入噪声，因此大多采用抗干扰能力较强的 QPSK 或 OFDM 调制方式。对于某些不对称 CM，上行信道带宽不超过 2MHz。可采用频分法，不同的 CM 采用不同的载波向前端传输上行信号，上行频率范围仍在 5～42MHz 范围内。

课题 7　有线电视常用的器材和测量仪器

7.1　常 用 器 材

有线电视系统的整个建设需要线缆、分配器、分支器、衰减器、均衡器、滤波器、干线放大器、频道放大器、配电装置、用户盒、各类接插件等多种器材，并且随着相关技术的发展，新的器材还不断出现，本节只选择一些主要和常用器材作简要介绍。

图 4-46 显示了几种常见器材的外型示意及其在系统中的位置关系。

由于前面相关单元对放大器、分支分配器等的组成、原理、性能等已作了详细地介绍，以下仅从安装的角度对他们的选择及其使用注意事项进行讲解。

7.1.1　电缆放大器

在 CATV 传输系统中，放大器选择的首要原则就是根据系统的要求，既要使系统各

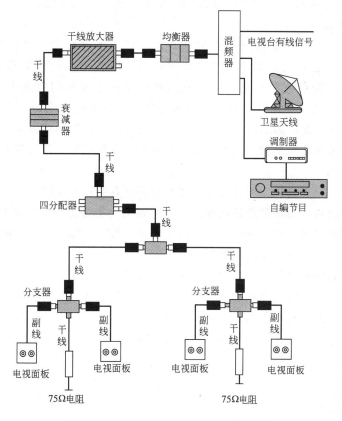

图 4-46 有线电视常见器材连接示意图

指标达标，又要尽量降低系统造价。其指标要求是非线形失真小，增益适当，噪声低和具有 ALC、ASC 等功能。一般选择原则如下：

1）对于远距离干线系统，应选用 ALG 放大器。

2）对于干线距离较长、放大器用的较多的干线系统，应选择性能指标较好的倍功率放大器或前反馈放大器。

3）对于干线距离不是太长的干线系统，应选用 ALG 放大器。

4）对于干线距离较短的干线系统，应选用推挽放大器。

5）对于干线距离很短的干线系统应选用手控增益和斜率均衡放大器。

6）对于有回传信号通过的干线，应选用双向放大器。

CATV 传输干线为了增大传输距离往往要在干线上串接许多放大器，然而每个放大器的幅频特性都不可能是绝对平坦的，不同档次的放大器其不平坦度都有所不同，有 ±2dB、±1dB、±0.5dB、±0.25dB 等。所以每台放大器的不平坦度会累加起来，使干线的不平坦度发生变化。

为此，选择放大器时应尽可能选择模块化的放大器以提高不平坦度指标，也可在线路中加入均衡器，或选择带有斜率均衡的放大器，或按照如下的原则使用放大器：±2dB 或 ±1dB 的放大器可用于系统的分配放大器，即传输系统的最终放大器，又称楼层放大器；±0.5dB 的放大器可用于中距离传输的 CATV 网，如支干放大器，又称延长放大器；

±0.25dB 的放大器可用于长距离传输的 CATV 网，如主干放大器。

7.1.2 均衡器

我们知道，由于 CATV 电缆具有频率特性（即对不同频率，电缆有不同的衰减），所以在系统中都要加入均衡器作为补偿，用以校正因频率不同而引起的衰减（即传输损耗）及相位差不同的系统网络。均衡器通常串接在放大器的电路中，是为平衡电缆传输造成的高频、低频端信号衰减不一致而设置。均衡器的频率特性正好与电缆频率特性相反，频率低衰减大，频率高衰减小，用这一相反的特性起到均衡作用。能校正衰减与频率关系的，称为衰减均衡器，又称为幅度均衡器。能校正相位差与频率关系的称为相位均衡器。

系统不平坦度除了与放大器有关外，还与均衡器有关。系统出现中端电平突起的现象主要是均衡器引起的。均衡器把最高频道和最低频道均衡好之后中间各频道就会有误差，因为在制造均衡器时不可能在整个带宽内做到斜率一致，所以不能与传输电缆的频率特性完全一样，这种误差就形成了均衡器的不平坦度。

为此对均衡器的不平坦度控制就应予重视，在使用均衡器时，除了要使用高质量的均衡器外，还要尽量少用大均衡量的均衡器。在需要大均衡量补偿时，我们可以使用两个或两个以上的较少均衡量的均衡器的组合来达到要求。注意在两个均衡器间要插入一个衰减器（衰减量按实际情况而定），其目的是提高器件间的匹配性能。

均衡器的主要特性有三点。

（1）插入损耗

在 VHF 频段插入损耗应小于 1.5dB，在 UHF 频段插入损耗应小于 2dB。

（2）反射损耗

在 VHF 频段反射损耗应大于 16dB，在 UHF 频段反射损耗应大于 10dB。

（3）均衡偏差

均衡器特性与电缆损耗特性不可能理想地完全互补，其偏差值应该在 ±0.5～±1dB 之间。

7.1.3 衰减器

在 CATV 系统里广泛使用衰减器以满足多端口对电平的要求。如放大器的输入端、输出端电平的控制、分支衰减量的控制。要求衰减器的输入、输出阻抗应和接口端匹配，有线电视系统里都应为 75Ω。

衰减器有无源衰减器和有源衰减器两种。有源衰减器与其他热敏元件相配合组成可变衰减器，装置在放大器内用于自动增益或斜率控制电路中。无源衰减器有固定衰减器和可调衰减器之分。固定衰减器由电阻组成，不影响频率特性，常用 T 型或 π 型网络组成，为了使用上的方便，实际工程中往往把固定衰减器做成插件结构插入放大器中；可调衰减器由电位器组成，在调试中及电平调整中使用，它的可调范围为 0～20dB，同固定衰减器相比，虽然可靠性差些，但其使用的频度却更高一些。

衰减器的主要特性有两点。

（1）衰减量

可调衰减器的衰减量先用公式（$\alpha = 20\lg$ 输入电压/输出电压 dB）求出一个值，然后减去 0.5dB 的插入损耗，就得到可调衰减器的衰减值；固定衰减器衰减量有"1、3、6、

9、12、15、18、20"等各种规格，可根据实际情况参考选用。

（2）带内平坦度

可调衰减器在 VHF 频段的带内平坦度为±1dB，在 UHF 频段的带内平坦度为±1.5dB。

7.1.4　分配器和分支器

分配器属于无源器件，其作用是将一路电视信号分成多路输出，是分配系统的重要部件。规格有二分配器、三分配器、四分配器等。分配器可以相互组成多路分配器，但分配出的线路不能开路，不用时应接入 75Ω 的负载电阻。

分配器的主要技术指标有三个。

（1）分配损耗

系统中总希望接入分配器损耗越小越好。分配损耗 L_n 多少和分配路数 n 的多少有关，在理想情况下 $L_n=10\lg n$，当 $n=2$ 时为二分配器分配损耗为 3dB。实际上除了等分信号的损失外，还有一部分是由于分配器件本身的衰减，所以总比计算值要大。如二分配器分配损耗工程上常取值 3.5dB，四分配器损耗常取值 8dB。

（2）分配隔离度

分配隔离亦称相互隔离。如果在分配器的某一个输出端加入一个信号，该信号电平与其他输出端该信号电平之差即是相互隔离度，一般要求分配器输出端隔离度大于 20dB 以上。分配器输出端隔离度越大越好，它表示分配器各输出端之间的相互影响、相互干扰小。

（3）驻波比

它是衡量分配网络传输质量的重要指标，它表示阻抗匹配程度。在理想情况下，分配器的输入阻抗、输出阻抗和它相连接的同轴电缆的阻抗完全相等，这时的驻波比为 1，但实际上驻波比往往大于 1。如果驻波比太大，则传输信号就会在分配器的输入端或者输出端产生反射，对图像质量产生不良影响，如重影等。

分支器也属于无源器件，其作用是将电缆输入的电视信号进行分支，每一个分支电路接一台电视终端。它有一个主路输入端，一个主路输出端和若干个分支输出端构成。按每层平面电视机的布局，可以组成分配——分支的树形系统结构，经由二、三、四分配器分别组成二、三、四分别输出；也可以组成分配——分配——分支输出的结构，但不建议采用三级分配器的结构。

分支器有一分至四分支器，分支器的分支端直接接到终端用户的电视面板上，电视机端的输入电平按规范要求应控制在 60～80dB 之间，在用户终端相邻频道之间的信号电平差不应大于 3dB，但邻频传输时，相邻频道的信号电平差不应大于 2dB，实际工程中一般根据此标准采用不同规格的分支器。

分支器的主要技术指标有插入损耗、分支损耗、分支隔离度、驻波比及反向隔离度。

7.1.5　光放大器

光发大器的作用就是延长无中继系统或无再生系统的光缆传输距离。现在研究的光放大器主要有半导体放大器（SOA）、掺镨光纤放大器（PDFA）和掺铒光纤放大器（ED-FA）等。其中掺铒光纤放大器已进入商用阶段。掺铒光纤放大器可准确工作在石英光纤最低损耗波长的 1550nm 波长，并有较宽的调谐范围 50nm，可供多路光频复用，具有高增益、偏振不敏感，低噪声等特性，并可在更宽的波带内提供平坦的增益，它是实际使用中的理想光放大器。工程中应用的 EDFA 通常有后置放大器（OBA）、前置放大器（OPA）和线路放大器（OLA）等多种类型的产品。

对光放大器需要进行测试的项目较多，主要有如下指标：

1）输入功率范围。

2）输出功率范围。

3）工作带宽。

4）小信号增益。

5）饱和输出功率。

6）噪声系数。

7）EDFA 平坦度。

对光放大器的测试比较复杂，需要集成化平台，一般并不常见，而用分离设备搭设平台测试则误差过大，因此对光放大器的某些参数只能进行验证。根据给定的输入条件，观察光放大器的输出是否符合要求，这也是目前情况下较为现实的一种做法。

上述指标中实际测量较多的是 EDFA 的平坦度。比较平坦的光放大器，容易实现各通路的增益均衡，反之则需要复杂的系统设计。光放大器噪声系数也非常重要，对于整个系统的光信噪比有着至关重要的影响。但该指标测量起来十分复杂，且随着输入功率的变化而改变，因而安装前和日常维护一般不需要测试。

7.2 常用测量仪器

有线电视系统需要配备的测试仪器有多种，如选频电压表（音频、高频）、示波器、扫频仪。测试信号发生器（视频、射频）、测试发射机或标准调制器、标准解调器、电视波形监视器、视频测试仪、场强仪、频谱仪等，我们这里只介绍有关的几种测试仪器的主要性能和使用注意事项。由于测试技术的飞速发展和测试仪器的种类繁多，实际工程中使用时还需要仔细查看仪器的使用说明书，如果想深入了解相关测试原理，可参看电子测量仪器方面的书籍。

7.2.1 场强仪

场强仪是一种测试电视场强电平的仪器，它不但可以测量电视信号在空间某一位置的场强，而且还可以进行信号电平的测量，它能测量的信号电平范围为 $0 \sim 120 dB\mu V$。新一代场强仪伴随电视广播的发展应运而生，较之早期仪器具备更多的功能，如：荧光屏可显示图像的质量，进行直观评价；频谱分析功能可对搜索信号、抗干扰及测定无线方位提供可靠的分析资料。其他功能还有：同步脉冲显示、画面扩大、场强音响显示（可在测量信号电平划的同时，直接了解图像和伴音质量）、数字显示测试频率、电子标尺指示场强（dB）、视频信号输出输入、交直流供电及专用小型伸缩偶极子天线（方便户外进行收测）。

场强仪的主要型号有：RR3A、945 型、LFC-944D、APM522H、APM721H，便携式 QF3910 等。

下面以 945 型场强仪为例，介绍其使用方法。

1）调零。表头的指针应指在零点位置，若发现表针不指在零点，需用螺钉旋具调节表头面板下部的调整螺钉，使表针回零。

2）检查其内部电源是否正常，其方法是开启电源开关，将开关（BATTERY）拨至下部，表针应指示在表面板粗黑线刻度区（BATT 区域），表示电压正常，则可以使用。然后将此开关拨回原处，表针回位，可以进行测量。

3）接好匹配器和带有高频插头的同轴电缆，并与仪器相连。本仪器备有 300Ω/75Ω 匹配器，在测量场强时，需将匹配器串入天线 300Ω 输出扁馈线和仪器输入插口（IN-PUT）之间。

4）将 VHF-UHF 频道选择开关（BAND）置于相应位置（开关拨至下部为 VHF 频段，拨至上部为 UHF 频段）。

5）将 VHF 或 UHF 频道旋钮调到所测量的频率位置，并将衰减器选择开关（AT-TENOATION）全部拨到上部，此时表针指示值应加 3×20dB。

6）调整频率微调旋钮（FINE TUNE）使其表针指示最大，如果表针摆动较小，可适当降低衰减量。表针指示值加上相应的衰减值和微调校正值为实际测量值。

7.2.2 扫频仪

扫频仪是由扫频信号源和示波器组成，它能在示波管的荧光屏上直接显示被测设备的幅频特性曲线，测定各种电子电路的幅频特性，并可作为调整指示器，将被测电路的幅频特性曲线调整到符合指标要求。

下面以常用的 BT-3 型扫频仪为例来说明使用中应遵循的步骤和注意的事项。

1）打开电源，预热几分钟后调节"辉度"、"聚焦"、"Y 轴位置"三旋钮，使荧光屏上出现一条清晰且亮度适当的扫描基线。

2）通过调节"波段"开关、"频标选择"和"中心频率"度盘可以得到中心频率在 $1 \sim 300$MHz 内的任意扫频信号。

3）用 BT-3 扫频仪对被测电路的幅频特性进行定量测试时，必须对扫频仪进行"0"分贝校正。先将"输出衰减"两个旋钮均置于 0dB 处，"Y 衰减"置于 1，再把输出匹配探极和输入检波探极和输入检波探极连接在一起。然后调节"Y 轴增益"，使荧光屏上的扫描基细和扫频信号线之间的距离为整刻度（一般为 5 格）。接入被测电路后，调节"输出衰减"旋钮使幅频特性曲线幅值仍为最初调节的整刻度数，则"输出衰减"旋钮的衰减分贝数即为该电路的增益。

4）使用扫频仪时还要注意以下两个事项：

一是扫频仪与被测电路之间的连线要尽量短，以减少分布电容引起的测量误差。

二是要注意三只探头的区别使用。输出探头内有一只 75Q 匹配电阻，若被测电路输入为高阻抗可用输出探头接入。输入探头内装有隔直电容和检波二极管，从被测电路输出的信号经此探头检波后得到低频信号，输入扫频仪。外频标探头内为装有探针的空载电缆作为频标引入线，若被测电路输入为低阻抗，可用外频标探头作扫频仪信号输出电缆接入。

7.2.3 兆欧表

兆欧表在工作时，自身产生高电压，而测量对象又是电气设备，所以必须正确使用，否则就会造成人身事故或设备事故。在使用前及使用中要做好以下工作：

1) 测量前必须将被测设备电源切断，并对地短路放电，决不允许设备带电进行测量。

2) 对可能感应出高压电的设备，必须消除这种可能性后，才能进行测量。

3) 被测物表面要清洁，减少接触电阻，确保测量结果的正确性。

4) 测量前要检查兆欧表是否处于正常工作状态，主要检查其"0"和"∞"两点。即摇动手柄，使电动机达到额定转速，兆欧表在短路时应指在"0"位置，开路时应指在"∞"位置。

5) 摇动手柄的速度不宜太快或太慢，一般要求 90～150r/in。

6) 测试有电容量的机器设备时，如电缆芯线间的电阻应需多摇一会，使芯线充满电再取读数。

7) 测试使用线对时，一定要将配线架上的保安单元或分线箱上的避雷器甩开，以免击穿。

8) 当测试完绝缘电阻之后，不能马上拆线，必须先经过放电，否则会影响人身安全，严重的会被击伤。

9) 兆欧表使用时应放在平稳、牢固的地方，且远离大的外电流导体和外磁场。

兆欧表的接线柱共有三个：一个为"L"即线端，一个为"E"，即地端，再一个为"G"即屏蔽端（也叫保护环）。一般被测绝缘电阻都接在"L""E"间，但当被测绝缘体表面漏电严重时，必须将被测物的屏蔽环或不需测量的部分与"G"端相连接。这样漏电流就经由屏蔽端"G"直接流回发电机的负端形成回路，而不再流过兆欧表的测量机构（动圈）。这样就从根本上消除了表面漏电流的影响。特别应该注意的是测量电缆线芯和外表之间的绝缘电阻时，一定要接好屏蔽端"G"，因为当空气湿度大或电缆绝缘表面又不干净时，其表面的漏电流将很大，为防止被测物因漏电而对其内部绝缘测量所造成的影响，一般在电缆外表加一个金属屏蔽环，与兆欧表的"G"相连。

当用兆欧表摇测电气设备的绝缘电阻时，一定要注意"L"和"E"不能接反，正确的接法是："L"端接被测设备导体，"E"端与接了地的设备外壳相连，"G"屏蔽端接被测设备的绝缘部分。如果将"L"和"E"接反了，流过绝缘体内及表面的漏电流经外壳汇集到地，由地经"L"流进测量线圈，使"G"失去屏蔽作用而给测量带来很大误差。另外，因为"E"端内部引线同外壳的绝缘程度比"L"端与外壳的绝缘程度要低，当兆欧表放在地上使用时，采用正确接线方式时，"E"端对仪表外壳和外壳对地的绝缘电阻相当于短路不会造成误差，而当"L"与"E"，接反时，"E"对地的绝缘电阻同被测绝缘电阻并联，而使测量结果偏小，给测量带来较大误差。

7.2.4 光纤熔接机

光纤熔接机是光缆线路施工和维护中的重要设备，主要用于光纤的接续。

其工作原理是：利用电弧放电，在瞬时使待续光纤熔融对接。目前有单模熔接机、多模熔接机或两种均适用的全自动型熔接机。多数熔接机对连接状况、损耗估算均可用内设视频监视。接续的质量即接点损耗大小由多种因素决定，如端头端面的处理、放电电流大小、时间及光纤推进速度等。

现在的熔接大多是熔接机自动熔接，接续损耗的大小受接续人员的水平直接影响。所以不管使用哪种规格型号的熔接机，一定要注意以下几点：

1) 接续人员应接受规范的仪器使用培训，严格按照光纤熔接工艺流程图进行接续。

2）熔接过程中应一边熔接一边用 OTDR 测试熔接点的接续损耗。

3）熔接应在整洁干燥的环境中进行。

4）选用精度高的光纤端面切割器来制备光纤端面，切割的光纤应为平整的镜面，无毛刺，无缺损。

习　　题

1. 共用天线电视系统一般由哪几部分组成？各部分有什么作用？

2. 共用天线电视系统按系统的大小规模、系统工作频率、传输介质或传输方式、用户地点或性质分别分为哪几类？

3. 已知某放大器的电压增益是 60dB，要求其输出信号为 4mV，则放大器的输入信号应为多大？

4. 某放大器输入信号为 20dBμV，输出信号为 80dBμV，求放大器的电压增益是多少分贝？

5. 前端系统由哪几部分组成？前端设备包括哪些？

6. 电视接收天线有哪些类型？

7. 放大器有哪些性能指标？放大器有哪些类型？

8. 光缆 CATV 系统的有哪些特点？

9. 分配器与分支器有哪些异同点？什么是串接单元？

10. 用户分配系统有哪些分配方式？

11. 某工程为三层三单元楼房，其共用天线电视系统的分配方案如图所示。图中 d 为三分配器，其分配衰减为 4.5dB；b_1、b_2、b_3 为三个二分支器，其分支衰减各为 14dB、14dB、17dB，它们的插入损耗均为 1.4dB；$u_1 \sim u_6$ 是六个用户终端盒，其插入损耗为 1dB；干线采用 SYV-75-9，分支线采用 SYV-75-5-1，线路距离已在图中标出。试求，当用户 u_1 所需的信号电平不小于 65dBμV 时，前端的输出电平应该是多少？一单元其他各用户端的输出电平各是多少（按北京地区接收八频道中心频率为 187MHz 考虑，干线 SYV-75-9 在传输入频道信号时每米

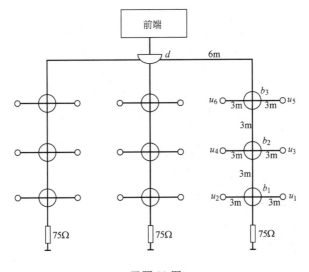

习题 11 图

损耗约为 0.1dB；分支线 SYV-75-5-1 在传输八频道信号时每米损耗约为 0.2dB。)？

12. 卫星电视广播系统由哪三大部分组成？各部分有什么作用？

13. 卫星电视接收系统由哪几大部分组成？各部分又由哪些组成？

14. 有线电视增值业务有哪些？

15. CATV 宽带综合服务网终端设备有哪些？

16. 电视数字化包含哪些方面？有什么优点？

17. 数字电视包含哪些技术？

单元 5　安全防范管理系统

知　识　点：智能卡，身份识别，出入口管理。在线式巡更系统，离线式巡更系统。道闸机，读卡机，计费系统，地感线圈。

教学目标：掌握常见的身份识别系统；掌握常见的出入口管理方式。掌握常见的巡更系统组成和应用。掌握停车场管理系统的组成和应用。

课题 1　出入口管理系统

作为门、窗的防入侵系统，使用智能门禁系统对访客进行选择性准入是当前非常流行的系统。

随着科学技术的发展，信息时代的到来，人们正感受着高科技带来的极大方便和益处，同时也带来了许多不安全的因素。例如高科技手段盗窃、抢劫和间谍等犯罪日益增多。怎样才能使安全防范措施跟得上科技的发展，更有效地预防这类犯罪行为？仅仅靠普通的门锁、防盗门或者监控、报警等系统是不够的，因此智能化门禁系统对重要出入口进行有效的管理，就成为一种广泛而迫切的需求，这就是本项目要讲述的内容。

1.1　系统基本结构和简介

1.1.1　门禁系统简介

门禁系统又叫做出入口管理系统。当今随着智能化建筑的高速发展和普及，门禁系统不但广泛地应用于各类建筑，同时也成为智能化建筑中不可少的一个系统。门禁系统改变了传统意义上的门卫值班概念，它使门卫管理自动化，更加可靠，更加安全，是门卫安全防范领域的最大进步。

门禁系统的作用可归纳为对重要部位实施人员出入控制，方式为先识别后控制。识别形式通常有磁卡、IC卡、光卡、射频卡、TM卡、指纹、掌纹、眼纹（视网膜）、语音等。控制部分是根据相应的识别信号作出对应的控制。

出入门控制系统经过长期的发展，现已不仅仅是对门的通道进行控制，它还包括考勤管理、停车场管理等系统，大大提高了管理的现代化、智能化。

1.1.2　系统基本结构

出入口系统也叫门禁管理系统。它一般具有如图 5-1 的结构。它包括三个层次的设备：底层是直接与人员打交道的设备，有读卡机（磁卡、IC卡、指纹卡、角膜卡、声音卡等）、电子门锁、出口按钮、入口对讲（或可视对讲）、报警传感器、报警扬声器、警灯等。它们用来接受人员输入的信息，再转换成电信号送至控制器中，同时根据来自控制器的信号完成开锁、闭锁工作。控制器接受底层设备发来的有关信息，同自己存储的信息相比较作出判断后再发出处理信息。中层是控制器，上层是信息分析处理电脑。

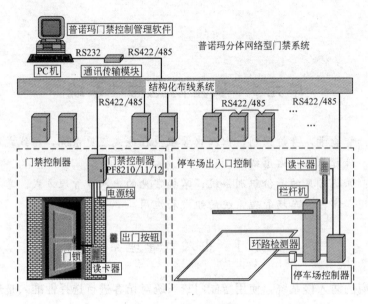

图 5-1　门禁系统结构

底层（输入模块）有多种形式。如以钥匙型为代表的机械啮合对比方式；密码键盘为代表的阵列式输入方式；非接触 ID 及 IC 卡为代表的全电子型输入方式。

中层（控制处理模块）也有多种形式。机械啮合比较控制式，主要用于机械锁方面；机电一体化控制处理模块，主要用于各种独立的、安全防范级别要求不太高且无需随时检测系统运行的环境中，是使用最多的一种；全电子型控制处理模块，是当今门禁系统先进性的代表。

上层（执行模块）是门禁系统处理分析信息、发出各种指令的核心。

单个控制器就可组成一个简单的门禁系统，用来管理一个或几个门、多个控制器通过通信网络用电脑连接就可组成整个建筑的门禁系统。电脑装有门禁系统的管理软件，便可管理所有的控制器，向它们发送控制命令，对它们进行设置，接受其发来的信息，完成所有信息的分析与处理。

1.1.3　门禁系统适用范围

理论上是一切需要控制出入的门都可安装门禁系统，但常用在银行、金融机构、重要办公大楼、住宅单元门、酒店客房门、军事基地、厂矿企业、各类停车场等。

1.1.4　完善的门禁系统特点

1）每个用户持有一个独立的卡、指纹或密码，它们可以随时从系统中取消。卡等一旦丢失，即可使其失效，而不必像机械锁那样重新配钥匙，并更换所有人的钥匙，甚至换锁。

2）可以预先设置任何人的优先权或权限。一部分人可以进入某个部门的某些门，另一部分人可以进入另一组门。这样可以控制谁什么时间可以进入什么地方，还可以设置一个人在哪几天或者一天内可以多少次进入哪些门。

3）系统所有活动都可以记录下来，以备事后分析。

4）这样的系统，很少的管理人员就可以在控制中心控制整个大楼内外所有出入口。

5）系统的管理操作用密码控制，防止任意改动。

6）整个系统有后备电源支持，保证停电后一段时间内仍能正常工作。

7）具有紧急全开门或全闭门功能。

1.2　门禁系统的主要使用场所及注意事项

使用门禁系统主要目的是对重要的通行口、出入门、电梯进行出入控制，一般用于银行、金融机构和重要办公楼、办公室和高层建筑的出入口、电梯厅等。在受控门上安装门磁开关、电子门锁或读卡机等控制装置，由中央控制室监控，上班时间被控门的开和关无需向管理中心报警和记录，下班时间被控门的开和关向管理中心报警并记录。安装注意事项如下：

1）对楼梯间、通道门、防火门等的控制，除安装门磁开关外，还要装电动门锁，上班时间处于开启状态，下班时间自动处于闭锁状态，当发生火警时，联动的防火安全门应立即自动开启。

2）门禁系统的功能，是对已授权的人员，凭有效的卡、代码或特征允许其进入，对未授权人员拒绝其进入。还可以对某时间段内人员的出入状况，某人的出入情况等资料实时统计、查询和打印输出。

3）线路敷设应走独立线槽、线管，不可走强电线槽、线管。

4）线端头应有明显标识，两端留有30cm余量。

5）控制箱和读卡器的安装位置应尽量避开强电设备。

6）磁卡和IC卡的携带者应尽量避免卡与强磁性物体接触。

7）密码使用者要记住自己的密码，并注意保密。

8）指纹使用者要多输几个指纹，防止手指受伤被禁止出入。

9）如需要改个人资料应及时与管理部门联系。

1.3　读卡机的分类

读卡机是门禁系统的最前端设备，是用于读取是否开门、是否报警信息的设备，读卡机也叫识辨器。

1.3.1　物理识辨器（证件认证）

卡片由于轻便、易于携带而且不易被复制，使用起来方便，是传统钥匙理想的替代品，因而受到广泛的使用。读卡的原理是利用卡片在读卡器中的移动（或旁边的移动），由读卡机迅速阅读卡片上的信息，经解码后送到控制器进行存储、比较、判断，以确定持卡人的身份合法性。

随着卡片的材料、技术的不断更新和发展，卡片和读卡机也向多样性、适用性、安全性、方便性方向发展起来，其发展过程、种类和特性简述如下：

（1）光学卡

利用塑料或纸卡打孔（不同排列方式），利用机械或光学系统读卡。这种卡片非常容易被复制，所以目前已基本被淘汰。

（2）磁矩阵卡

利用磁性物质按矩阵方式排列在塑料卡的夹层中，让读卡机阅读。这种卡也容易被复制，而且易被消磁。

（3）磁码卡

就是通常说的磁卡。它是把磁性物质粘在塑料卡片上制成的，磁卡可以容易地改写，用户随时可更改密码，应用方便。其缺点是易被消磁、磨损。磁卡价格便宜，是目前使用较广泛的产品。

（4）条码卡

在塑料卡片上印上黑白相间的条纹组成条码，就像商品包装上贴的条码一样。这种卡片很容易被复制，但价格最低，只能用于很一般的出入口控制系统。

（5）红外线卡

用特殊的方式在卡片上设定密码，用红外线读卡机阅读，这种卡易被复制，也容易破损，因而使用较少。

（6）铁码卡

这种卡片中间用特殊的细金属线排列编码，采用金属的磁扰原理而制成，卡片如果遭到破坏，卡内的金属线排列就必然遭到破坏，所以很难复制。读卡机不用磁的方式阅读卡片，卡片内的金属丝也不会被磁化，所以它能有效地防磁、防水、防尘，可以长期使用在恶劣环境条件下，是目前安全性较高的一种卡片。

（7）IC卡

IC卡是将一微型集成电路封装于塑料卡片中，用特殊的写卡设备，在卡片的集成电路中写入相关的密码信息，通过读卡机来读取信息，卡片成本较低，不易改写，是目前使用最普遍的产品。

（8）感应卡（TAG）

感应卡卡片中封装电子回路及感应线圈，利用读卡机本身产生的特殊高频信号，当卡片进入读卡机能量范围时，产生共振，感应电流使电子回路发射信号到读卡机，经读卡机将接受到的信号转换成卡片资料，送到控制器对比。接近式感应卡不用在刷卡机上刷卡，持卡人员可装在衣服包里或佩带于胸前，使用迅速方便。由于卡是由感应电子电路做成，所以不易被仿制，同时封装在塑料中，具有防水、防电、防磁等功能，成本也不高，是目前非常理想的卡片，逐渐被广泛应用。常见感应卡和读卡器参见图5-2。

图 5-2　常见的智能卡和读卡器

感应卡方式有如下特点：

1）适用于上下班考勤。速度快、不接触、设备故障率低。

2）适用于多尘、潮湿环境。设备可以密闭，避免灰尘、潮湿的麻烦，所以停车场管理系统特别适用。

3）可以门内、门外两面感应阅读。极适合于档案室、资料室、电脑室、核电厂、军事要地等门禁管理。

1.3.2 生物识辨器（身份认证）

（1）指纹机

利用每个人的指纹差别做对比辨识，是比较复杂且安全性很高的门禁系统，它可以配合密码机或刷卡机使用，效果更好。指纹门禁系统参见图5-3、图5-4。

图5-3 指纹识别机（带密码输入）

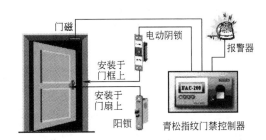

图5-4 指纹门禁系统示意图

此系统可管理9000枚手指信息，可设定每枚手指的进入时间，可存储6000条进出记录，同时具有备用开锁装置，开锁密码最多10位（由用户设定，也可不要）。既安全，又可保证特殊情况的开门，但不能区分活体、死体指纹。

指纹机还可有胁持报警功能，当使用者被罪犯胁持开门时，可用预先输入的胁持报警指纹和胁持报警密码开门。在开门的同时，可向报警中心报警求援，而此时犯罪分子并不知道。

指纹门禁系统特别适用于各类智能大厦、办公室、住宅小区、监狱、机房、别墅区、机要室、银行金库等出入口控制。为防止手指受伤或被胁持，可多输入几个指纹。其中含一个胁持开门指纹，因此这是一种目前非常先进的系统。

（2）掌纹机

利用人的掌形和掌纹特性做图形对比，识别每一个用户，类似于指纹机。

（3）视网膜识辨机

利用光学摄像对比，比较每个人的视网膜血管分布差异，其技术复杂而先进。正常人和死亡后的视网膜差异也能检测出来，所以它的保安性能极高。这种系统也有两点不足：一是睡眠不足导致视网膜充血，糖尿病人引起视网膜病变或视网膜脱落时将无法对比识别；另外摄像光源对眼睛会有一点点的伤害，因此这样的系统常用于要求保安性很高，但不是经常出入的门禁系统。

（4）声音识别机

利用每个人的声音差异以及所说的指令内容不同而加以比较，使用起来很方便，但由于声音可以被模仿，而且使用者如感冒会引起声音变化，其可靠性、安全性受到影响。

　　1.3.3　各种识别方法的优缺点比较

　　各种个人识别方法的优缺点比较见表5-1。

各种个人识别卡方法的优缺点比较 表 5-1

类　型		原　理	优　点	缺　点	备　注
密码		输入预先登记的密码进行确认	无携带物品	不能识别个人身份,会泄密或遗忘	要定期更改密码
卡片	磁卡	对磁卡上的磁条存储的个人数据进行读取与识别	价廉、有效	伪造更改较容易,会忘带卡或丢失	为防止丢失和伪造可与密码法并用
	IC 卡	对存储在 IC 卡中的个人数据进行读取与识别	伪造难,存储量大,用途广泛	会忘带卡或丢失	使用最多
	非接触IC 卡	对存储在 IC 卡中的个人数据进行读取与识别	伪造难,操作方便,耐用	会忘带卡或丢失	广泛使用
生物特征识别	指纹	输入指纹与预先存储的指纹进行比较与识别	无携带问题,安全性极高,装置易小型化	对无指纹者或指纹受伤者不能识别	效果好
	掌纹	输入掌纹与预先存储的掌纹进行比较与识别	无携带问题,安全性极高	精确度比指纹法略低	使用较少注意摄像光源强度不致对眼睛有伤害
	视网膜	用摄像机输入视网膜与存储的视网膜进行比较与识别	无携带问题,安全性最高	对弱视或视网膜充血以及视网膜病变并无法对比识别	

　　各类卡片由于轻便，便于携带，而且不易被复制，使用起来安全、方便，目前已成为传统钥匙的最理想替代品，使用最普遍。在特别重要的场所，如金库、机要室等常采用两种以上识别形式、多重鉴定的门禁系统，如指纹和视网膜。

　　上面介绍了各种读卡机，使用时要根据实际情况和要求进行选择。磁卡由于价格低，安全性较高、使用方便，仍广泛用于各类建筑物的出入口及停车场管理系统中。铁码卡和感应卡由于保安性好，在国外比较流行，国内也在不断普及。生物识辨技术是对人身份的识别，安全性极高，特别是目前对视网膜的复制几乎不可能，所以把它应用于重要部门是非常理想的。这方面的技术发展很快，我们实际设计工程时，一定要注意新技术、新产品的使用。

1.4　门禁管理

　　完善的出入口控制系统最终将由系统计算机来完成所有的管理工作。如何完成由计算机内的门禁管理软件来决定，市场上出售的出入口控制系统本身就带有厂家设计好的计算机管理软件。成套商也可根据用户的特殊要求，按照控制器提供的接口协议自行编制管理软件。门禁系统设计时，注意向厂商索取相关资料，定购设备时，谈好有关配置及管理软件的问题。

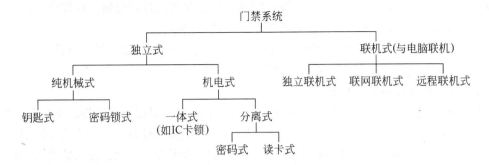

1.4.1 门禁系统管理

机电分离式在独立式中应用最广，由以下三个部分组成，即室外输入设备和室内控制设备，另外加上电源和电控锁。

独立联机式由以下部分组成，即室外输入设备、室内控制设备、电脑及软件、电源及执行、采集部分。

联网联机式由下列部分组成，即室外输入设备、室内多台控制设备、信号转换器、电脑及软件、电源及执行、采集部分。

出入口控制系统的管理软件一般包括如下几个部分：

（1）系统管理

这部分软件的功能是对系统所有设备和数据进行管理的核心，应有下列几项内容。

1）设备注册。比如在增加控制器或卡片时，需要重新登记，以使其有效；在减少控制器或卡片遗失、人员变动时，需要重新注册使其失效。

2）级别设定。在已注册的卡片中，哪些门、哪些人可以通过。某个控制器可以让哪些卡片通过，对计算机的操作也要设定权限密码，以控制哪些人员可以操作，这样安全性才有保障，否则门禁系统将如同虚设。

3）时间管理。可以设定某些控制器在什么时间或时间段可以或不可以允许持卡人通过，哪些卡片在什么时间可以或不可以通过哪些门（包括日期的管理）。

4）数据库的管理。系统正常运行时，对各种出入事件、异常事件及其处理方式进行记录，保存在数据库中，以备日后查询，数据至少要保存一个月。重要数据要随时进行转存、备份、存档和读取处理。

（2）报表的生成

能够根据要求定时或随机地生成各种报表。比如，可以查找某个人在某段时间内所有出入情况，某个门在某段时间内所有的进出情况等，生成报表，并可以用打印机打印出来。

（3）网络通信

系统不是作为一个单一的系统存在的，它要向其他系统或上级管理部门传递信息。比如在有非法闯入时，要向电视监控系统发出信息，使摄像机能监控此处情况，并进行录像，必要时要启动报警系统，所以要有系统之间的通信支持。

管理系统除了完成所要求的功能外，还应有漂亮、直观的人机界面，使人员便于操作，也应支持用户提出的其他要求。

1.4.2 门禁系统的硬件管理

1）控制器通常分为单门控制器、双门控制器、多门控制器等类型。每道门可接一进一出两个读卡机控制器来接收读卡机传送的卡信息，并将之与预先输入在控制器内芯片上的所有信息进行比较，根据对比结果输出相应的控制指令。

2）读卡机读取物理识别卡或生物识别卡上的信息，经解码后送到控制器进行对比。

3）卡片或生物特征用来证明出入者合法身份的物品或手段。

1.4.3 门禁系统的发展趋势

随着智能化楼宇的推广和数字化技术的高速发展，出入口控制系统得到不断更新发展。中国加入 WTO 后，更多的新技术、新产品进入国内，必然在硬件上、软件上不断完善，并促进门禁系统向功能更广、可靠性更高、使用更方便、价格更低、普及更快的方向发展。

1.5　一般的门禁——出入口闯入报警系统

商场的出入口和对外办公的办公楼、办公室，在营业和上班时间是对外开放的，就不能安装个人识别装置的门禁；机关、学校的有些出入口也不宜安装个人识别系统，那么这些出入口在某些时间或下班后怎样保证安全呢？这类情况可采用出入口闯入报警系统。这个系统在上班时间不设防，设防后如有人强行闯入，便立即向值班室报警，保安人员可及时处理或向上一级报警中心报警。

1.5.1　系统配置及接线

图 5-5 就是由 BJ-2000 型报警控制主机和门磁开关组成的闭路闯入报警系统。本系统适用于只有两个出入口通道的场所。

图 5-5 中，S_1 和 S_2 为常闭型门磁开关，安装在一入口通道门上，并接至接线排 TB-1 上，通过平行电线（电缆）接到 BJ-2000 报警控制主机附近的接线排 TB-2 上。

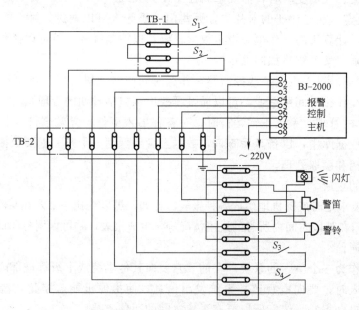

图 5-5　闭路闯入报警系统接线图

S_3 是安装于另一入口通道门上的常闭开关，S_4 是安装于此门上的常开锁开关。S_3、S_4 分别接至接线排 TB-3 上，并通过四线电缆（或一对双线电缆）将线路延长至 TB-2。

警铃、警笛、警灯则接在 TB-3 上，再从 TB-3 接至 TB-2 上。

注意：接线排 TB-2 和 TB-3 须装在金属分线盒内，安装位置要高，以防触电或破坏。为防止闯入者将 S_1 和 S_2 旁路掉，TB-1 也应安装在金属分线盒内，并装置于很隐蔽的场所，所有走线应穿 PVC 或金属管布成暗线，以确保安全和隐蔽美观。

报警控制主机的 1、2、3、4 接线端用 4 芯电缆接至接线排 TB-2 上。5、6 接线端是报警输出线，有较大的电流应采用 $1.5mm^2$ 以上的铜芯导线引至 TB-2 上，7 号接线端为接地端必须良好接地，8、9 端为交流 220V 输入端。

1.5.2 系统工作过程

在上班时，可将报警主机关掉，此时处于不设防状态，大楼内人员可自由出入进行工作，下班后值班人员将门关掉，开关 S_1、S_2、S_3 便处于接通（ON）位置、S_4 处于断开（OFF）位置，于是系统进入"戒备"状态。当值班人员将报警主机电源接通后，整个系统进入设防状态，此时如有人强行进入，S_1、S_2 或 S_3 便会自动断开，或者闭合回路的导线被人切断，系统便会受到触发，警铃、警笛、闪灯即时发出报警信号，值班人员便可及时处理或向上一级报警中心报警。

1.6 出入口控制门禁系统

门禁系统设计时，应根据现场实际情况选用不同的方案、不同的设备，但应注意门禁控制系统中各类设备间的匹配问题，还要注意不要发生漏项。既要考虑各类门禁主机、读卡控制器，又要考虑配套选用的供电模块、开门按钮及各类电动门锁、辅材等，甚至需要考虑门体的选择、安装等。

下面以目前门禁系统的典型产品美国 NTK（络泰克）公司的 NTK4050 型出入口控制系统为例进行说明。

NTK4050 系列是安防门禁集成的核心，该系统是基于 PC 机的强大的门禁控制系统运行在 WINDOWS 环境中。系统采用分散式数据库设计及双处理器的结构方式对系统事件可作出最明智的处理，并且与 PC 机通信来进行指示及保存记录。系统的设置可以转载到控制器内存中，控制器的操作可独立于计算机。当 PC 机离线时，一个可容 4000 件事件的缓冲区将储存所有事件，并可在通信恢复后，将所有事件自动加载到系统历史文件上。控制器与 PC 机之间的通信是通过 RS-485 实现的，具有在模拟/数字电信网、光纤及无线网上运行的能力。

NTK4050 型门禁系统的标准应用为控制 1～256 个门（出入口），传输距离要求小于500m，系统的标准组成如图 5-6 所示。系统的主要功能指示如下：

1.6.1 操作员管理

1）可设置多达 256 种操作级别，定义操作程度（操作密码设置和密码保护）。

2）每个操作者只能操作被限定的模块（操作者权限设置），可加强管理。

3）操作员每一步操作都将产生一个事件，存入事件库中作为操作员的工作记录，可存 4000 个事件。

1.6.2 使用者管理

1）本系统的使用者基本容量为 6000 张卡，最大扩容为 65000 张（要考虑硬件容量及运行效率）。

2）使用者库中可有使用者照片、个人密码及其他个人信息。

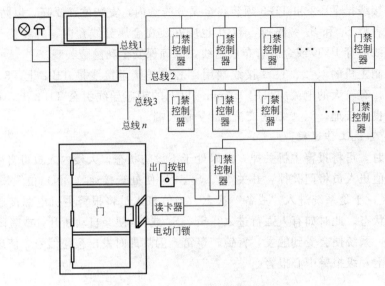

图 5-6　NTK4050 门禁系统标准组成

3）可设定使用期限及使用次数，可对使用者进行分组管理。

1.6.3　设备管理

1）系统在基本模式下可管理 1～256 个出入口，理论上在扩展模式下可管理无限个出入口（建议最多不超过 3000 个，否则运行效率将大幅下降）。

2）系统可同时设置多种读卡方式（不同的门可有不同的读卡方式，一个重要的门也可有几种读卡方式），读卡器可以是不同的或相同的技术。

3）可由控制中心在图形方式下设定、监视、控制各出入口控制器的各种参数及设备状态。

4）可选附件。NTK4111/1 内存升级，可提供 12000 张卡和 4000 个事件的容量；NTK4111/2 内存升级，可提供 22000 张卡和 4000 个事件的容量；NTK4111/3 内存升级，可提供 64000 张卡和 4000 个事件的容量，但将失去某些功能。

1.6.4　事件管理

1）系统对操作员事件、门控器事件以及各类故障事件可进行分类处理，存入事件管理数据库，不扩容时便可存储 4000 件事件。

2）可生成日志文件，通过打印机打出（也可在屏幕上显示出彩色图表），支持所有现有的串口打印机。

3）系统可为考勤等其他应用提供数据。

4）128 个时区，64 个假日时间表，可方便设置门禁权限。

1.6.5　报警管理

1）除故障及常规报警外，系统操作员还可定义其他某个事件为报警事件（如开门超时报警等）。

2）当报警发生时，系统会自动跳出报警点的位置显示，并有声、光及语音提示。

3）系统可以和电视监控联动，也可和上一级报警中心联网。

4）90 天记忆保存（备用电源）。

5）备用电源可给控制器提供 4～6 小时的交流停电支持。

1.6.6 巡更管理

1) 本系统可设计多达 2000 条巡更路线。

2) 能同时处理 16 个并发巡更操作。

3) 配合巡更终端，使得巡更管理更为安全可靠，易于操作。巡更系统后面会介绍。

1.6.7 完整的 NTK4050 系列门禁系统参见图 5-7

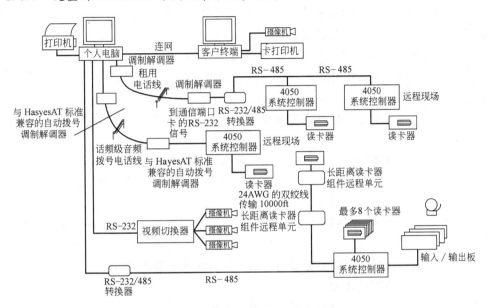

图 5-7 NTK4050 系列门禁系统图

目前市场上的门禁系统产品非常多，而且门禁系统的技术已经很成熟。设计工程方案图时，要多加比较，注意可靠性和性价比，也可采用不同品牌的各种设备进行必要的自行配置，但要注意各种设备的兼容性及管理软件是否支持此种配置。

1.7 楼宇对讲（出入口对讲或访客对讲）系统

相关行业标准：《楼宇对讲电控防盗门通用技术条件》（GA/T 72—1994）。

1.7.1 楼宇对讲系统介绍

楼宇对讲系统是指安装在住宅、楼宇及要求安全防卫场所的出入口，室内人员根据与入口处访客的对讲（含可视对讲）情况来给访客电控开门的系统。该系统还可用钥匙或卡片开门，并有自动闭锁功能。该系统能在一定时间内抵御一定条件下的非正常开启或暴力入侵，一般由防盗门体和对讲电控等组成，本节只讲述电控部分，它包括对讲主机、分机（用户机）、电源（含后备电源）、线路等组成。

1) 主机是安装在楼宇电控防盗门入口处的选通、对讲控制装置。

2) 分机是安装于各住户或各房间内的通话（可视）对讲及控制开锁的装置。

3) 电控锁是具有电控开启功能和钥匙开启或卡片开启功能的锁具。

4) 闭门器是可使对讲电控防盗门门体在开启后受到一定控制，能实现自动关闭的一种装置，可调节闭门速度。要求闭门噪声不得大于 75dB。

5) 电源箱是提供对讲电控防盗门的主机、分机、电控锁等各部分电源的装置。此装置还必须具有后备电源支持，市电停电后维持系统正常工作 24h 以上。

6）主呼通道是指主机发话输入端至分机收话输出端的通道。

7）应答通道是指分机发话输入端至主机收话输出端的通道。

1.7.2 出入口对讲（可视）系统

(1) 对讲系统技术要求

1）使用环境条件 ①环境温度：−40～+55℃。②相对湿度：45%～95%。⑧大气压力：86～106kPa（1 个标准大气压等于 101kPa）。

2）外观及机械结构要求 外观及机械结构要求有以下几条：

① 主机、户外安装的电源箱、电控锁应能在淋水试验后正常工作，并能符合规定的抗电强度试验和绝缘电阻的要求。

② 主机、分机及电源箱的外壳应能承受一定的压力试验，试验后不应产生永久性变形或损坏。

③ 主机、分机的各按键、开关应操作灵活可靠，零部件应紧固牢靠。

④ 装有电控开锁线路的主机，其外壳应有防止非正常拆卸的保护措施。

3）基本功能要求有以下几条：

① 选呼功能。用主机能够正确选呼任一分机，并能听到回铃声。各分机（有的产品）也能呼叫主机。

② 通话功能。选呼后，能实施双向通话，话音清晰，谐波失真不应大于 5%，信噪比大于 40dB，不能出现振鸣现象。

③ 电控锁功能。在每台分机上可实施电控开锁。

④ 可视对讲系统主机和分机的电视图像必须清晰可辨，能看清访客面孔。主机摄像头附近还应有红外照明装置，保证无可见光时图像的清晰度。

⑤ 具有备用电源自动切换功能。主机断电 24h 内，备用电源应能保证系统正常工作，备用电源电压降至额定终止时，应有报警提示，并有保护措施。

4）耐久性要求 系统在额定条件下进行选呼、通话、电控开锁 20000 次应无电的或机械的故障，也不应有器件损坏或触点粘连，按键字符清晰可辨。

5）人为故障 产品在人为造成电路故障时不应有触电或温升引起火灾的危险。

6）音频输出不失真功率 应答通道音频输出不失真功率应大于 100mW。主呼通道音频输出不失真功率应大于 5mW。

(2) 访客对讲系统分类

1）按功能分可分为单独对讲系统和可视对讲系统。目前可视对讲系统正在迅速推广应用，设计时应尽量考虑。

2）按线制分可分为多线制、总线加多线制、总线制（表 5-2 及图 5-8、图 5-9、图 5-10 所示）。

① 多线制系统。通话、开锁线、电源线共用，每个分机（室内机）再增加一条门铃线，结构简单可靠，但布线较多，例如七层住宅楼一个单元一般有 14 户，单元门口机就需接 4+14=18 根线。分机越多布线越多，目前已很少使用。

② 总线加多线制。采用数字编码技术，一般每层楼有一个解码器（四用户或八用户），解码器与解码器之间以总线连接一般为 4 芯线。每个楼层解码器与用户室内机呈星

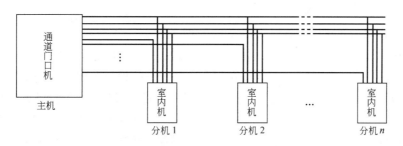

图 5-8　多线制

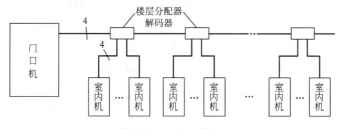

图 5-9　总线多线制

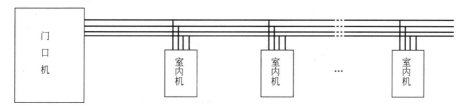

图 5-10　总线制

形连接，系统功能多而强。

③ 总线制。将数字编码移至用户分机中，从而省去解码器，构成完全总线连接，布线时只要放一组四芯电缆便可。故系统连接更灵活，适应性更强。如果某个用户分机发生短路，会造成整个系统工作不正常，但故障在主机上很容易控制，该系统目前被广泛应用，是我们设计的首选。

3）三种系统的性能对比参见表 5-2 各种系统有自己的特点，设计时要根据实际情况和用户的要求以及投资方的投资情况来综合考虑采用哪种系统。

三种系统的性能对比表　　　　　　　　　　　　　　　表 5-2

性　　能	多　线　制	总线多线制	总　线　制
设备价格	低	高	高
施工难易程度	难	较易	容易
系统容量	小	较大	大
系统灵活性	小	较大	大
系统功能	弱	强	强
系统扩充	难	易	易
系统故障排除	难	容易	较易
日常维护	难	易	易
线材耗用	多	较多	少

（3）楼宇对讲系统示例

1）单对讲型访客对讲系统参见图 5-11 和图 5-12。

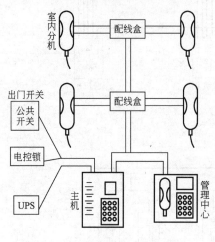

图 5-11 访客对讲系统连接图

2）可视对讲型访客对讲系统参见图 5-13 和图 5-14。该系统是一种兼备图像、语音对讲和防盗功能的可视对讲防盗系统。常用设备见图 5-15。

该系统由主机（室外机）、分机（室内机）、管理中心控制器、录像机、电控锁和不间断电源装置及防盗门组成。该系统能为来访客人与被访住户（或办公室）提供双向通话，被访者同时能看清来访者，被访者通过显示图像确认后可遥控入口大门的电控锁。同时还具备向治安值班室（管理中心）进行紧急报警的功能。

管理中心可对入口处理各种出入情况进行录音、录像，录像资料进行必要的备份保存，以便进行查询。

这种系统由于它的先进性、实用性和可靠性，目前已被广泛推广使用。

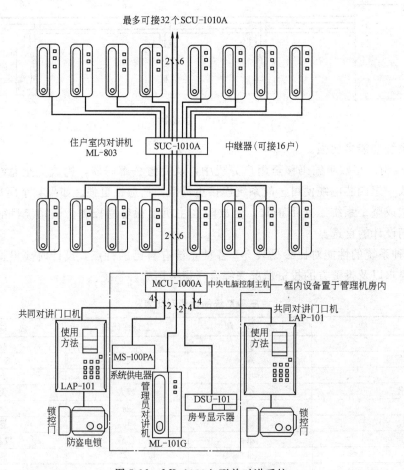

图 5-12 ML-1000A 型单对讲系统

214

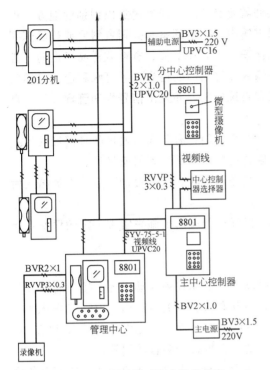

图 5-13 可视对讲系统安装接线图

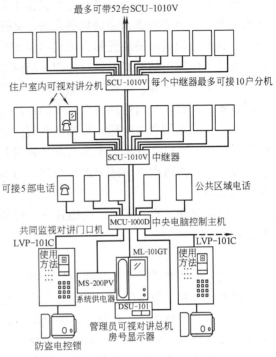

图 5-14 某小区 ML-1000D 型可视对讲系统

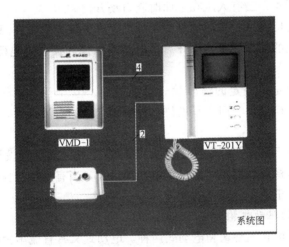

图 5-15 可视对讲系统主设备

1.8 自动门系统

1.8.1 自动门的应用

在智能建筑中，特别是办公大楼、银行、宾馆、酒店、商场的大门和这些建筑中各个公司的单元入口以及高层建筑中各部分的分隔处，都应采用各种不同形式的自动门。通过自动门的设置，不但可以使得分隔区的大门保持关闭状态，以节约该区间的空调能耗，同时又使入口处的秩序保持良好，避免人流堵塞现象，为大楼的幽静环境和保安工作提供有利条件。

在一些既允许正常人流来往，但又出于某种需要必须对人流情况加以识别的地方，也往往使用自动门来组成相应的识别系统。如图书馆中开架借阅室和公司资料室或样品陈列室等，就常用微机出纳装置和自动门组成识别保安系统，在书籍、资料或样品携出前，必须将其放入电磁出纳装置上经过处理、消磁或输入允许出门的信号，才可顺利通过自动门携出。如未办妥手续，则走近自动门时将被识别系统检出，并发出信号告知管理人员，自动门也不会开启，从而达到识别保安的目的。

在一些私人别墅或府邸，则常设有雷达控制的自动门，有关人员通过随身携带的无线电发射装置，可以在汽车到来或人员达到时开启自动门，从而达到保安目的。

在宾馆、酒店则常用感应式自动门。当有人员需出入时，门便自动开启，人员出入后又自动关闭。

总之，自动门形式不同、功能各异，但都可以通过相应的措施来实现一定的保安功能和使用功能。

1.8.2　自动门的分类

自动门的种类很多，按门的规格分类，有摆动式、滑动式和转动式等；按门的扇数分类，有单门、双门和四门等；按控制方式分类，主要有雷达开关自动门、电子席垫开关自动门、席垫开关自动门、触摸式开关自动门、红外线开关自动门、光电管开关自动门、超声波开关自动门、卡片开关自动门、脚踩开关自动门和拉式开关自动门等。

席垫开关自动门是价格最低的一种自动门。在大门的出入口内外两侧的地毯下面各设置一个专门的席垫开关，当有人压在上面时就自动开门。

触摸式开关自动门是一种普通类型的自动门，开关装置隐蔽在门框内，机械式触摸开关自动门只需用很轻的推力便可自动开启；电子式触摸开关通过电磁传感器将信号输出，使门自动开启。

卡片开关自动门是按规定的信号预先录制磁卡、IC卡等，电子锁内装设鉴别单元，可以识别卡片信息码而自动开门，只准持这种特别卡片的人员进入。这样的系统常用于机关办公场所的大门。

红外线开关自动门是根据晶体管自发极化随温度变化的原理设计的。内部结构由探头、运算放大器、单稳态触发器、出口继电器等组成，当有人靠近探头时便会自动将门开启。这样的系统常用于宾馆、商场的大门。

1.8.3　自动门的驱动机构

自动门的驱动机构有气动式和电动式两种。电动式又有直流串励电动机、直流异步电动机和交流单相异步电动机的区分。电动式自动门具有能耗低、噪声小、使用方便等优点，得到广泛应用。有些自动门还附有节能装置，可根据需要控制自动门的开度以减小行程，达到节能的目的。

自动门的种类甚多，电路原理及接线方式也各不相同，但一般说来，门的开闭通常是靠一台单相异步电动机来驱动的。按门的大小规格和开启方式，功率常在35～200W范围内。电动机的正、反转动由设备的专门控制箱控制，电源常为50/60Hz，12V和100V。设备订货时提出要求，可按指定的输入电压配套提供电源变压器。

自动门的驱动电动机、控制箱和传动机构均安装在门的上方过梁上，如为旋转式自动门，控制箱设在门内侧。

电气设计时，一般只需在自动门内侧附近的房间内（例如值班室）设置一个容量与之相适应的电源开关，并从该开关引线，通过暗管布至自动门上方的过梁端头或门侧的墙上即可，其余管线敷设则需在取得产品说明书后现场施工。

图 5-16 为一种新型自动感应门接线图。该种感应自动门采取模块化设计，可应用于任何种类的自动门，能应付各种特殊功能的要求、安全标准和安装环境，可靠性强。

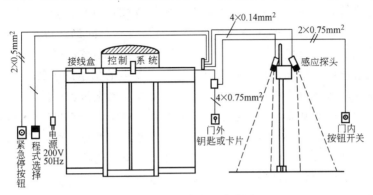

图 5-16　自动感应门接线图

由于该系统采用微电脑控制，系统能自我监察，实现最佳动作模式，如速度、推动力、制动力、开门大小等都能自动控制，可实现最佳工作状态。表 5-3 是该系统控制程式。

自动感应门的控制程式　　　　　　　　　　　　　　　　　　　　　　　表 5-3

程　　式	操　作　情　况
关闭	门保持关闭状态，若加上自动机械锁，门会被双重锁定，提供双倍防盗功能
全自动	主机接收到开门信号后，门会自动开启。预校开门时间过后，门会自动关闭。当遇上电力终断时，蓄电池及时提供后备电力把门自动打开
长期开启	门自动开启，并固定于完全开启状态
局部开启	操作与全自动相同，只是门的开启宽度自动减小，开启宽度可以设定
自动局部开启	操作与局部开启相同，但人流量大时，主机自动作出调控，将门全部开启
单向开启	主机只接受室内感应器的开启信号，以达到只准出、不准进的单向通道功能
单向局部开启	操作与单向开启相同，但门开时只作局部开启

课题 2　电子巡更系统

2.1　巡更系统的作用

保安巡更系统的作用是在防范区内制定保安人员巡更路线，并安装巡更站点，保安巡更人员携带巡更记录器，按指定的线路和时间到达巡更点，并进行记录，将记录信息传送到智能化管理中心。管理人员可调阅、打印各巡更人员工作情况，加强了保安管理，从而实现人防和技防的结合。

现代化楼宇中（办公室、宾馆、酒店等）出入口很多，来往人员复杂，经常需要保安人员值勤巡逻，以保安全。较重要的场所还需设巡更站，定期巡更。电子巡更系统就是用于自动检测巡更路线、巡更时间、巡更地点等巡更情况的电子控制系统。

2.2　巡更系统的组成

巡更系统可以用微处理机组成独立的系统，也可纳入建筑的自动化控制系统。如果大楼或单位已装设管理电脑，则应将巡更系统与其合并在一起，这样比较经济合理。

设计巡更系统时，按巡更路线编制巡更程序管理软件（厂商负责编制），输入计算机系统，巡更人员应根据设定的巡更程序所规定的路线和时间到达规定的巡逻点，不能迟到，更不能绕道而走。巡更人员每抵达一个巡更点，就必须按巡更信号箱上的按钮或刷卡等，向计算机管理中心报到。管理中心可通过显示屏上的指示灯了解巡逻路线上的情况。有的巡更系统还配备有对讲机或对讲接驳插座，可向值班室报告情况。如果巡更人员因故未能在预定时间内到达某规定的巡更点时，巡更程序中断，计算机便会打印记录，以便查询。同时会发出报警信号，并显示出现异常情况的路线和地点，可立即派人前往查处。

巡更程序软件的编制，应具有一定的灵活性。对巡更路线、行走方向以及各巡更点之间的到达时间，应能方便地进行调整和补充。为使巡逻工作具有保密性，应经常变化巡更路线、巡更时间。

图 5-17 所示的是某建筑使用的（也是目前最常用的）巡更系统示意图。

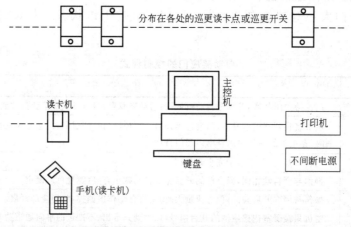

图 5-17　某建筑巡更系统示意图

该系统采用给定程序路线上的巡更开关或巡更读卡机（有刷卡或感应卡），保证巡更人员能够按规定顺序、路线、时间在巡逻区域内的巡更点进行巡逻，同时配有对讲设备，保障了巡更人员的安全，使用效果良好。

巡更系统设备配置时注意和销售厂商联系，并提出具体需要和特殊要求。

2.3　巡更系统应具备的主要功能

1）实现巡更路线的设定、修改。

2）实现巡更时间的设定和修改。

3）在重要部位及巡更路线上安装巡更站点，各站点要能被主机识别。

4）控制中心可查阅、打印各巡更人员的到位时间和工作情况。

5）具有巡更违规记录、提示。

2.4 巡更系统主要设备

1）电子巡更器。一般采用无线方式，携带方便，和固定安装的巡更感应器配合使用，记录巡更人员工作情况。应可充电，并防水、防尘、防振，保证全天候使用。

2）巡更感应器。一般采用预埋方式，可装在水泥墙、砖墙或其他物体内。每个感应器内设置独立内码，安全性极高，非接触式读取数据，没有接触性磨损，防水、防磁、防尘，寿命长。

3）主机。控制用 PC 机及打印机等。

2.5 巡更系统设计步骤

1）设计巡更路线。根据巡更路线选取最佳巡更点的数量和位置，如图 5-18 所示。

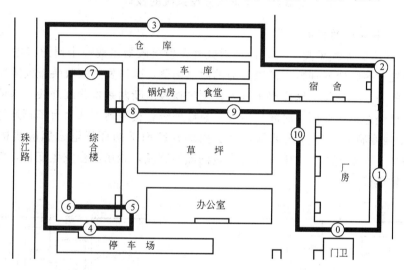

图 5-18　巡更站点设置示意图

注：0～10 为巡更感应器。

2）住巡更站点位置安装巡更感应器。

3）巡更时，巡更人员按照设定的巡更路线巡逻，在规定的时间内巡至每个巡更站点，用电子巡更器在巡更感应器前晃动，读取数据。

4）回到控制中心后，将电子巡更器读取的数据录入管理电脑，以便记录和查询。

课题 3　停车场管理系统

停车场管理系统是采用先进的非接触识别技术，对进出车辆进行识别、管理、收费的一套控制系统。该系统可实现实时记录车辆进出情况，司机无需摇下车窗，通过非接触刷卡确认可直接通行。将每一出入口的读卡控制器联网，可实现管理中心对车辆进出资料、收费记录等信号的查询，还应具有车场车位情况的显示、车辆到车位的引导指示系统。

停车场管理系统主要功能为：车辆出入口通道管理、停车计费、车库内外行车信号指示和车库内车位空额显示诱导等。

3.1 停车场综合管理系统的组成

1）汽车传感器通常采用环形感应线圈方式或光电检测方式。

2）汽车控制柜接收传感信号并进行处理控制的设备。

3）信号指示灯根据控制信号指挥汽车通行的信号灯。

4）停车库闸门根据控制信号决定是否让汽车通过的闸门。

5）收费计算机对收费进行自动管理的电脑。

6）车位检测器显示停车场所有车位情况。

目前根据不同类型的建筑和服务等级而配置相应规模要求的停车场管理系统，在一些公共安全管理要求较高的现代化建筑中已被广泛采用。

3.2 停车场管理系统的设计

3.2.1 车辆出入的检测方式

1）红外线检测方式见图 5-19。由两对红外发射接收器组成一个通道口的车辆检测装置。红外线发射接收器分别装于通道口前的通道两侧，两对发射接收装置间隔应略小于出入最小汽车的一个车身长。这样汽车进入检测区便会阻断两条检测红外线，检测器便能检测出有车辆已经通过。如同一时间只阻断一条红外线，检测器不认为有车辆通过。

2）环形线圈感应检测方式见图 5-20。由埋在路面下的环形电磁感应线构成检测装置。当车辆从上面通过时（由于汽车有大量的磁性物质）磁场就会发生变化，检测系统就能确认有车辆通过。

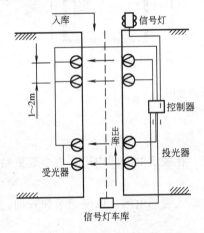

图 5-19　红外线检测方式

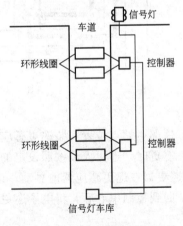

图 5-20　环形线圈感应检测方式

3）光电式检测器的安装和环形线圈检测器的安装参见图 5-21 和图 5-22。

3.2.2 信号灯控制系统的设计

信号灯控制系统的设计参见图 5-23、图 5-24。各种类型的停车场信号灯的控制方式不同，这两个图中列出了最普通的停车场出入口信号灯控制的设置方法，供设计时参考。

信号灯、指示灯的安装参见图 5-25。

3.2.3 车位检测系统的组成

车位检测系统的组成如图 5-26 所示。

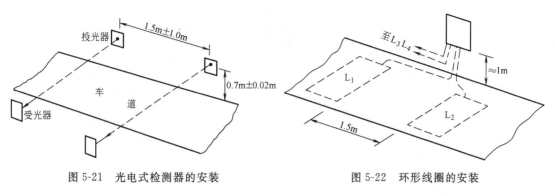

图 5-21　光电式检测器的安装　　　　　图 5-22　环形线圈的安装

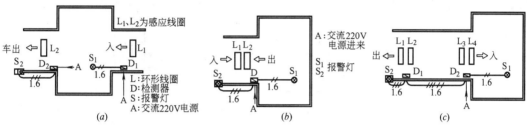

图 5-23　信号灯控制系统之一

（a）出入不同口时以环形线圈管理车辆进出；（b）出入同口时以环形线圈
管理车辆进出；（c）出入同口而车道长时以环形线圈管理车辆进出

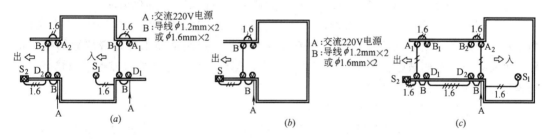

图 5-24　信号灯控制系统之二

（a）出入不同口时以光电眼管理车辆进出；（b）出入同口时以光电眼管
理车辆进出；（c）出入同口而车道长时以光电眼管理车辆进出

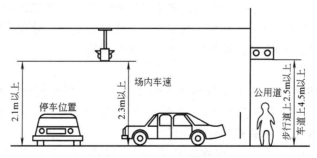

图 5-25　信号灯、指示灯的高度

1）探测器可采用地感探测器、红外线探测器、超声波探测器等。

2）车位引导屏及车位显示屏。用灯箱刻字透光制作，也可用 LED 显示屏，一般有车

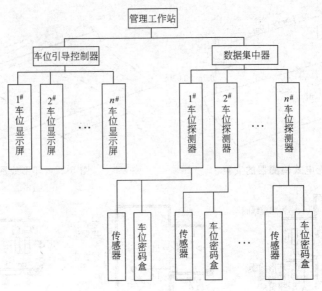

图 5-26　车位检测系统构成图

位亮绿光,无车位亮红光。

　　3)车位引导控制器。完成计算机指令的逻辑转换,驱动相应的显示屏和灯箱完成车辆的引导工作,该控制器一般为一个单片 PC 机。

　　4)数据集中器。完成数据的采集、存储和通信,也由单片 PC 机组成。

　　5)有些系统还配有密码输入器,将之置于车位旁,当车辆停泊时,设定一个密码,当车辆需开走时必须输入原设定密码,否则报警,并向控制室输出带报警位置的报警信号,可有效防止车辆被盗。如果停入车位的车不输密码,密码输入器只监控停泊状态,无防盗报警功能,以方便某些用户(如短时间停泊者)。

　　3.2.4　完整的智能化停车场系统设计

　　我们以目前在国内使用较多、较为先进的捷顺(JSME)公司产品为例来设计几种停车场智能管理系统,其他产品的原理与之相同,也可参照此例设计。

　　(1)设计指导思想

　　如今高楼林立、道路纵横,车辆的密集度行驶已成为当今全球的一大景观,同时也成为一大社会问题。车辆的静态管理和动态平衡给我们带来了新的机遇和新的挑战,给人们的生活环境和楼宇系统提出了更科学、更安全、更规范的要求,管理高效、安全合理、快捷方便的停车场智能管理系统已成为现代社会的迫切需求。

　　(2)工作原理

　　停车场智能管理系统其工作原理如图 5-27 所示,它采用先进的检测技术(如 IC 卡、感应卡等),将各种先进的停车场设备、自动控制系统、电脑等技术有机结合,从每一个环节到整个系统、到管理服务都达到了先进水平。

　　车辆进出停车场时只需将 IC 卡在读卡器上读卡或将感应卡在读卡机前一晃即能完成记录、核算、收费等工作,此时挡车道闸升起,电子显示屏显示欢迎进出。车辆进出完毕,闸杆自动落下,全过程可无人看守、节省开支、提高管理档次,电脑自动计时经核算而得出停车费用,并通过电子屏显示给驾车者。每辆离场车辆的收费都由电脑确认和统

222

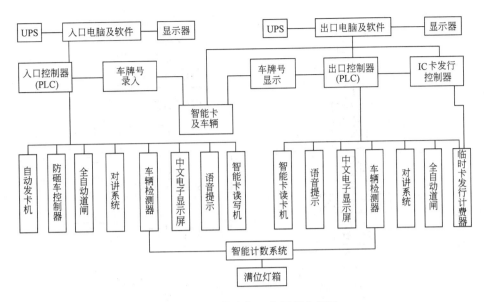

图 5-27　智能停车场工作原理方框图

计，并从卡中扣出，杜绝了失误和作弊，体现了公正快捷的服务，费用标准可由电脑设定。

智能卡以其独特的读写特性和安全性能，使之具有极强的防伪能力，其存储的信息也不会象磁卡那样因磁场干扰和外部其他干扰而丢失、错乱，不会产生使用磁卡所带来的因磁头磨损、磁粉脱落、灰尘等影响的麻烦，因而适用于各种环境，可靠、方便、耐用。

（3）停车场智能管理系统

其布局如图 5-28 所示，车辆进出程序流程如图 5-29 所示。其主要设备和器件及功能如下：

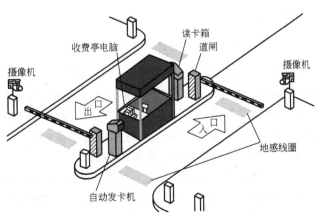

图 5-28　停车场智能管理系统布局示意图

1）出、入口控制机。它是整个系统的功效得以充分发挥的关键性外部设备，是智能卡与系统沟通的桥梁。在使用时只需将卡伸出车窗外在控制机感应读卡器前轻晃一下，约需 0.1s 时间即可完成信息交流。读写工作完成后，其他设备做出进入或外出的相应动作。控制机可在关闭计算机的状态下工作，自动存储信息，供计算机适时调用采集。

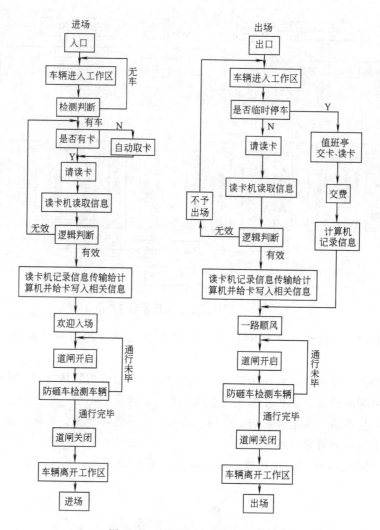

图 5-29　车辆进出程序流程图

2）感应式 IC 卡。采用当今世界上最先进、最成熟、最流行的感应式智能卡，即菲利浦半导体/Mikron 的 Mifare-1 卡。该卡含有 CPU 和大容量存储器集成电路芯片，具有外部读取和内部处理及逻辑运算等功能，广泛应用于停车场智能管理系统中。作为信息载体是连接车主、车辆信息与系统的桥梁，为停车场智能管理系统的安全性、保密性、合理性、功能完善性、高度自治性、高效性做出了有效的保证。

3）中文电子显示屏。一般将之装在读卡机上以汉字形式显示停车时间、收费金额、卡上余额、卡有效期等，若系统不给予入场或出场，则显示相关原因，告知车主，明了直观。

4）对讲系统。每部读卡机都装有对讲系统，因此工作人员可通过对讲指导用户使用停车场；用户也可以询问有关情况，加强了用户与管理人员的相互沟通。

5）语音报价功能。语音报价器装配在读卡机上，与电子显示屏功能相配套，以声音的形式提示、指导用户科学地使用停车场系统。

6）自动出卡机。用于临时泊车者取卡进场，泊车者驾车至读卡机前，数字式车辆检测器自动检测，驾车者按键取卡（凭车取卡，一车一卡），此卡记录入场信息后便可起动道闸开启，让车辆进入停车场。离场时此卡交值班亭读卡，电脑自动核费、收款、收卡，目前许多高速公路收费便采用这种形式。

7）录入临时车牌号出场核对放行功能。当临时车辆入场时，管理员可根据需要，输入车牌号和车辆类型（也可由摄像机录取），电脑可进行自动记录，并将数据写入 IC 卡芯片内储存；当车辆出场读卡时，电脑会自动显示出原车的卡号和车牌号码，从而进行出场核对，并根据车辆类型和时间，计算出合理费用，如核对不符合原车辆，将禁止车辆出场。

8）自动挡车道闸。用来确定车辆是否可以进出停车场，其闸杆具有双重自锁功能，可防止人为抬杆，具有发热保护、时间保护、防砸车保护、自动光电耦合等功能。

9）数字式车辆地面检测器。是智能停车场系统感知车辆进出的"眼睛"，它采用数模转换技术，可靠、灵敏，可保证系统安全准确运行。

各主要设备如图 5-30 所示。

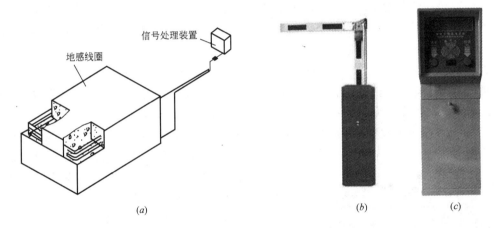

图 5-30　智能停车场主要设备

（a）车辆地面检测器；（b）挡车道闸；（c）入口控制机

10）JSME 智能停车场管理系统技术参数见表 5-4 所示。

JSME 停车场系统技术参数　　　　　　表 5-4

通　信　接　口	RS-485	输　入　电　压	～220V
数据传输率	9600bit/s	电源频率	50Hz
传输距离	1.2km	输入电流	200mA
感应式 IC 卡	MIFARE-1	环境温度	－25～＋70℃
读写时间	≤0.1s	环境湿度	10%～90%
读写距离	100mm	单机静态功耗	1.5W
卡片信息容量	8kbit	单机动态功耗	1.8W
数据掉电保存	100 年	抗静电干扰能力	15kV

注：功耗不含电脑和闸门机。

（4）系统软件

1）设定功能。使用管理卡管理者可以对岗位、操作员、收费标准、用户智能卡的发行等进行功能设定。每一个出入口的机台、岗位就有了明确的分工及功效，岗位上操作的权限范围和职责也得到规定。每张智能卡在发行时，持卡人的资料、车牌号码、该卡属性、收费等级、使用期限等均在管理者的掌握之中，每一个持卡者驾车出入停车场时，读卡机便会按既定标准合理公正收费。

2）系统自动维护功能。系统能使电脑自动地将接收的数据进行整理、排列、合理放置，保证系统随时都以最大空间和最佳状态运行。

3）财务功能。相当于一个强大、完善的财务管理系统，停车场每时每刻的所有动作，都能如实地记录、整理、统计，管理者可以随时查用、打印停车场运作情况。例如整个停车场收费情况、某岗位收费情况、某操作员收费情况、存车量，某卡的进出次数、时间、卡内余款等。

（5）可选择的配套系统

1）车位检索系统。在每一个车位设置一套检测器，通过处理器并入系统，装设该系统后，电子显示屏则会将当前最佳停车位显示给泊车者，省去驾车者在车场内到处寻找车位的烦恼，提高停车效率。同时主控电脑和每一个入口电脑可以随时查寻车场中的车位情况，并以直观图形反映在显示屏上，本车场内若无空车位，每个入口读卡机则不会受理入场，并显示"车场满位"的字样。

2）防盗电子栓。对固定车主的泊车位，加设一套高码位遥控器与检测器并行工作，检测器就具有了守车功能。车主泊车输码、取车解码，防盗电子栓如同一条无形铁链将车拴住。若无解码取车，则报警系统立刻报警，有效防止车辆被盗。

3）路障机。参见图 5-31，用于阻挡汽车运行，与道闸同步使用，可有效防止盗车、不交费强行出场，适用于重要的停车场管理口。路障机的启动有气动、电动、液压等多种形式，起降平稳、迅速、承载力要求大于 100t。

图 5-31　路障机

4）图形摄像对比系统。可将该系统配置于进出道口，主要设备有摄像机、闪光灯、抓拍控制系统和图像处理系统。车辆进场读卡时，控制系统工作，摄下有号牌的车辆图像。经计算机处理，提取号码和车主所持卡的信息，一并存入系统数据库内；出场读卡时，摄像机再次工作，拍摄出场车辆，并与进场时信息对比，是同一车则放行，否则不予出场。该摄像机也可配置人工监视器，监视车辆通行、加强管理。

3.2.5　设计举例

1）单车道进出智能停车场管理系统。该系统进出读卡机分别处理车辆的进出信息，各自控制同一道闸起落，适用于同一单车道、少量车辆出入的场所。

它由出票机、读卡机、闸门机、车辆地面检测器（环形线圈感应器）、中文显示屏、对讲系统、语音报价机、电脑等组成。当车辆驶入停车场入口工作区，停在读卡机前时，读卡机提示请读卡或出卡机出卡后再读卡，记录正确信息后闸门机开启，汽车便可驶入。当汽车进闸驶过防砸车检测器（环形线圈感应器）后，确定车辆已通过道闸，则控制闸门自动放下。车辆出库时方向相反，但程序基本相同。

2）双车道一进一出智能停车场管理系统如图 5-32 所示，该系统进出车辆分开行驶，读卡机分别控制各自的道闸，这是一种应用最多的系统。

3）分散多车道、中央管理智能化停车场系统，该系统适用于一些大型场所，可有多个进口通道、多个出口通道。各通道可独立工作，相互间通过联网方式传送信息到中央管理系统，在线或联网中可适时通信，也可暂停网络通信，让各终端独立工作，定时通过网络采集各终端信息汇总；非联网的也可通过数据采集机，采集信息汇总到中央处理计算机。

4）无人管理智能停车场系统。如图 5-33 所示，该系统谢绝临时车入场，只供持卡者（识别卡、储值卡、期卡）进出停车场使用，无人管理系统自动识别、核费、扣款、放行等工作全自动化。

图 5-32 双车道一进一出停车场   图 5-33 无人管理智能停车场系统

目前停车场管理系统的种类较多，设备产品型号繁多，我们设计时一定要根据实际情况，并与厂商多联系、多咨询、多比较，这样才能保证系统的先进性、实用性、经济性、可靠性。

习　题

1. 什么叫门禁系统？门禁系统有何作用？

2. 试画出门禁系统结构方框图（可以自己构思设计）。

3. 读卡机有哪些种类？试述各种个人识别卡的优缺点。

4. 门禁管理软件一般应包括哪几个部分？

5. 商场、对外办公的机关大楼等主要出入口应该设置什么样的门禁系统？什么时候设防？什么时候撤防？

6. 出入口控制门禁系统各种设备自行配置时，应该注意什么？

7. NTK4050 型门禁系统是哪个公司的产品，该系统可以控制多少个门？使用者基本容量为多少？是否可以扩展？该系统有些什么主要功能？

8. 楼宇对讲系统应包括哪几个部分？每部分有哪些作用？系统应达到怎样的基本功能？

9. 画出总线制楼宇对讲结构框图。

10. 试用 ML-1000D 型主机，设计某个小区可视对讲系统框图。

11. 什么是电子巡更系统？巡更系统程序软件的编制应向厂商提出什么要求？
12. 自动门按控制方式怎样分类？
13. 简述自动感应门的控制程式。
14. 停车场管理系统的主要功能是什么？
15. 汽车传感器通常采用什么方式？说明两种方式的基本工作原理。
16. 试为某单位画出一个读卡进、自由出的停车场管理系统示意图，并说明管理过程。
17. 画出基本的车辆出入库程序流程框图（可自行设计）。
18. 完善的门禁系统应有哪些特点？
19. 感应卡有哪些优点？最适合于什么场所使用？
20. 请说出巡更系统的作用、主要功能和主要设备。

单元 6　信号传输系统

知 识 点：直接传输，射频传输。无线发射，无线接收。双绞线，安装线，护套线，同轴电缆。

教学目标：掌握信号的传输方式。掌握无线传输方式的组成。掌握常用线缆的选用。

从前 5 个单元的学习中，我们认识到无论是电话系统、入侵防范系统、闭路电视监控系统、以及有线电视系统，都需要解决信号传输的问题。在建筑施工中，这些信号传输系统的设计和施工也是工作量最大的之一。本单元主要介绍安全防范报警系统、闭路电视监控系统和有线电视系统的信号传输方式和方法。

课题 1　有线传输方式

在安全防范报警系统、闭路电视监控系统的传输线传输方式中，当传输距离较近时，一般采用信号的直接传输方式。当传输距离较远时，可以对报警信号和视频信号进行调制后传输。有线电视系统由于传输距离一般较远，所以全部采用后一种方式。

1.1　传输线传输方式

在智能建筑和一般建筑内设立的安全防范报警系统和闭路电视监控系统中，一般信号传输距离较近，在几百米之内。一般不超过 2km 的系统都可以采用信号的直接传输。

信号的直接传输方式具有设备简单、传输安全可靠、保密性好、不与其他设备互相干扰、传输信号失真小等优点。闭路电视监控系统由于具有视频图像传输、报警信号传输、声音信号传输以及供电电源、联动信号等，其传输信号具有代表性，因此我们以闭路电视监控系统的信号传输为主要介绍对象。

1.1.1　报警信号的传输

在安全防范现场设置的入侵报警探测器、火警探测器等报警探测设备，在有线传输方式中，有 4 线制和 2 线制两种。当采用直接传输方式时，它与报警系统控制主机或闭路电视监控系统主机需要传输报警信号和直流供电电源。

当多个报警探测器在构成一个防区时，这些报警探测器互相串联或并联，每个防区与系统控制主机采用一根 4 芯电缆或 2 芯电缆连接。

报警信号传输根据报警探测器的不同，通常使用 4 芯屏蔽电缆或 6 芯屏蔽电缆传输。在 4 芯屏蔽电缆中有 2 芯用于传输报警开关信号和防撤信号，其余 2 芯用于传输直流供电电源（通常为直流 12V）。在 6 芯电缆中，报警和防撤信号单独接线传输。

另外，2 芯屏蔽电缆也可用于报警信号传输，其 2 芯线同时用于传输报警信号和直流供电电源。

1.1.2 声音探测器的信号传输

安装在前端的声音探测器，有3线制和2线制声音探测器两种。它一般采用3芯屏蔽电缆或2芯屏蔽电缆进行声音信号的传输。一般情况下，为了防止串扰，每个声音探测器需要有一根电缆进行信号的传输。

1.1.3 通信信号和控制信号的传输

在切换器控制系统中，云台镜头控制器的镜头控制需要一根4芯屏蔽电缆，云台控制需要一根6芯屏蔽电缆，每个辅助功能至少需要一根2芯屏蔽电缆对每一套前端系统进行控制。在矩阵系统控制主机与前端解码器通信中，需要一根双绞线或双绞屏蔽线进行通信控制信号的传输。

1.1.4 供电电源的传输

根据安全防范系统的要求，在近距离的闭路电视监控系统中，前端设备的供电电源应由监控室统一集中控制和提供。对于远距离的闭路电视监控系统，当无法由监控室提供统一供电时，应在前端设置稳压电源系统，由当地电网提供系统的供电。但监控室应能对供电电源进行集中控制，因此应有电源控制线。

电源供电有直流12V、交流24V和交流220V供电几种。对于直流供电和交流24V供电，在与其他设备的控制和信号线不互相干扰的情况下，可以合并在一根电缆中提供。交流220V供电电源线应单独布线提供。电源线应采用专用电源电缆，在埋墙或管道走线时，应采用护套绝缘电源电缆。

1.1.5 视频信号的传输方式

由前端摄像机摄取的视频图像信号有两种传输方式。在距离较近时，一般采用视频信号直接传输方式，也称为"视频基带"传输。在距离较远或传输线架设不方便时，采用射频传输方式。

（1）视频信号的直接传输方式

在闭路电视监控系统中，摄像机输出的是标准视频复合信号。通过视频同轴电缆直接将这个视频复合信号传输到系统控制设备进行处理的直接传输方式，具有系统设备简单、数量少、信号失真小、系统信噪比高、实时快速等优点。缺点是传输视频信号受幅频和相频失真的影响，信号传输距离不能太远。每根同轴电缆只能传输一路视频图像信号，因此系统中使用的视频同轴电缆当摄像机数量较多时，汇集到控制中心的视频电缆数量也较大。

直接传输的视频信号，受幅频和相频失真的影响，在直接传输时彩色视频信号一般在1.5km以内。黑白视频信号一般在2km以内。这在一般的闭路电视监控系统中，能满足要求，因此，采用视频同轴电缆对摄像机输出的视频信号进行直接传输方式，是目前闭路电视监控系统中大量采用的一种视频信号传输方式。

（2）射频调制传输方式

视频信号的传输在远距离时或在需要情况下还采用射频调制传输方式，即采用有线电视的传输方式。它是将视频图像信号经调制解调器调制到某一射频频道进行信号传输的方式。例如在视频会议系统和闭路电视教学系统中，同时要传送多个节目源到许多电视接收机，以供收看和选择，这时可将多个视频图像和声音信号，经调制器调制，送到混合器进行混合后，再用一根射频同轴电缆进行信号的传输。如图6-1所示。

射频传输的优点是：

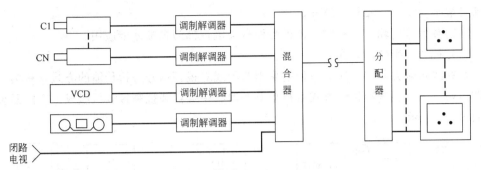

图 6-1　射频信号传输方式

1) 传输距离可以很远, 传输过程中产生的幅频失真和相频失真较小。

2) 一条同轴射频电缆可以传输多路射频信号, 在同轴电缆的敷设路径上, 可以随时随地将邻近的摄像机输出的视频图像信号经调制解调器调制成射频信号后, 使用定向耦合器送入射频电缆中进行传输, 而不必将这些信号集中处理后再进行传输。这对某些远距离场所的监控、安装比较方便。

在射频信号传输方式中, 需要使用调制器、混合器、线路宽带放大器、干线放大器、定向耦合器、分波器、解调器、分配器、分支器等一系列传输系统部件。这些部件可根据系统需要进行选用。

调制器是将视频信号调制成为射频信号的转换设备。它的频带宽度一般为 8MHz。采用残留边带或限制边带方式。在一个频段内, 可以使用几十路调制器调制的射频信号进行传输。在一根射频同轴电缆中传输的射频信号, 应使用不同调制频率的调制器对每路视频信号进行调制。

混合器是将调制在不同频道上的各路射频调制信号混合成一路射频信号, 同一根射频同轴电缆进行传输的设备。混合器一般为无源器件。输入路数有 2、4、6、8、12 路等几种规格。每路占用一个电视频道。

定向耦合器也是一种单路混合器, 它适合在射频电缆的传输干线上, 将调制成不同频率的射频图像信号就近耦合至射频电缆中进行传输, 系统图如 6-2 所示。使用定向耦合器应注意: 特定频道的定向耦合器应对应调制成该频道的射频输入信号。插入的该路射频信号电平应与射频传输电缆中该点传输的其他频道的射频信号电平基本相同。

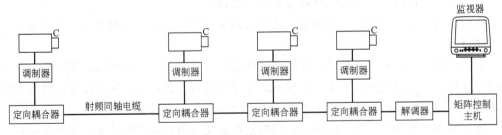

图 6-2　定向耦合器传输系统图

解调器是将射频电缆传输来的射频调制电视信号解调还原为视频标准信号的设备。每个解调器的每一路对应一路由调制器调制的射频信号, 解调出的视频标准信号可以直接送到系统控制主机进行处理。解调器的输入射频信号电平一般在 $56 \sim 80dB\mu V$ 之间。输出视频信号电平为 1.0Vp-p～1.2Vp-p。

在射频信号传输中，有时应征得当地有关电视部门批准才能应用。

（3）视频平衡传输方式

在有线传输方式中，还有一种是采用双绞线对视频信号进行传输的方式，称为"视频平衡传输"方式。这种传输方式由视频发送器、中继器和视频接收机组成。它的系统方框图如图 6-3 所示。

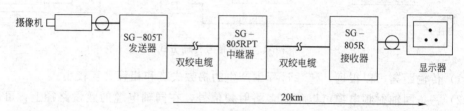

图 6-3　视频平衡传输方式系统图

视频平衡传输方式是由视频发送器将摄像机输出的视频全电视信号转换成为一正一负的差分信号，经双绞线传输到系统终端的视频接收机上，再由视频接收机将其转换成视频电视信号。采用差分信号进行传输，在接收机转换成视频信号时，由传输过程中产生的幅频和相频失真及噪声干扰信号将被抵消掉。

在较远距离传输时，采用双绞线传输方式能够降低系统造价。特别是在智能建筑综合布线系统中，可以利用综合布线中的双绞线进行视频信号的传输。

双绞线视频平衡传输系统可以传输黑白或彩色电视信号，不加中继器时，最远传输距离为 2km。加中继器最远距离可达 20km。

1.2　电话电缆传输方式

电话电缆传输方式是通过公用电话网，实现远程报警信号、监视图像、语音及控制的传输方式。在安全防范报警系统中，目前大部分报警系统控制主机均具有可连接自动拨号器的功能，实现电话号码存储和电话线路连接。在系统控制主机上连接公用电话线，存储电话号码，当系统发生报警时即能自动拨通所存储电话号码所在的报警控制中心和有关部门，实现报警信号的传输。在报警系统的远程传输中，利用报警系统控制主机和报警接收机，通过公共电话网即可实现报警信号的远程传输。

在闭路电视监控系统中，利用电话线进行视频信号的传输，一直是电视工作者研究和追求的目标。

利用电话电缆进行视频信号的传输具有低成本、远距离、不易受到低频干扰、可以与公用电话网组成大型或超大型安全防范系统等优越性能。近年来，随着计算机技术和图像压缩技术的快速发展，利用电话电缆进行传输的设备也越来越多。

电话电缆传输方式，是在控制中心用单条电话线控制前端系统设备，同时传输彩色活动图像、报警信号、声音信号，控制前端云台、镜头和摄像机，选看远端矩阵系统控制主机输入的所有摄像机图像，控制报警联动设备等。

这种传输方式用于远距离信号的传输。它能够通过 DDN/ISDN/ADSL/LAN/ATM 和因特网联成多媒体监控网。

电话电缆传输方式一般采用高速图像捕捉、数据压缩等图像处理技术，实现视频图像和数据的传输。传输速率在 1～15fps 左右（fps 为每秒传输的图像帧数）。传输速率快，则图像分辨率低；传输速率慢，则图像分辨率高。传输的图像在这种方式下，一般具有我们通常所说的"动画效应"，这在闭路电视监控系统中可以满足使用上的要求。下面，以 NTK3000 电话线视频传输系统为例给出电话电缆传输系统的方框图，如图 6-4 所示。

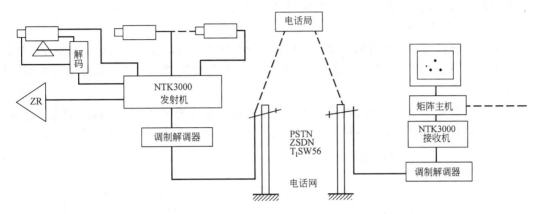

图 6-4　NTK3000 电话电缆传输系统图

由图中可以看出，电话电缆传输方式需要使用的主要设备为 NTK3000 发射机、调制解调器和 NTK3000 接收机。

视频发射机常用的有 4 路、6 路至 48 路摄像机输入。常用的调制解调器为 28.8kbit/s。选用高速发射机时，传输速率可达 115.2kbit/s。

NTK3000 电话线视频传输系统是 4 路摄像机输入和 16 路摄像机输入的传输系统。它的特点是：

- PCT 及自适应数据压缩。10fps（ISDN）。
- 高速图像捕捉窗口，内置可选遥控/PTZ 控制。
- 透明全双工 RS232 数据通道。
- 报警前图像存储（CT4/MT4）。
- 多重显示模式：全屏、4 画面、8 画面。
- 48 个快速拨号，手动拨号。
- 标准配置支持 DTE（38.4kbps），任意电话网（PSTN、ISDN 等）。
- 前面板按键提供遥控功能：P/T、ZOOM、FOCUS、AUX 等。
- DTE 波特率：19.2kbit/s，38.4kbit/s，57.6kbit/s，115.2kbit/s 等。
- 整机功耗为 16W。

NTK3000 的发射机型号有 NTK3010/CA、M4；NTK3011/C16，M16；NTK3012/C16，M16。型号后 CA 为 4 路彩色摄像机输入，M4 为 4 路黑白摄像机输入；C16 为 16 路彩色摄像机输入，M16 为 16 路黑白摄像机输入。

接收机型号为：NTK3000/CA，M4；NTK3000/C16，M16。

图像更新速率为：PSTN 网中初始为 3～5s，正常为 1～4fps；ISDN 网中初始为 2～3s，正常为 2fps～10fps。

1.3 光纤（缆）传输方式

利用光导纤维做成的光缆，用光发射机和光接收机将视频图像信号和控制信号转换成光信号进行远距离的传输。是一种先进的传输方式。光纤传输具有传输距离远、信号损耗小、抗干扰能力强、保密性好、无辐射、可以做到几十千米无中继传输、传输容量大、一根光纤可以传送几十路电视信号、实时传输等优点。

1.3.1 光缆的结构

光缆是光纤增加保护层后，便于使用、架设和保护的传输线缆。它通常由光导纤维做成的纤芯、硅油、PC 护管、金属护套、保护钢丝和塑料覆盖层构成，其截面图如图 6-5 所示。

在实际的光缆中，一般光缆均为 2 芯以上，即一根光缆中具有 2 根以上的光导纤维。光纤分为单模光纤和多模光纤两种模式。这两种模式的光纤传输示意图如图 6-6 所示。

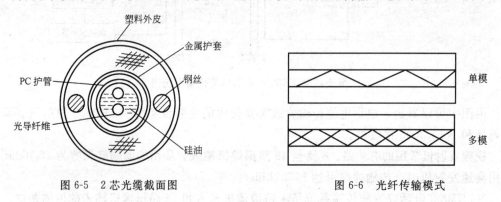

图 6-5　2 芯光缆截面图　　　　　　图 6-6　光纤传输模式

多模光纤可以在一根光纤中传输多个不同模式的光信号。

目前常用的单模光缆有：GYTS 单模束管式 2 芯（2D）、6 芯（6D）、8 芯（8D）、12 芯（12D）光缆；GYT53-22D 单模层绞式 22 芯光缆；GYT53-24D 单模层绞式 24 芯光缆；GYXTA-2D、4D、8D 等光缆型号。

1.3.2 光缆的传输方式和工作原理

光缆传输有调频（FM）传输、数字光纤传输和多路调幅（AM）光纤传输等几种信号传输方式。它取决于所使用的光端机类型。

光纤波长经常应用的有 1310nm 和 1550nm 两种。光纤传输的方框图如图 6-7 所示。

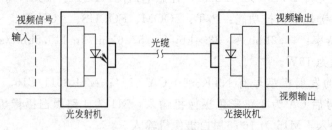

图 6-7　光端机工作原理

它的工作原理是：光发射机将输入的视频信号（或控制信号）调制成光信号。调制后的光信号经光缆远距离传输后，传输到光接收机的输入端。光接收机将接收到的光信号再转换成视频图像电信号或控制电信号。

光发射机上用于电——光转换的器件有发光二极管（LED）、激光二极管（LD）等光电半导体器件。光接收机上用于光——电转换的器件一般使用 PIN 光电二极管，把光信号转换成电信号。

常用的光端机有单路或多路视频光端机、数据光端机和复合光端机（视频＋返回数据）几种。例如，SM-FM-T/R 光端机为单模视频单路光端机，可传输一路视频图像信号；FDL-422 光端机传输一路单向 RS422 数据；OSD391/393 复合光端机，可同时传输 4 路视频图像信号和一路 RS422 返回数据信号。

1.3.3　光缆传输系统图

图 6-8 给出了一个具有 2 个监控点、共有 5 路摄像机输入的系统图，供参考。

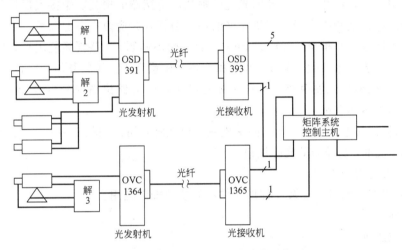

图 6-8　5 路摄像机输入光缆传输系统图

图中，一个监控点由 2 台带全方位云台和可变镜头的旋转摄像机以及 2 台固定摄像机组成。它们输出的视频图像信号经 4 路复合光发射机 OSD391 变换成光信号，经光缆传输到远距离的主控制室的光接收机 OSD393 上，由光接收机把光信号还原成视频图像电信号，送到矩阵系统控制主机上进行处理和显示。矩阵系统控制主机对前端解码器的通信信号（控制信号）则经光接收机 OSD393 上的控制数据输入端口变成返回的数据光信号，经过光缆传送到光发射机 OSD391 上，光发射机将控制数据光信号变换成通信电信号，送到前端解码器上的控制数据输入端，由解码器控制摄像机、全方位云台、三可变镜头及辅助功能的工作。

另外一个控制点只有一路带有全方位云台和三可变镜头的摄像机。它的视频图像信号和控制数据信号由一套单路复合光端机 OVC1364/1365 进行图像和数据的传输。这 2 个控制点不在同一方向，因此，各用一根 GYXTA-2D 型 2 芯光缆进行连接。实际使用时，其中一根纤芯用作信号传输，另一纤芯作为以后扩展或备用。

1.3.4　光缆传输损耗表与光端机性能介绍

光纤传输具有很多优点，但由于目前光缆和光端机的价格较高，光缆的接续需要专用设备并且需经过一定培训的操作人员进行焊接操作，建设费用较高，施工技术难度较大，因此只在远距离传输系统中使用这种传输方式。在光纤系统设计时，应计算各种连接部件的损耗，使总的损耗满足光端机允许的损耗值。表 6-1 给出了光缆传输中所用部分器件损耗表，供设计时参考。

光纤部件损耗表 表 6-1

项	目	损 耗	项	目	损 耗
连接口	ST	1.0dB	光纤	多模@850nm	3.5dB/km
	FC/PC	0.75dB		多模@1300nm	1.5dB/km
光纤	单模@1310nm	0.6dB/km	接口	机械连接	0.5dB
	单模@1550nm	0.4dB/km		熔接	0.2dB
接口	对接（BUTT）	2.0dB		配线板	2.0dB

在设计中，可以参照上表，计算光缆的损耗、连接器的损耗、熔接点损耗和配线板损耗等。它们的损耗之和应小于光端机允许的最大损耗，并应留有一定余量。

下面以 VM4300T 和 V4300R 型 PFM（脉冲频率调制）4 路视频复用光端机为例，讨论一下光端机主要技术参数。VM4300T 和 V4300R 系列 4 路视频复用光端机的特点：

1）选择不同型号光发射机，可在一根光纤中传输 4 路黑白或彩色复合全视频信号。传输距离最远可达 50km。

2）采用低损耗波长为 1300nm 的单模或多模光纤，可选用相应型号光发射机。

3）PFM 技术，标准 ST 光纤接口。

4）视频带宽达 10MHz。

5）有独立安装和机架安装 2 种形式供不同场合安装选用。

技术指标：

（1）光发射机

最小入纤光功率：VM4304T VM4308T VS4323T（激光）

50/125μm 多模光纤：波长 1：-24dBm -20dBm

波长 2：-16dBm -20dBm

9/125μm 单模光纤：波长 1 -5dBm

波长 2 -5dBm

典型传输距离：1.5km 5km 40km

输入信号电平：1.0Vp-p/75Ω，BNC 接口

（2）光接收机

最小接收光功率：-36dBm

最大接收光功率：-12dBm

动态范围：>23dB

输出电平：1.0Vp-p/75Ω

系统特性：

线性度：±2.5 典型值

倾斜失真：2%

色度、亮度时延：<5ns

微分相位：$<3°$

信噪比（加权）：57dB

带宽（-3dB）：2Hz～10MHz

电源电压：12VDC～15VDC（另配220VAC/12VDC电源）。

电源电流：VM4300T：600mA

V43UON：1A

外形尺寸：1.2″(3.0cm)（高）×3.7″(9.4cm)（宽）×5″(12.7cm)（长）

环境条件：工作温度：-30～70℃

湿度：0～95％RH

储存温度：-55～85℃

课题2 安全防范系统信号的无线传输方式

无线传输方式是将安全防范系统中的报警信号、视频图像信号和系统控制信号采用无线发射、接收的传输方式，是将信号在无线发射机上调制成射频信号后，发射到空中，再由远端接收机接收解调后送到系统控制主机进行处理的传输方式。

2.1 报警信号的无线传输方式

在安全防范报警系统和闭路电视监控系统中，当使用无线报警防区时，每个无线报警探测器，都是一个常规报警探测器和一个小型发射机的组合。它将报警信号采用无线发射的方式传输到控制中心的无线报警接收机上，无线报警接收机对接收到的报警高频信号进行解调后，送入报警系统控制主机进行处理。无线报警探测器具有安装快捷、方便、移动使用灵活、不需要布线等优点。

无线报警探测器一般使用全国无线电管理委员会分配给报警系统的无线电频段进行传输。一般传输距离在开阔地为1000～2000m。在建筑物内的传输距离视建筑物的结构环境而定，一般情况下可达100m。

无线报警接收机采用超外差接收方式，双天线接收以消除接收死角。无线报警接收机具有对前端无线报警探测器定时测试功能，对无线报警探测器的工作状态和电池电压情况定时进行测试，以保证无线系统可靠安全地工作。

无线报警探测器的地址码，不需要人工设定。安装使用非常方便。采用无线防区的报警系统原理图如图6-9所示。

图6-9 无线报警防区原理图

对于报警系统之间，也可以采用无线传输的方式构成无线安全防范报警网络系统。

2.2 视频图像信号的无线传输方式

视频图像信号也可以采用无线传输的方式进行视频图像信号传输。例如采用无线电视台的发射方式。但在安全防范系统中，一般不采用这种方式进行视频图像信号传输。

前面我们讲到采用电话电缆的传输方式。当我们将一般电话机换成由无线通信手机作副机的电话机后，就构成了电话电缆传输的另一种传输方式——利用手机进行视频图像的无线传输方式。它适合用于某些特殊要求场所，如军用等。图 6-10 给出采用无线电话传输视频图像信号的方法。

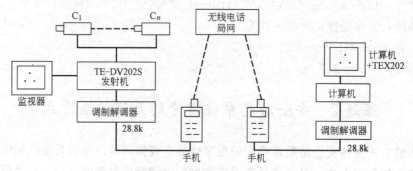

图 6-10　视频图像信号用无线电话进行传输方式

采用无线电话的传输方式传输视频图像信号的速率一般在 15 帧/s 以下，与电话电缆传输速率相同。无线电话手机应选择生产厂家提供的输入输出专用电缆备件，即可与系统设备进行连接使用。

2.3　微波传输方式

使用专用的微波发射机和接收机，对报警信号、视频图像信号和控制信号进行远距离的信号传输，是目前较常用的一种无线传输方式。

由于微波是一种直线传播媒体，因此它适合于空旷地区、边远地区的信号传输，尤其适合公安、边防、交通、油田和矿山等行业的远距离监控系统的信号传输。微波传输的系统图如图 6-11 所示。

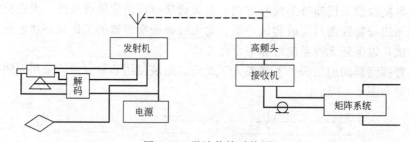

图 6-11　微波传输系统图

微波传输系统选用 $600 \sim 1500 \mathrm{MHz}$ 或 $1.0 \sim 1.8 \mathrm{GHz}$ 空白频段中的任意 $30 \mathrm{MHz}$ 频道进行定向声音、图像信号的传输，也可以组网发射。传输距离可达 $100 \mathrm{km}$，当加中继时，可达 $200 \mathrm{km}$ 以上。

微波传输系统也可用于控制信号的传输，能对几十个控制点的多个动作进行编程控制。一个中心控制主机可对这些控制点同时和分时进行控制，实现对现场云台、镜头等进行遥控。

下面，列出 GD-807TV 微波无线电视传输系统的特点和技术指标供参考。

特点：集成度高，体积小，重量轻，使用方便，开通快，建设费用低。采用调频方式，通信质量好，声音清晰，图像实时。采用交流或直流供电，并可实现交直流自动切换和遥控开机关机，适合不同环境使用。

发射功率：

A：2W，传输距离 30km

B：0.1～1.0W，2～3W。传输距离 100km。

伴音调制方式：FM－FM

接收门限电平：6dB

输入输出视频信号：1Vp-p/75Ω

性能指标：

· 工作频率：A：1000～1800MHz（可选择）

              B：600～1500MHz（可选择）

· 接收灵敏度：A：－80dBm

             B：VS＝10μV/50Ω

· 图像调制方式：FM

· 伴音副载频：5.8～8MHz

· 射频输入/输出阻抗：50Ω

· 射频输入伴音信号：100mV/大于 1Vp-p

· 天线：0.5～1.5m 圆极化。增益：11dB/50Ω～19dB/50Ω

使用微波传输系统时，应注意以下几个问题：

1）使用微波传输系统，必要时应征得当地有关部门的批准方可使用。

2）微波天线和发射机、接收机之间传输电缆的长度应控制在说明书中规定的长度内。当发射天线或接收天线与系统的发射或接收设备安装距离超过规定值时，应把发射机或接收机尽量安装在天线附近以达到要求。

3）在微波直线定向传输的距离内，应无大的建筑物、山峰等阻挡物阻挡，否则将无法接收到信号。

4）微波传输设备的发射功率不宜过大。微波发射天线和接收天线应尽量避开人员经常生活工作的房间，以避免长期微波辐射对人体造成的伤害。

课题 3　常用传输线性能及应用

在有线传输方式中，常用的传输线有：报警线、声音传输线、控制线和电源线。传输线一般采用多芯护套电缆线。通信控制线采用双绞电缆或双绞屏蔽电缆线。视频信号传输一般采用视频同轴电缆和双绞电缆。

3.1　聚氯乙烯绝缘护套多芯电缆

聚氯乙烯绝缘护套电缆是在单根绝缘塑料导线组成的线束外面再增加一层聚氯乙烯塑料绝缘护套组成的传输电缆，如图 6-12 所示。

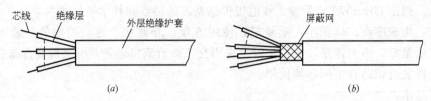

芯线　绝缘层　外层绝缘护套　　　　　屏蔽网

(a)　　　　　　　　　　　　　　　　　(b)

图 6-12　多芯聚氯乙烯护套电缆

聚氯乙烯绝缘护套电缆的导线数量有 2 芯、3 芯、4 芯、6 芯、8 芯、10 芯、14 芯等多种规格。

聚氯乙烯绝缘护套电缆的单芯导线的标称截面积从 0.06mm² 到 6mm² 之间有一系列的规格可供使用选择。表 6-2 给出了 RVV 型聚氯乙烯绝缘软护套电缆、RVVP 型聚氯乙烯绝缘屏蔽电缆和 ASTVV 型纤维聚氯乙烯室外绝缘安装电缆的有关参数，供选用时参考。

RVV 型聚氯乙烯绝缘软护套电缆　　　　　　　　　　表 6-2（a）

标称截面积（mm²）	导线芯线根数/直径（mm）	绝缘标称厚度（mm）	电缆最大外径(mm)					
			2 芯椭圆	2 芯	3 芯	4 芯	5 芯	6、7 芯
0.12	7/0.15	0.4	3.1×4.5	4.5	4.7	5.0	5.1	5.5
0.2	12/0.15	0.4	3.3×4.9	4.9	5.1	5.5	5.5	6.0
0.3	16/0.15	0.5	3.6×5.5	5.5	5.8	6.3	6.4	7.0
0.4	23/0.15	0.5	3.9×5.9	5.9	6.3	6.8	7.0	7.6
0.5	28/0.15	0.5	4.0×6.2	6.2	6.5	7.1	7.3	7.9
0.75	42/0.15	0.6	4.5×7.2	7.2	7.6	8.3	9.1	9.9
1	32/0.20	0.6	4.6×7.5	7.5	7.9	9.1	9.5	10.4
1.5	48/0.20	0.6	5.0×8.2	8.2	9.1	9.9	10.4	11.4
2	64/0.20	0.8	6.3×10.3	10.3	11.0	12.0		
2.5	77/0.20	0.8	6.7×11.2	11.2	11.9	13.1		
4	77/0.26	0.8	7.5×12.9	12.9	14.1	15.5		
6	77/0.32	1.0	9.4×16.1	16.1	17.1	18.9		

额定电压 50Hz，500V 试验电压：50Hz，2000V

RVVP 型聚氯乙烯绝缘屏蔽电缆　　　　　　　　　　表 6-2（b）

标称截面积（mm²）	导线芯线根数直径(mm)	绝缘标称厚度（mm）	电缆最大外径(mm)					
			一芯	二芯圆	二芯椭圆	3 芯	4 芯	5 芯	6、7 芯
0.06	7/0.10	0.4	2.6	3.9	2.6×3.9	4.0	4.8	5.1	5.8
0.12	7/0.15	0.4	2.8	4.2	2.8×4.2	4.8	5.5	5.9	6.3
0.20	12/0.15	0.4	3.0	5.0	3.4×5.0	5.5	5.9	6.4	6.8
0.30	16/0.15	0.5	3.3	5.9	4.0×5.9	6.2	6.7	7.2	7.8
0.40	23/0.15	0.5	3.8	6.3	4.2×6.3	6.6	7.2	7.8	8.9
0.50	28/0.15	0.5	4.4	6.9	4.4×6.6	6.9	7.5	8.5	9.2
0.75	42/0.15	0.6	4.9	7.6	4.9×7.6	8.4	9.1	10.2	11.0
1	32/0.20	0.6	5.0	7.9	5.0×7.9	8.8	9.8	10.6	11.5
1.5	48/0.20	0.6	5.4	9.0	5.8×9.0	9.8	10.6		
2.5	49/0.25	0.8	9					

试验电压：50Hz，2000V；绝缘电阻 20℃时≥2MΩ·km

编织密度：0.12 以下 50%；0.12 以上 80%

适用于野外线路和仪器仪表

固定安装温度 −45～+70℃ 98%RH

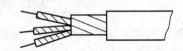

芯数	标称截面积(mm²)	线芯结构		最大外径 (mm)	20℃时直流电阻 不大于(Ω/km)	计算重量 (kg/km)	备注
		根/直径(mm)	外径(mm)				
2	0.75	19/0.23	1.15	7.3	25.0	60	
3	0.75	19/0.23	1.15	7.8	25.0	69	
5	0.75	19/0.23	1.15	9.2	25.0	103	
7	0.75	19/0.23	1.15	9.8	25.0	128	
10	0.50	16/0.20	0.94	11.0	40.0	133	
12	0.50	16/0.20	0.94	11.0	40.0	151	
14	0.50	16/0.20	0.94	11.5	40.0	170	

云台和镜头控制用的连接线，一般采用 6 芯和 4 芯聚氯乙烯绝缘护套电缆与解码器或云台镜头控制器相应的输出端口进行连接。

3.2 双 绞 线

双绞线或双绞屏蔽线也称为双绞电缆线，是一种具有特定阻抗的平衡电缆线。它是由 2 根绝缘导线绞合在一起，外面加聚氯乙烯护套构成的一种传输线。在矩阵系统控制主机与解码器的通信中，要求使用双绞电缆或双绞屏蔽电缆进行控制信号传输。常用的双绞线有 AVRS 型聚氯乙烯绝缘双绞安装线和 RVS 聚氯乙烯双绞安装线等。AVRS 型聚氯乙烯绝缘双绞安装线适用于仪表线路安装使用。RVS 型聚氯乙烯双绞安装线适用于固定安装的电气设备。RVS 聚氯乙烯双绞安装线使用温度为 −40～65℃，安装温度不应低于−15℃。

双绞电缆或双绞屏蔽电缆的单芯导线的标称截面积有 0.2、0.3、0.4、0.5、0.6、0.7、0.75、1.0、1.5mm² 等多种规格。

在实际应用中，有时矩阵系统控制主机与前端解码器的通信线也用 2 芯聚氯乙烯安装电缆代替双绞线。

3.3 同 轴 电 缆

在视频图像信号的传输中，经常使用特性阻抗为 75Ω 的同轴电缆进行信号的传输。国产 SYV75 系列同轴电缆的型号命名和分类如下：

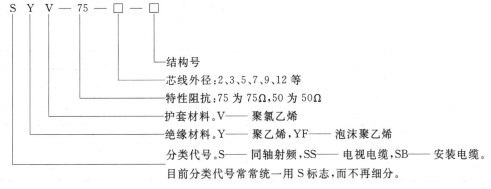

结构号
芯线外径：2、3、5、7、9、12 等
特性阻抗：75 为 75Ω，50 为 50Ω
护套材料。V—— 聚氯乙烯
绝缘材料。Y—— 聚乙烯，YF—— 泡沫聚乙烯
分类代号。S—— 同轴射频，SS—— 电视电缆，SB—— 安装电缆。
目前分类代号常常统一用 S 标志，而不再细分。

目前在闭路电视监控系统中，常用的有 SYV-75-3，SYV-75-5、SYV-75-7 和 SYV-75-9 等型号同轴电缆。在电梯间安装摄像机时，应使用电梯专用同轴电缆，它增加 324R 辅助金属线，轴芯为多芯以提高同轴电缆的强度其型号为 SYV-75-5-2。同轴电缆参数如表 6-3。

SYV 系列实芯聚乙烯绝缘同轴电缆

表 6-3

型号	导线线芯 根/直径(mm)	绝缘外径 (mm)	电缆外径 (mm)	长度(m) 制造	长度(m) 最短	计算重量 kg/km	结构
SYV-75-2	7/0.08	1.5±0.10	2.9±0.10	50～200	5	15.77	单层屏蔽
SYV-75-3	7/0.17	3.0±0.15	5.0±0.25	50～200	5	41.79	单层屏蔽
SYV-75-5	7/0.26	4.6±0.20	7.1±0.30	100～200	5	76.37	单层屏蔽
SYV-75-7	7/0.40	7.3±0.25	10.2±0.30	50～100	5	150.72	单层屏蔽
SYV-75-5-1	1/0.72	4.6±0.20	7.1±0.3	100～200	5		单层屏蔽
SYV-75-9	1/1.37	9.0±0.3	12.4±0.4	50～200	5		单层屏蔽

3.4　安　装　线

在控制分配线中，我们经常要用到安装线。表 6-4 给出一般安装线参数。表 6-5 给出了中国线规与英、美、德线规对照表，供参考。

一般安装线参数

表 6-4

型号	工作电压 (V)	标称截面积 (mm²)	规格根数/直径 (mm)	绝缘厚度 (mm)	最大外径 (mm)	直流电阻 ≤Ω/km	重量 (kg/km)
AV	300/300	0.06	1/0.3	0.3	1.0		1.49
		0.08	1/0.32	0.3	1.0		1.61
AV105	300/300	0.12	1/0.40	0.3	1.1	175	2.12
		0.2	1/0.50	0.4	1.5	92	3.46
		0.3	1/0.60	0.4	1.6	55	4.43
		0.4	1/0.70	0.4	1.7		5.54
AVR AVR105	300/300	0.035	7/0.08	0.3	1.0		1.11
		0.06	7/0.10	0.3	1.1		1.38
		0.08	7/0.12	0.4	1.3	280	2.21
		0.12	7/0.15	0.4	1.4	175	2.80
		0.20	12/0.15	0.4	1.6	98	3.97
		0.30	16/0.15	0.5	1.9		5.56
		0.4	23/0.15	0.5	2.1		7.21
RV	300/500	0.3	16/0.15	0.6	2.3	54	
		0.5	23/0.15	0.6	2.5	57	
		0.5	16/0.20	0.6	2.6	39	
		0.75	24/0.20	0.6	2.8	25	
		1.0	32/0.20	0.6	3.0	19	
RV	450/750	1.5	30/0.25	0.7	3.5	12	
		2.5	49/0.25	0.8	4.2		
		4	56/0.30	0.8	4.8		
		6	84/0.30	0.8	6.4		
		10	84/0.4	1.0	8.0		

中国线规与英、美、德线规对照表

表 6-5

中国线规			英 SWG	美 AWG	德 DIN
线径（mm）	实际截面积（mm²）	标称截面积（mm²）	线号	线号	线径（mm）
2.00	3.142	3.15	14	12	2.00
1.80	2.545	2.50	15	13	1.80
1.60	2.011	2.00	16	14	1.60
1.40	1.539	1.60	17	15	1.40
1.25	1.227	1.25	18	16	1.25
1.12	0.985	1.00		17	1.12
1.00	0.7854	0.80	19	18	1.00
0.90	0.6362	0.63	20	19	0.9
0.80	0.5027	0.50	21	20	0.8
0.71	0.3959	0.40	22	21	0.71
0.63	0.3117	0.315	23	22	0.63
0.56	0.2463	0.250	24	23	0.56
0.50	0.1964	0.20	25	24	0.50
0.45	0.1590	0.16	26	25	0.45
0.40	0.1257	0.125	27/28	26	0.40
0.355	0.0990	0.100	29/30	27	0.36
0.315	0.0779	0.08	31	28	0.32
0.28	0.06158	0.063	32	29	0.28
0.25	0.04909	0.05	33	30	0.25

习　　题

1. 在安全防范报警系统的有线传输方式中，什么情况下采用直接传输方式？直接传输方式有什么优点？

2. 根据报警探测器的不同，报警信号传输系统通常使用_____电缆或_____电缆传输。

3. 采用多线制控制方法，云镜控制器的镜头控制需要一根_____电缆，云台控制需要一根_____电缆，每个辅助功能至少需要一根_____电缆。

4. 简述安全防范系统中前端设备的供电要求。

5. 视频信号直接传输时的最大传输距离是多少？

6. 试画出视频信号射频传输的原理方框图。

7. 视频信号的射频传输方式有哪些优点？

8. 视频信号的射频传输方式可能需要哪些传输部件？

9. 采用定向耦合器的传输方式有哪些优点？使用定向耦合器传输视频信号时应注意些什么问题？

10. 视频平衡传输方式有哪些优点？

11. 利用电话电缆进行视频信号远距离传输常用于交通违章抓拍系统中，这种传输方式的传输速率一般为多少？采用哪些电信通信技术？

12. 光纤传输有哪些优点？

13. 试画出无线报警系统的原理框图。

14. 无线报警探测器的传输距离为多少？

15. 报警信号采用无线方式传输有哪些优缺点？

16. 在有线传输方式中，常用的传输线缆有哪些？

17. 有线传输方式中，视频传输使用哪些电缆？射频传输使用哪些电缆？（请上网查询）

18. 将美国标准 24AWG 线规转化为中国线规，其线径和标称截面积分别为多少？

单元7 安防与电视电话系统工程施工

知 识 点：工作电源，应急电源，不间断供电电源，蓄电池。直埋安装，墙壁安装，室内配线，竖井配线。光缆敷设，光缆预留，光缆接续。防雷接地，工作接地，保护接地，屏蔽接地，安全接地，功率接地。

教学目标：了解安防与电视电话系统常见的电源。了解常见的布线施工方法。了解光缆敷设的方法和要求。掌握各种不同接地保护的目标和方法。

课题 1 系 统 电 源

1.1 电   源

1.1.1 工作电源

现代建筑中很多智能建筑系统要求电源必须长期无间断连续运行。智能建筑系统电源一般采用变电所引出双回路电源末端自动切换方式，并设不间断电源（UPS）装置和柴油发电机组作为后备。

不同类型的建筑物，负荷等级是不同的，同时智能建筑系统的设置也不同。一般来说，消防火灾报警系统、通信系统、安全防范系统、智能建筑管理系统的供电负荷等级按照建筑物的最高负荷等级供电。

一级负荷的供电应由两个独立电源供电，当一个电源发生故障时，另一个电源应不致同时受到损坏。如一级负荷容量不大时，应优先采用从电力系统或邻近单位取得第二低压电源，亦可采用应急发电机组；如一级负荷仅为照明或电话站负荷时，宜采用蓄电池组作为备用电源。

一级负荷中的特别重要负荷，除上述两个电源外，还必须增设应急电源。为保证特别重要负荷的供电，严禁将其他负荷接入应急供电系统。

其他等级的负荷可采用一路电源供电。

1.1.2 应急电源

常用的应急电源有下列几种：

1）独立于正常电源的发电机组。

2）供电网络中有效的独立于正常电源的专门馈电线路。

3）蓄电池。

根据允许的中断时间可分别选择下列应急电源：

1）静态交流不间断电源装置适用于允许中断供电时间为毫秒级的供电。

2）带有自动投入装置的独立于正常电源的专门馈电线路，适用于允许中断供电时间为 1.5s 以上的供电。

3）快速自起动的柴油发电机组，适用于允许中断供电时间为 15s 以上的供电。

1.1.3 备用电源

（1）自备柴油发电机

发电机的额定电压为 230V/400V，装机容量在 800kW 以下。

1）设置自备发电机的条件：为保证一级负荷中特别重要的负荷用电，有一级负荷，但从市电取得第二电源有困难或不经济合理时；大、中型商业性大厦，当市电中断供电将会造成经济效益重大损失时。

2）机组应靠近一级负荷或变配电所，也可以在地下。

3）当市电停电时，应立即起动，在 15s 内投入正常带负荷状态。机组与电力系统有联锁，不得与其并联运行。当市电恢复时，机组应自动退出工作，并延时停机。

4）当发电机的容量在 500kW 以上时应设控制室。

（2）自备应急燃气轮发电机组

机组额定电压为 230V/400V，装机容量在 1250kW 以下。机组应靠近一级负荷或变配电所。

1.1.4 不间断电源

不间断电源系统主要是以电力变流器构成的保证供电连续性的静止型交流不间断电源装置。

（1）设置条件

当用电负荷不允许中断供电时；当用电负荷允许中断供电时间在 1.5s 以内时；重要场所的应急备用电源。

（2）输出功率

1）对电子计算机供电，输出功率应大于计算机各设备额定功率总和的 1.5 倍；对其他设备供电时，为最大计算负荷的 1.3 倍。

2）负荷最大冲击电流应不大于不间断电源设备的额定电流的 150%。

（3）蓄电池的放电时间

1）蓄电池的额定放电时间可按停机所需最长时间来确定，一般可取 8～15min。

2）当有备用电源并等待备用电源投入时，其蓄电池额定放电时间一般为 10～30min。

（4）UPS

1）对于 2kVA 以下的 UPS，可直接放在办公室内；对于 5kVA 以上的 UPS，需要一个专门场地。小于 20kVA 的 UPS 安装面积为 10m²（如将电池放在同一房间内，可增加 5～10m²）；20～60kVA 的 UPS 一般不小于 20m²；100～250kVA 的 UPS 需要 40m²。

2）房间位置以选用较低的楼层为宜，房间应装有活动地板，以便引线。电池间应保证通风良好，防止阳光直射到电池上。

3）UPS 的引线最好选用多股软芯铜线，输入输出引线截面积一般可按 4～6A/mm² 计算，电池引线按 2A/mm² 计算。小于 20kVA 的接地线，一般取截面积为 16mm² 的铜线；大于 20kVA 的选用 35～75mm² 的铜线。

1.1.5 直流电源

整流设备直接供电方式多采用双交流电源经双电源切换箱和开关型整流器到用电负

荷。高频开关型整流器分布式直流供电系统，根据负荷分布情况，按机房、设备就地配置。机架式高频开关型整流器进行直流供电。

蓄电池浮充方式也可以向智能建筑系统提供直流电源。

1.2 电源设备的安装

电源设备安装的施工项目分为配电和整流设备、蓄电池、蓄电池切换器、电源线安装和施工验收。

1.2.1 蓄电池安装

配电和整流设备的安装与建筑电气成套配电柜（盘）及电力开关柜安装相同。

安装固定型开口式铅蓄电池时，电池支架分为木支架和铁支架两种，需要刷防酸漆，蓄电池槽与台架之间应用绝缘子隔开，并在槽与绝缘子之间垫有铅质或耐酸材料的软质垫片；绝缘子应按台架中心对称安装，并尽可能靠近槽的四角；极板之间的距离应相等且相互平行，边缘对齐，其焊接不得有虚焊、气孔，焊接后不得有弯曲、歪斜及破损现象；隔板上端应高出极板，下端应低于极板；极板组两侧的铅弹簧或耐酸的弹性物的弹力应充足，压紧极板；每个蓄电池均应有略小于槽顶面的麻面玻璃盖板；蓄电池安装应平稳，且受力均匀，所有蓄电池槽应高低一致、排列整齐，连接条及抽头的接线应正确，螺栓紧固。

1.2.2 电源线

蓄电池的引出电缆宜采用塑料外护套电缆。当采用裸铠装电缆时，其室内部分应剥掉铠装。电缆的引出线应用塑料色带标明正、负极的极性。正极为赭色，负极为蓝色。电缆穿出蓄电池室的孔洞及保护管的管口处，应用耐酸材料密封。蓄电池室内裸硬母线的安装应采取防腐措施。

电线穿墙、穿天花板、穿楼板的孔洞等均应避开房屋中的梁和柱；电源由智能建筑设备机房的地槽引上机架时，要求引上处的正线排列在靠近机房主要通道的一边，以防止电线在列电缆走线架上方增加一处交叉；裸馈电线之间及裸馈电线与建筑物之间，一般要求间距为80~100mm，绝缘线的间距不受限制；直流电线由蓄电池到直流配电屏的一段，一般采用塑料线穿管敷设，大型的智能建筑站房一般采用架空敷设方式；由直流配电屏到机房一段一般采用线卡、列电源线夹、胶木夹板、绝缘子等固定导线，也可敷设专用的电缆单边走线架固定电源线；馈电线进入智能建筑设备站房后，安装在主要通道侧上梁端的电力线支架上，用胶木块夹紧固定。

1.2.3 工程交接验收

在验收时应进行下列检查：

1）蓄电池室及其通风、采暖、照明等装置应符合设计的要求。

2）布线应排列整齐，极性标志应清晰、正确。

3）电池编号应正确，外壳清洁，液面正常。

4）极板应无严重弯曲、变形及活性物质剥落。

5）初充电、放电容量及倍率校验的结果应符合要求。

6）蓄电池组的绝缘应良好，绝缘电阻应不小于 $0.5M\Omega$。

在验收时，应提交下列资料和文件：

1）制造厂提供的产品使用维护说明书及有关技术资料。

2）设计变更的证明文件。

3）安装技术记录，充、放电记录及曲线等。

4）材质化验报告。

5）备件、备品清单。

课题 2　电缆的敷设

智能建筑系统所指的缆线一般包括智能建筑系统所使用的各种通信电缆、视频电缆、信号电缆和电力电缆以及不同系统所使用的特殊缆线。

智能建筑缆线的敷设在室外主要采用直埋、电缆管道、电缆沟和电缆隧道、架空方式。室内主要采用电缆沟、桥架、线槽、分隔槽、电线管、矩形管、网络地板、扁平电缆和明敷电缆等方式。不同缆线在建筑物内、外的敷设方式和施工技术要求，与建筑电气系统缆线施工的要求基本相同，在施工中除必须遵守建筑电气系统缆线施工的具体要求外，针对不同的系统特点有各自特殊的施工技术要求。

2.1　直埋电缆

智能建筑电缆直接埋地敷设挖沟与建筑电气电缆敷设要求相同，其挖掘深度应不小于智能建筑管道的最小允许埋设深度，见表 7-1。

智能建筑管道的最小允许埋设深度（单位：m）　　　　表 7-1

管种	管顶至路面或铁路路基面的最小净距			
	人行道	车行道	电车轨道	铁路
混凝土管	0.5	0.7	1.0	1.3
塑料管	0.5	0.7	1.0	1.3
钢管	0.2	0.4	0.7	0.8
石棉水泥管	0.5	0.7	1.0	1.3

智能建筑电缆直埋时与其他地下管线和建筑物应不小于允许的净距，见表 7-2。

智能建筑电缆与其他管线及建筑物间的最小净距（单位：m）　　　　表 7-2

其他管线及建筑物名称及其状况		最小净距		备　　注
		平行时	交叉时	
电力电缆	＜35kV	0.50	0.50	电缆采用钢管保护时，交叉时的最小净距可降为 0.15m
	＞35kV	2.00	0.50	
给水管	管径为 75～150mm	0.50	0.50	
	管径为 200～400mm	1.00	0.50	
	管径为 400mm 以上	1.50	0.50	
煤气管	压力小于 0.8MPa	1.00	0.50	
树木		0.75		
排水管		1.00	0.50	
热力管		1.00	0.50	
排水沟		0.80	0.50	
建筑红线（或基础）		1.00		

2.2 墙壁电缆

墙壁电缆应敷设在隐蔽和不易受外界损伤的地方，避免穿越高压、高湿、易腐蚀和有强烈振动的地区。必须通过时，应采取相应的保护措施。墙壁电缆应尽量避免与电力线、避雷线、暖气管等容易造成危害的管线接近。

墙壁电缆在室内安装高度应不低于2.5m，在室外应不低于3m。建筑物墙壁电缆与其他管线的允许最小净距，见表7-3。

建筑物墙壁电缆与其他管线的最小净距（单位：m）　　　　　　　　　　表7-3

其 他 管 线		平 行 净 距	交 叉 净 距
避雷引下线		1.00	0.30
保护地线		0.05	0.02
电力线		0.15	0.05
给水管		0.15	0.02
压缩空气管		0.15	0.02
热力管	包封	0.30	0.30
	不包封	0.50	0.50
煤气管		0.30	0.02

墙壁电缆沿墙壁表面直接敷设时可以用电缆卡钩固定，如图7-1所示。吊钩支持点的距离一般为0.6m。如果两建筑物间跨距大于9m或电缆重量超过2kg/m时，吊线应做终端。

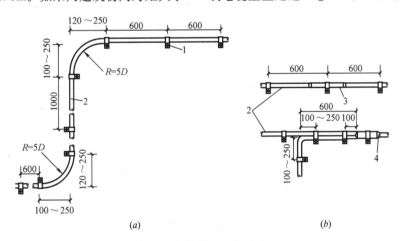

图7-1　电缆沿墙卡钩法敷设

(a) 电缆敷设；(b) 电缆分支

1—电缆卡钩；2—电缆；3—接续套管；4—分支套管；R—弯曲半径；D—电缆外径

墙壁电缆穿线方式包括表面式、埋入式和制模式。表面式是指在已经完成的墙面上，安装壁装用硬塑料带盖扁平线槽，在线槽中穿线。埋入式是指将穿线管或埋入式线槽埋放在墙体中，然后再进行墙面装修。制模式是指专门用作墙面敷设缆线器材的安装，例如，护壁板、隔断等。在这些材料中，留有穿线位置，在墙面装修的同时就已经完成了水平布线施工，如图7-2所示。

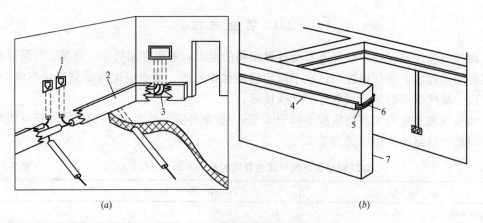

图 7-2　制模式电缆墙壁敷设

1—信息插座；2—护壁板；3—缆线；4—专制模压管道；5—通信电缆；6—穿墙套管；7—墙壁

2.3　室 内 配 线

智能建筑系统的室内配线基本与建筑电气系统配线要求一致，主要有各种保护管配线、线槽配线等，此外，还有地板下配线。下面就几种新的配线方式作介绍。

2.3.1　矩形管配线

矩形管配线方式是将矩形管及其配件组合好后，放置在结构钢筋上，然后浇注混凝土。由于矩形管断面较大，预埋在楼板内时，容易产生龟裂现象，要与土建配合好。

我国常用的矩形管规格见表 7-4。当矩形管内穿电缆时，要求电缆截面积不超过 25％的矩形管截面积；穿室内电话线时，要求电话线截面积不超过 20％的矩形管截面积，穿塑料线时，要求塑料线截面积不超过 40％的矩形管截面积。

常用的矩形管规格（单位：mm）　　　　　　　　　　　　　表 7-4

种　类	接线盒盒径	接线盒高	矩形管数量
25×25	$\phi75$	45～90	1
	100×100	50～120	2
	150×150	50～120	3
25×75	$\phi100$	50～100	1
	150×150	50～120	2
	250×250	50～120	3
25×100	$\phi125$	50～110	1
	200×200	50～120	2
	300×300	50～120	3
25×125	$\phi150$	50～120	1

矩形管出线口之间的距离要根据办公室的家具布置来确定，否则一般每隔 600mm 设一个出线口，如图 7-3 所示。根据所配导线的截面积确定出线口径的大小、导线的弯曲半径确定矩形管的埋深。当出线口较多时，应注意出线口不应高出地坪。

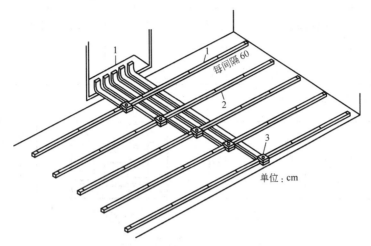

图 7-3　矩形管配线方式出线口布置

1—配线箱或 MDF 或电话主装置室；2—出线口；3—接线盒

矩形管截面确定后，配线的容量就有限制了，很难满足增加线路的要求。此种配线方式仅适用于中小规模的智能化建筑。

2.3.2　扁平电缆配线

扁平电缆配线方式就是在楼板上敷设扁平电缆，并用胶带固定，盖上方块地毯的配线方式，如图 7-4 所示。扁平电缆应敷设在方块地毯中心处，不应敷设在通道上，尤其要避开敷设在主要通道和重物下。建筑电气和智能建筑扁平电缆除交叉部分外，应相距100mm 以上。由于扁平电缆保护层容易受摩擦损坏，故安全性不高。

扁平电缆分为电力用、通信用和数据传输用三种电缆。

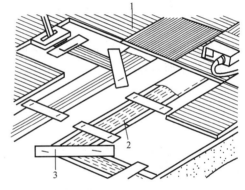

图 7-4　扁平电缆配线方式

1—方块地毯；2—扁平电缆；3—胶带

电力用扁平电缆不可用在住宅、中小学教室、旅馆或使用地坪加温设备的房间内。要求出线回路设置漏电保护器，电流在 30A 以下，对地电压要在 150V 以下；若扁平电缆沿墙壁敷设，则必须要安装线槽，在线槽内敷设的接地要可靠。

通信用扁平电缆应根据不同牌号的电缆选择电线对数，应多设端子箱，以便分散引出扁平电缆。

数据传输用扁平电缆专供电脑终端使用，故选线要与电脑匹配，连接器亦与电脑匹配；该电缆传输损耗很大，故长度最好不超过 50m。

扁平电缆在室内配线时的具体施工如图 7-5 所示。

综合布线系统中还有其他几种形式的配线，在下面做详细论述。

2.4　竖井布线

每个楼层上设有智能建筑小间（弱电竖井），用楼板隔开，只留出预留孔洞，安装工

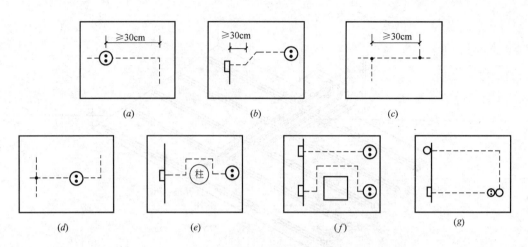

图 7-5　扁平电缆在室内配线

(a) 扁平电缆转弯处需距插座 30cm 以上；(b) 扁平电缆需离墙 30cm 以上才可转弯；(c) 扁平电缆间分支点应
相距 30cm 以上；(d) 扁平电缆的分支与转弯合并使用；(e) 扁平电缆需以直角方向回避障碍物；(f) 除分支
和转弯处外扁平电缆可以交叉；(g) 除电力用扁平电缆的分支和转弯处外，通信用扁平电缆可交叉通过其上

程完成后，将预留孔洞多余部分用防火材料封堵。

智能建筑竖井内常用的布线方式为金属管、金属线槽、电缆或电缆桥架等。具体的施工安装方法应参照建筑电气竖井内缆线的施工要求，至于各个不同系统的特殊要求，将在后面的章节中加以论述。

课题 3　光缆的敷设

光缆作为智能建筑系统中一种特殊的传输介质，无论在施工和使用中都有其特殊性。光缆的施工包括室外和室内光缆的敷设。室外光缆敷设主要采用地下光缆管道敷设、直埋和架空的敷设方式。直埋光缆和架空光缆受损害的概率较高，故在智能建筑光缆敷设中应尽量避免使用。

3.1　管道光缆

光缆敷设前，应根据设计文件和施工图样对选用光缆穿放的管孔数和其位置进行核对。如果采用塑料子管，要求对塑料子管的材质、规格、管长进行检查，均应符合设计规定。一般塑料子管的内径为光缆外径的 1.5 倍，一个水泥管管孔中布放两根以上的子管时，其子管等效总外径不宜大于管孔内径的 85%。当管道的管材为硅芯管时，敷设光缆的外径与管孔内径大小有关。目前，最常用的几种硅芯管规格有外径/内径比例为 32/26、34/28、40/33、50/42。

3.1.1　管道内布子管

当穿放塑料子管时，布放两根以上的塑料子管，若管材已有不同颜色可以区别时，其端头可不必做标志，否则应在其端头做好有区别的标志。布放塑料子管的环境温度应在 −5～+35℃ 之间，连续布放塑料子管的长度，不宜超过 300m，并要求塑料子管不得在管道中间有接头。牵引塑料子管的最大拉力，应不超过管材的抗拉强度，在牵引时的速度要求均匀。

穿放塑料子管的水泥管管孔，应在管孔处采用塑料管堵头或其他方法固定塑料子管。塑料子管布放完毕，应将子管口临时堵塞，以防异物进入管内。塑料子管应根据设计规定要求在人孔或手孔中留有足够长度。

3.1.2 光缆的敷设

光缆敷设前应逐段将管孔清刷干净和试通。清扫时应用专制的清刷工具，清扫后应用试通棒试通检查合格，才可穿放光缆。

光缆敷设前应使用光时域反射计和光纤衰耗测试仪检查光纤是否有断点，衰耗值是否符合设计要求。核对光纤的长度，根据施工图上给出的实际敷设长度来选配光缆。配盘时要使接头避开河沟、交通要道以及其他障碍物处。

光缆采用人工牵引布放时，每个人孔或手孔应有人值守帮助牵引，机械布放光缆时，在拐弯人孔处应有专人照看。光缆的牵引端头应做好技术处理，采用具有自动控制牵引性能的牵引机进行，牵引力应施加于加强芯上，最大不超过 1500N，牵引速度宜为 10m/min，一次牵引长度一般应不大于 1000m。超长距离时，应将光缆采取盘成倒 8 字形分段牵引或中间适当地点增加辅助牵引，以减少光缆拉力。

在光缆穿入管孔或管道拐弯处或与其他障碍物有交叉时，应采用导引装置或喇叭口保护管等保护。有时在光缆四周加涂中性润滑剂等材料，以减少摩擦阻力。

布放光缆时，其最小半径应不小于光缆外径的 20 倍。

为防止在牵引过程中发生扭转而损伤光缆，在光缆的牵引端头与牵引索之间应加装转环。

光缆敷设的预留长度 　　　　　　　　　　　　　　　　表 7-5

光缆敷设方式	自然弯曲增加长度（m/km）	人(手)孔内弯曲增加长度[(m/人(手)孔]	接续每侧预留长度（m）	设备每侧预留长度（m）	备 注
管道	5	0.5～1.0	一般为 3～6	一般为 5～10	1. 其他预留按设计要求 2. 管道或直埋光缆需引上架空时，其引上地面部分每处增加 6～8m
直埋	7		6～8	10～20	

3.1.3 光缆在人孔井和手孔井内的敷设

光缆敷设后，应逐个在人孔井或手孔井中将光缆放置在规定的托板上，并应留有适当余量。在人孔或手孔中的光缆需要接续时，其预留长度应符合表 7-5 中的规定。

在设计中，如果有要求作特殊预留的长度，应按规定位置妥善放置。光缆在管道中间的管孔内不得有接头。光缆接头应放在人孔井正上方的光缆接头托架上，光缆接头预留余线应盘成"O"型圈紧贴人孔壁，用扎线捆扎在人孔铁架上固定，"O"型圈的曲率半径不得小于光缆直径的 20 倍，如图 7-6 所示。按设计要求采取保

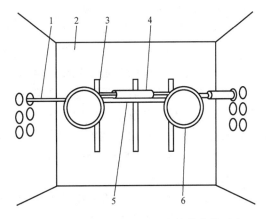

图 7-6　管道光缆接头和预留光缆安装示意
1—塑料子管；2—人孔；3—光缆铁支架；4—光缆接头及保护；5—光缆接头托架；6—预留的光缆

护措施。保护材料可以采用蛇形软管或软塑料管等管材。

光缆在人孔或手孔中穿放的管孔出口端应严密封堵，以防水分或杂物进入管内。光缆及其接续应有识别标志，标志内容有编号、光缆型号和规格等。在严寒地区，应按设计要求采取防冻措施，以防光缆受冻损伤。若光缆有可能被碰撞损伤时，可在其上面或周围设置绝缘板材隔断，以便保护。

光缆敷设后应检查外护套有无损伤，不得有压扁、扭伤和折裂等缺陷。

3.2 直埋光缆

3.2.1 光缆沟

光缆沟的施工与电缆沟的施工基本相同。直埋光缆的埋深应符合表7-6中的规定。

直埋光缆的埋设深度（单位：m）   表7-6

光缆敷设的地段或土质	埋设深度	备 注
市区、村镇的一般场合	≥1.2	不包括车行道
街坊和智能化小区内、人行道下	≥1.0	包括绿化地带
穿越铁路、道路	≥1.2	距道碴底或距路面
普通土质（硬土等）	≥1.2	
砂砾土质（半石质土等）	≥1.0	

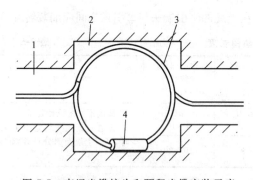

图 7-7 直埋光缆接头和预留光缆安装示意
1—直埋光缆沟槽；2—直埋光缆接头坑；
3—预留的光缆；4—直埋光缆接头及保护

在敷设光缆前，应先清理沟底，沟底应平整、无碎石和硬土块等杂物。若沟槽为石质或半石质，在沟底应铺垫100mm厚的细土或砂土，经平整后才能敷设光缆，光缆敷设后应先回填200mm厚的细土或砂土保护层。保护层中严禁将碎石、砖块或硬土等混入，保护层采取人工轻轻踏平，然后在细土层上面覆盖混凝土盖板或完整的砖块加以保护。

直埋光缆接头应平放于接头坑中，接头坑和预留的余缆情况如图7-7所示，其曲率半径不得小于光缆直径的20倍。

在同一路径上，且同沟敷设光缆或电缆时，应同期分别牵引敷设。若与直埋电缆同沟敷设，应先敷设电缆，后敷设光缆，在沟底应平行排列。如果同沟敷设光缆，应同时分别布放，在沟底不得交叉或重叠放置，光缆必须平放于沟底，或自然弯曲使光缆应力释放，光缆如果有弯曲腾空和拱起现象，应设法放平，不得用脚踩光缆使其平铺沟底。

3.2.2 与其他管线及建筑物间的净距

直埋光缆与其他管线及建筑物间的最不净距见表7-7中所列。

光缆敷设完毕后，应检查光缆的外护套，如果有破损等缺陷，应立即修复，并测试其对地绝缘电阻。单盘直埋光缆敷设后，其金属外护套对地绝缘电阻应不低于10MΩ/km。光缆接头盒密封组装后，浸水24h，测试光缆接头盒内所有金属构件对地绝缘电阻应不低于20000MΩ/km（DC500V）。

直埋光线与其他管线及建筑物间的最小净距（单位：m）　表 7-7

其他管线及建筑物名称及其状况		最小净距		备　　注
		平行时	交叉时	
市话通信电缆管道边线（不包括人孔或手孔）		0.75	0.25	
非同沟敷设的直埋通信电缆		0.50	0.50	
直埋电力电缆	＜35kV	0.50	0.50	
	＞35kV	2.00	0.50	
给水管	管径＜300mm	0.50	0.50	光缆采用钢管保护时，交叉时的最小净距可降为 0.15m
	管径为 300～500mm	1.00	0.50	
	管径＞500mm	1.50	0.50	
燃气管	压力小于 0.3MPa	1.00	0.50	同给水管备注
	压力 0.3～0.8MPa	2.00	0.50	
树木	灌木	0.75		
	乔木	2.00		
高压石油天然气管		10.00	0.50	同给水管备注
热力管或下水管		1.00	0.50	
排水沟		0.80	0.50	
建筑红线（或基础）		1.00		

　　直埋光缆的接头处、拐弯点或预留长度处以及与其他地下管线交越处，应设置标志。

3.3　架 空 光 缆

　　光缆敷设前，在现场应对架空杆路进行检验，要求符合《市内电话线路工程施工及验收技术规范》和《本地网通信线路工程验收规范》中的规定，确认合格，且能满足架空光缆的技术要求时，才能架设光缆。

　　检查新设或原有的钢绞线吊线有无伤痕和锈蚀等缺陷，钢绞线应严密、均匀，无跳股现象。吊线的原始垂度应符合设计要求，固定吊线的铁件安装位置应正确、牢固。对光缆路由和环境条件进行考察，检查有无有碍于施工敷设的障碍和具体问题，以确定光缆敷设方式。

3.3.1　光缆的预留

　　光缆在架设过程中和架设后受到最大负荷时所产生的伸长率应小于 0.2％。

　　在中负荷区、重负荷区和超重负荷区布放的架空光缆，应在每根电杆上给以预留；轻负荷区，每 3～5 杆档作一处预留。预留及保护方式如图 7-8 所示。

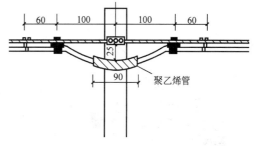

图 7-8　光缆在杆上预留及保护示意图

　　配盘时应将架空光缆的接头点放在电杆上或邻近电杆 1m 左右处。在接头处的预留长度应包括光缆接续长度和施工中所需的消耗长度，一般架空光缆接头处每侧预留长度为 60～100mm。在光缆终端设备处终端时，

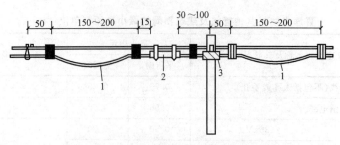

图 7-9 在电杆附近架空光缆接头的安装
1—伸缩弯；2—光缆接头；3—聚乙烯管

在设备一侧应预留光缆长度为 10～20m。

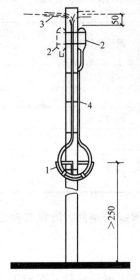

图 7-10 在电杆上架空光缆
接头及预留光缆的安装
1—固定铁支架；2—光缆接头；
3—聚乙烯管；4—固定环

在电杆附近的架空光缆接头的两端光缆应各作伸缩弯，其安装尺寸和形状如图 7-9 所示。两端的预留光缆盘放在相邻的电杆上。

固定在电杆上的架空光缆接头及预留光缆的安装尺寸和形状如图 7-10 所示。

3.3.2 光缆的弯曲

光缆在经过十字型吊线连接或丁字型吊线连接处，光缆的弯曲应圆顺，并符合最小曲率半径要求，光缆的弯曲部分应穿放聚乙烯管加以保护，其长度约为 300mm 左右，如图 7-11 所示。

光缆配盘时，一般每千米约增加 5m 左右的预留长度。

架空光缆用光缆挂钩将光缆卡挂在钢绞线上，要求光缆在吊挂时统一调整平直，无上下起伏或蛇形。

3.3.3 光缆的引上

管道光缆或直埋光缆引上后，与吊挂式的架空光缆相连接时，其引上光缆的安装方式和具体要求如图 7-12 所示。

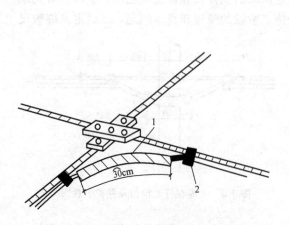

图 7-11 光缆在十字吊线处保护示意图
1—聚乙烯管；2—固定线

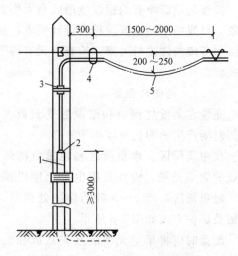

图 7-12 引上光缆的安装及保护
1—引上保护管；2—堵头；3—胶片；4—固定线；5—伸缩弯

3.3.4　与其他建筑物的间距

架空光缆线路的架设高度，与其他设施接近或交叉时的间距，应符合有关电缆线路部分的规定。架空光缆线路与其他建筑物、树木的最小间距见表7-8。

架空光缆线路与其他建筑物、树木的最小间距（单位：m）　　　　表7-8

其他建筑物、树木名称	与架空光缆线路平行时		与架空光缆线路交越时	
	垂直净距	备　注	垂直净距	备　注
市区街道	4.5		5.5	
胡同（街坊区内道路）	4.0		5.0	最低缆线到地面
铁路	3.0	最低缆线到地面	7.0	最低缆线到轨面
公路	3.0		5.5	
土路	3.0		4.5	最低缆线到地面
房屋建筑			距脊 0.6	最低缆线距屋脊
			距顶 1.0	最低缆线距屋顶
河流			1.0	最低缆线距最高水位时最高桅杆顶
市区树木			1.0	
郊区树木			1.0	最低缆线到树枝顶
架空通信线路			0.6	一方最低缆线与另一方最高缆线的间距

注：1. 架空光缆与铁路最小水平净距为地面杆高的1.33m。

　　2. 架空光缆与市区树木的最小水平净距为1.25m；与郊区树木应为2.0m。

架空光缆与电力线交叉时，在光缆和钢绞线吊线上采取绝缘措施。在光缆和钢绞线吊线外面采用塑料管、胶管或竹片等捆扎，使之绝缘。

架空光缆如紧靠树木或电杆等有可能使外护套磨损时，在与光缆的接触部位处，应套包长度不小于1m左右的聚氯乙烯塑料软管、胶管或蛇皮管，加以保护。如靠近易燃材料建造的房屋段落或温度过高的场合，应套包耐温或防火材料加以保护。

3.4　室　内　光　缆

建筑物内光缆敷设的基本要求与建筑物的电缆敷设相似。

3.4.1　主干光缆

建筑物内主干光缆一般装在电缆竖井或上升房中，敷设在槽道内（或桥架）和走线架上，并应排列整齐，不应溢出槽道或桥架。槽道（桥架）和走线架的安装位置应正确无误，安装牢固可靠。在穿越每个楼层的槽道上、下端和中间，均应按1.5～2m间隔对光缆固定。

光缆敷设后，要求外护套完整无损，不得有压扁、扭伤、折痕和裂缝等缺陷。否则应及时检测，如为严重缺陷或有断纤现象，应检修测试合格后才能允许使用。要求在设备端应预留5～10m的预留长度。光缆的曲率半径应符合规定，转弯的状态应圆顺，不得有死弯和折痕。

在建筑内同一路径上如有其他智能建筑系统的缆线或管线时，光缆与它们平行或交叉

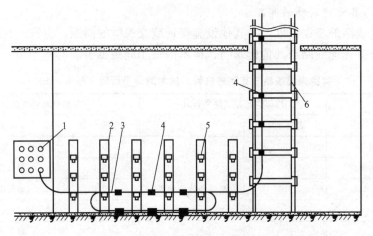

图 7-13 进线室光缆固定安装示意图

1—进缆管孔；2—托架；3—余留光缆；4—绑扎；5—扎板；6—爬梯

敷设，应有一定间距，要分开敷设和固定，各种缆线间的最小净距应符合设计规定。

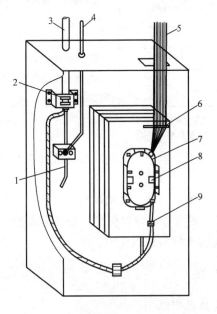

图 7-14 光缆终端箱（盒）成端方式

1—加强芯；2、6、9—尼龙扎带；3—光缆保护管；4—保护地线接机架顶部端子板；5—单芯光缆（尾纤）至光设备；7—光纤收容盘；8—接头盘

光缆全部固定牢靠后，应将建筑物内各个楼层光缆穿过的所有槽洞、管孔的空隙部分，先用油性封堵材料堵塞密封，再加堵防火堵料等防火措施，以求防潮和防火效果。

3.4.2 光缆进线室

进线室光缆安装固定示意图如图 7-13 所示。

光缆由进线室敷设至机房的光配线架，由楼层间爬梯引至所在楼层。光缆在爬梯上，在可见部位应在每只横铁上用粗细适当的麻线绑扎。对无铠装光缆，每隔几档应衬垫一块胶皮后扎紧。在拐弯受力部位，还需套一段胶管加以保护。

3.4.3 光缆终端箱（盘）

光缆进入配线间后，需要留有 $10\sim15$m 余量，可以进入光缆终端箱，如图 7-14 所示。

光缆进光配线（ODF）架光缆终端盘前，埋式光缆一般在进架前将铠装层剥除；松套管进入盘纤板后应剥除。按光缆及光纤成端安装图操作，成端完成后将活动支架推入架内，推入时注意光纤的弯曲半径，并应用仪表检查光纤是否正常。ODF 架光缆终端盘成端方式如图 7-15 所示。

3.5 光缆的接续

3.5.1 光缆的接续设备

光缆接续有多种型式的接头套管和接头盒，其构造如图 7-16 所示。

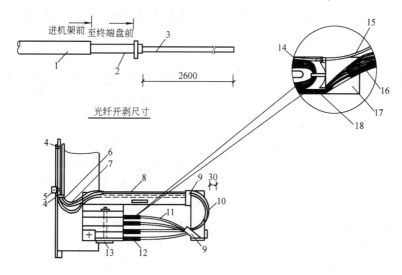

图 7-15　ODF 架光缆终端盘成端方式

1—铠装光缆；2—铝塑内护层；3—光纤束；4—扎带；5—机架横条；6—塑料软管（保护松套管光纤）；
7—尾纤；8—活动支架；9—尼龙搭扣；10—松套光纤及尾纤；11—光缆；12—底板、盘纤板；13—固定支架；
14—光纤接头；15—松套管光纤；16—单芯缆（尾纤）；17—底板；18—盘纤板

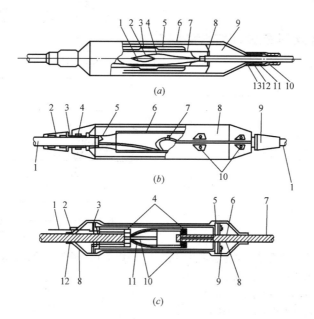

图 7-16　光缆接头套管及其连接方式

(a) 光缆接头套管的组成；

1—金属内护层连接；2—加强芯连接；3—光纤连接；4—铜芯连接；5—余光缆收容板（盘）；6—套管；7—支架；
8—光缆固定夹；9—护肩；10—防火带、粘附聚乙烯带；11—自粘胶带；12—主热缩管；13—辅助热缩管

(b) 环氧树脂油灰连接法；

1—光缆；2—环氧树脂油灰；3—副套管；4—粘胶带；5—远供铜线；6—盘纤板；
7—光纤；8—主套管；9—套管封头；10—支架

(c) 不锈钢护套橡胶密封连接法

1—小号热缩管；2—钢带引出线（监测或兼作接地）；3—护肩；4—光缆固定夹；5—侧盖（不锈钢）；
6—橡胶管；7—光缆；8—胶带；9—密封垫圈；10—支架；11—光纤；12—大号热缩管

套管内有连接光缆的固定夹、余缆收容盘或盘纤板及加强芯、金属内护层的连接和密封、安装、保护装置。

3.5.2 光缆的开剥

光缆在开剥前，先截除多余的光缆以及受伤和受潮的部分。开剥光缆护套时，应使用专用光纤开剥尺寸工具，先切割后拉出护套。对有撕裂绳的光缆可借助撕裂绳来开剥光缆。

开启式光缆接头盒的埋式光缆与管道光缆开剥尺寸标准如图 7-17 所示。

图中，光缆中加强芯的截留长度待光缆与余留盘等连接固定后确定。松套管的截留长度 L 在松套管进入余留盘时确定，切割点应在入口固定卡内侧 10mm 处。当不引出监视线（或地线）时，埋式光缆铠装外护套的开剥尺寸可以缩短。

开启式光缆接头盒适用于松套层绞式光缆和束管式光缆的接续。光缆需从两端进入接头盒，根据光缆直径在端板上打孔。接头盒的各个开口部位均应放置密封胶带和胶条，封装时应分多次逐个拧紧螺栓。典型的半开启式接头盒的光缆开剥尺寸如图 7-18 所示。括号内的数据为多模光纤情况下的开剥尺寸。

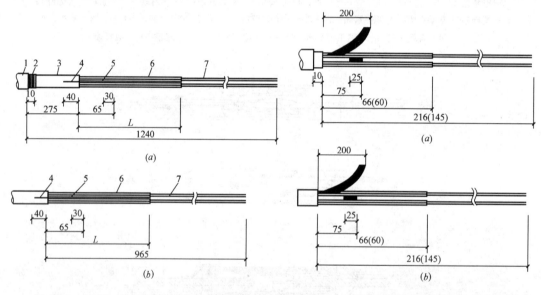

图 7-17　埋式与管式光缆开剥尺寸示意图一
（a）埋式光缆开剥尺寸标准；（b）管式光缆开剥尺寸标准
1—外护套；2—铠装；3—内护套；4—护套切口；
5—加强芯；6—松管套；7—光纤

图 7-18　埋式与管式光缆开剥尺寸示意图二

半开启式光缆接头盒适用于管道光缆、埋式光缆和松套层绞式光缆的接续。端板上的光缆入口孔应根据光缆直径的大小，使用专门的打孔机钻孔。接头盒每端最多允许四条光缆进入，入口处和端板周围应加适量的密封带，套筒的合拢槽中应加密封条，端板紧固带和套筒紧固带均应采用专门的收紧器适当地紧固。

3.5.3 光缆的接续

光缆接续是光缆互相直接连接，中间没有任何设备。光缆接续包括光纤接续，铜导线、金属护层和加强芯的连接，接头损耗测量，接头套管（盒）的封合安装以及光缆接头的保护措施的安装等。

1）光纤接续有熔接法、粘接法和冷接法，一般采用熔接法。光纤熔接前，将光纤端面切割。光纤接续时，应按两端光纤的排列顺序，一一对应，用光时域反射仪进行监测，使光纤接续损耗符合规定要求。熔接完后，应测试光纤接续部位，合格后，立即做增强保护措施。光纤全部连接完成后，将光纤接头固定，光纤接头部位应平直安排，不应受力。

接续后的光纤收容余长，盘放在骨架上，光纤的盘绕方向应一致，松紧适度，盘绕弯曲时的曲率半径应大于厂家规定的要求，一般收容的曲率半径应不小于40mm，长度应不小于1.2m。用海绵等缓冲材料压住光纤形成保护层，并移放入接头套管（盒）中。接续的两侧余长应贴上光纤芯的标记。

2）铜导线的连接方法可采用绕接、焊接或接线子连接，有塑料绝缘层的铜导线应采用全塑电缆接线子接续。接续点距光缆接头中心为100mm左右，允许偏差为±10mm，有几对铜导线时，可分两排接续。直埋光缆中的铜导线接续后，应测试直流电阻、绝缘电阻和绝缘耐压强度等，并要求符合国家标准有关通信电缆铜导线导电性能的规定。

3）光缆接头两侧综合护套金属护层（一般为铝护层）在接头装置处应保持电气连接，并应按规定要求接地或处理。铝护层的连（引）线是在铝护层上沿光缆轴向开一个25mm的纵口，拐90°，再开10mm长、呈"L"状的口，将连接线端头卡子与铝护层夹住并压接，用聚氯乙烯胶带绕包固定。

加强芯截断后，将两侧加强芯断开，采用压接固定在金属接头套管（盒）上，要求牢固可靠，并互相绝缘，外面应采用热可缩套管或塑料套管保护。

4）接头套管（盒）如为铅套管封焊时，应严格控制套管内的温度，封焊时应采取降温措施，保证光纤被覆层不会受到过高温度的影响。套管内应放入袋装的防潮剂和接头责任卡。

光缆接头套管若采用热可缩套管时，加热顺序应由套管中间向两端依次进行烘烤，加热应均匀，热可缩套管冷却后才能搬动，要求热可缩套管的外形圆整、表面美观、无烧焦等不良现象。

光缆接续和封合全部完毕后，应测试和检查并作记录备查。如需装地线引出时，应注意安装工艺必须符合设计要求。

3.5.4 光缆的终端连接

光缆终端连接指的是光缆的两端利用光纤跳线或连接器进行互连或交叉连接分别连接到终端设备上，形成完整的光通路。光缆终端的连接包括光缆布置、光纤整理、连接器的制作及插接，铜导线、金属护层和加强芯的终端和接地等内容。

在设备上的光缆终端是利用连接硬件使光纤互相进行连接。终端盒则采用光缆尾纤与盒内的光纤连接器连接。这些光纤连接方式都是采用活动上接续，分为光纤交叉连接（又称光纤跳接）和光纤互相连接（简称光纤互连，又称光纤对接）两种。

1）光纤交叉连接以光缆终端设备为中心，采用长度应不超过10m，两端有连接器的光纤跳线或光纤跨接线在耦合器、适配器或连接器面板进行插接，使终端在设备上的输入和输出光缆互相连接。光纤交叉连接（光纤跳接）的简单连接状况如图7-19所示。图中表示光纤跨接线的一侧。

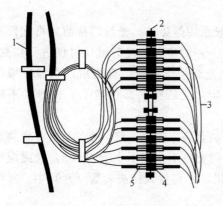

图 7-19 光纤交叉连接（光纤跳接）示意
1—12 芯光缆；2—连接器面板；3—单光纤
跨接线；4—耦合器；5—ST 连接器

2）光纤互相连接又称为光纤对接，直接将来自不同光缆的光纤，通过连接套箍互相连接，中间不通过光纤跳线或光纤跨接线连接。

光纤连接器种类较多，其中 ST 光纤连接器使用最多，一般装在光缆中的单根光纤的端点，在光电终端设备上交叉连接或互相连接，与光缆接线箱和光缆配线架上的 ST 光纤连接耦合器配合使用。

光纤连接器在光纤端安装要求较高，首先剥除光缆的外护套，根据不同类型的光纤和不同类型的 ST 插头作好标记，剥除光纤的涂覆层和外皮。按光纤顺序，将干净光纤依次存放在专用的"保持块"中，裸露的光纤应悬空。将光纤安装到 ST 型连接器插头中，并用注射器把环氧树脂注入连接器插头内，使光纤涂上一薄层环氧树脂外皮。用专制电烘烤箱，将光纤与连接器在箱中烘烤约 10min 后，在"保持块"上冷却。用专用切断工具去除连接器插头的尖端伸出光纤和残留的环氧树脂，最后进行磨光。

3.6 光缆的测试

测试光纤前应对光纤损耗测试仪进行调零，以消除能级偏移量。用两个光纤损耗测试仪，分设在测试光纤的两端，测试光纤传输损耗。用两条光纤跳线连接光纤损耗测试仪与光纤路径。

光缆的光纤损耗测试采取两个方向的测试方法，如图 7-20 所示。由位置 A 向位置 B

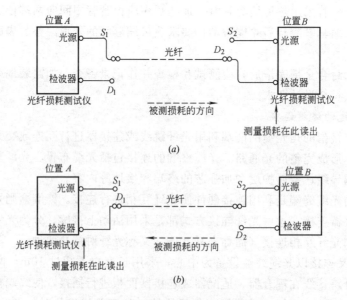

图 7-20 两个方向的测试光纤损耗方法
（a）在位置 B 测试的损耗；（b）在位置 A 测试的损耗

的方向上测试光纤损耗，如图 7-20 (a) 所示；位置 A 的光纤损耗测试仪上检波器插座处断开跳线 D_1，把跳线 S_1 连接到被测的光纤上；位置 B 的光纤损耗测试仪上从光源插座处断开跳线 S_2；检波器插座处用跳线 D_2 连接到被测的光纤上，由位置 B 的光纤损耗测试仪上读出 A 到 B 方向的光纤损耗值。反之，在位置 A 的光纤损耗测试仪上读出 B 到 A 方向的光纤损耗值，如图 7-20 (b) 所示。

为了消除光纤损耗测试仪在测试过程中产生的任何方向性的偏差，将上述两个方向的光纤损耗值取平均光纤损耗值作为结果值，并记录测试数据。

直埋光缆敷设后应进行对地绝缘测试。标准中规定应采用标准化、高绝缘性能的直埋光缆对地绝缘监测装置，对光缆和接头盒进行测试。该装置应由监测尾缆、绝缘密闭堵头和接头盒进水监测电极组成。当光缆对地绝缘电阻值高于 5MΩ 时，应选用高阻计（DC500V）；对地绝缘电阻值低于 5MΩ 时，应选用兆欧表（DC500V）。

对地绝缘电阻的测试，应避免在相对湿度大于 80% 的条件下进行。直埋光缆线路对地绝缘监测装置缆线的连接方法如图 7-21 所示。

在连接测试仪表时，其连接的引线不得采用纱包花线。当使用高阻计测试时，可在 2min 后读数；使用兆欧表测试时，应在仪表指针稳定后读数。

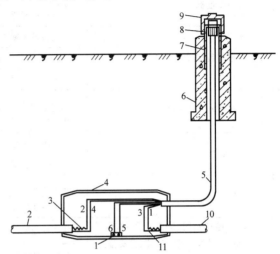

图 7-21　直埋光缆线路对地绝缘监测装置缆线的连接
1—接头盒进水监测电极；2—B 光缆；3—光缆金属外护套；4—光缆接头盒；5—监测尾；6—监测标石；7—监测标石配套钢管；8—绝缘密闭堵头；9—监测标石盖；10—A 光缆；11—加强芯

课题 4　智能建筑系统的接地

智能建筑各个系统内要接地的构件与设备很多，接地的功能要求也不一样。主要有防雷接地、工作接地、保护接地。在电子设备接地系统中，有直流接地（信号接地、逻辑接地）、屏蔽接地、防静电接地和功率接地。

智能建筑系统的接地一般采用共同接地方式，接地体以自然接地体为主。当自然接地体同时符合三个条件（接地电阻能满足规定值要求；基础的外表面无绝缘防水层；基础内钢筋必须连接成电气通路，同时形成闭合环，闭合环距地面不小于 0.7m），一般不另设人工接地体。表 7-9 是各个智能建筑系统所要求的接地电阻值。

4.1　防雷接地

防雷接地系统作为智能建筑接地系统的基础，在进行其他功能接地施工安装时，都必须注意与防雷接地系统之间的关系。一般来说，其他接地系统必须都在防雷保护接地系统的保护范围之内，充分利用严密的防雷结构，保护好电子设备。对大楼内的设备及设备周

各个智能建筑系统所要求的接地电阻值（单位：Ω）　　　表 7-9

序号	系　　统	接地形式	接地电阻	备　　注
1	调度电话站	独立接地装置	＜15	直流供电
			＜10	交流供电 $P_n \leqslant 0.5\text{kW}$
			＜5	交流单相负荷 $P_n > 0.5\text{kW}$
		共用接地装置	＜1	
2	程控交换机	独立接地装置	＜5	
		共用接地装置	＜1	
3	综合布线（屏蔽）系统	独立接地装置	＜4	
		接地电位差	＜1V(有效值)	
		共用接地装置	＜1	
4	共用电视天线系统	独立接地装置	＜4	
		共用接地装置	＜1	
5	消防系统	独立接地装置	＜4	
		共用接地装置	＜1	
6	有线广播系统	独立接地装置	＜4	
		共用接地装置	＜1	
7	闭路电视系统、同声传译系统、扩声、对讲、计算机管理系统、保安监视、BAS 等系统	独立接地装置	＜4	
		共用接地装置	＜1	

围的金属构件，除在接地体上共同接地外，尽可能与防雷保护接地系统隔离。

4.2　工　作　接　地

工作接地指交流工作接地。一般智能化大楼的工作接地采用 TN-C-S 或 TN-S 系统。

当智能化大楼的电源由附近区域变电所引来时，工作接地已在区域变电所内完成。从区域变电所引来的输电线路，进入大楼前，中性线 N 必须作重复接地，进入大楼配电间后，应与总等电位联结铜排相连，N 排和 PE 排分开，从该连接点起，引出的中性线 N 采用绝缘铜导线，不准再与任何"地"作电气连接，严禁与 PE 线有任何连接，即 TN-C-S 接地系统。

当智能化大楼内有自己独立变配电所时，交流工作接地在变配电所内完成，将变压器中性点、中性线 N 和总等电位联结铜排连接在一起直接接地（接在自然接地体上）。从该点起，引出的中性线 N 采用绝缘铜导线，不准再与任何"地"作电气连接，严禁与 PE 线有任何电气连接，即 TN-S 接地系统。工作接地除直接与大楼接地体连接外，还应与变电所接地网格及总等电位联结铜排相连，使工作接地更可靠。

采用分散接地时，工作接地电阻值小于等于 4Ω；采用统一接地时，工作接地电阻值小于等于 1Ω。

4.3　保　护　接　地

保护接地系统主要由防雷保护接地与防电击保护接地构成。

电子设备外壳保护接地 PE 干线可采用镀锡铜排，其截面可按最大用电电子设备的传输相导体截面来选择 PE 干线。PE 干线下端与总等电位联结铜排连接后，应设置在智能建筑（弱电）竖井中，引到电子设备所需的楼层。

辅助等电位联结如图 7-22 所示。

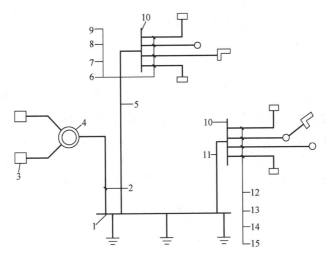

图 7-22　等电位系统图

1—总等电位联结铜排；2—赢流接地线（$s=35mm^2$）；3—n 台电子设备；4—等电位闭合环；
5—建筑电气 PE 干线；6—其他设备接地；7—金属构件接地；8—金属管路接地；9—设备外壳接地；
10—辅助电位联结铜排；11—智能建筑 PE 干线；12—电子设备外壳接地；13—金属构件接地；
14—金属管路屏蔽接地；15—抗静电接地

4.4　直流接地

直流接地系统是智能化大楼至关重要的接地系统，主要包括信号接地和逻辑接地。

为了在电路中传输信息、转换能量、放大信号、输出指示，使其准确性高、稳定性好，电子设备中信号电路的基准电位即为信号接地，此接地从总等电位联结铜排上得到。

数字电路中各个门电路信息的传递，以 0、1、0、1 的脉冲进行转换，必须有一个基准电位为逻辑接地。此电位也是大楼接地体的地电位，同样从总等电位联结铜排上取得。

直流接地系统与其他接地系统分离的条件是接地体离其他接地体的距离不能小于 20m，接地引线离其他接地引线距离不能小于 2m。否则基准电位必须取自总等电位联结铜排上，直流接地引线必须单独采用 35mm² 铜芯绝缘线，穿钢管或封闭线槽直接引至设备附近，只作直流接地用。钢管或封闭线槽必须作可靠接地。

在一个房间内需要直接接地的设备较多，可利用辅助等电位联结，在房间设备下面，采用铜排网格，如图 7-23 所示。直流网格地是用一定截面积的铜带（1～1.5mm 厚，25～35mm 宽），在活动地板下面交叉排成 600mm×600mm 的方格，其交叉点与活动地板支撑的位置交错排列。交点处用锡焊焊接或压接在一起。为了使直流网格地和大地绝缘，在铜带下应垫 2～3mm 厚的聚氯乙烯板或绝缘强度高、吸水性差的材料作为直流网格地的绝缘体，若用绝缘橡皮则应采取相应的防潮措施，以防止橡皮易受潮、受油而导致绝缘电阻降低。计算机各机柜的直流网格地，都用多股编织软线连接到直流网格地的交点上。

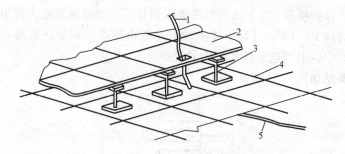

图 7-23　计算机铜排网示意图

1—计算机接地线；2—活动地板；3—支撑架；4—铜排网；5—接地线引至接地体

辅助等电位联结也可用一个与其他接地系统绝缘隔离的闭合铜排环做辅助等电位联结。直流接地引线从辅助等电位联结铜排上就近接地。辅助等电位的电位尽可能接近总等电位联结铜排电位，尽可能缩短直流接地线长度或采用大于 35mm² 的铜芯绝缘导线。

采用统一接地体，接地电阻小于等于 1Ω，能满足直流接地要求。

4.5　屏蔽接地及防静电接地

智能化大楼由于建筑防护间距或设备与布线防护间距不够，因此，必须采取隔离措施，以减弱或防止静电及电磁的相互干扰，这种措施称为屏蔽。对大楼内设备间、布线间的干扰，采取静电屏蔽、电磁屏蔽和磁屏蔽措施。

4.5.1　静电屏蔽及防静电接地

静电屏蔽是防止静电场对信号回路的影响，通过静电屏蔽可以消除两个电路之间由于分布电容耦合产生的干扰，一般设备本身已具备静电屏蔽，只要将静电屏蔽体作良好接地即可。

智能化大楼内的通信设备房、电子计算机房的地板应采用导电地板（防静电地板）架设，导电地板间必须具有连续接地措施，房间门窗上金属把手、门栓及其他金属构件都必须可靠接地。

4.5.2　电磁屏蔽接地

电磁屏蔽主要为了防止外来电磁场及布线间直接电磁耦合对电子设备产生的干扰。一般电子设备本身已具有的电磁屏蔽体（与静电屏蔽体合用），只要将屏蔽体作可靠接地。

为改进电磁环境，所有与建筑物组合在一起的大尺寸金属件都应等电位联结在一起，并与防雷装置相连，但第一类防雷建筑物的独立避雷针及其接地装置除外。如屋顶金属表面、立面金属表面、混凝土内钢筋和金属门窗框架。

在分开的各建筑物之间的非屏蔽电缆应敷设在金属管道内，如敷设在金属管、金属格栅或钢筋成格栅形的混凝土管道内，金属物从一端到另一端应是导电贯通的，分别连到各分开的建筑物的等电位联结线上。电缆屏蔽层应分别连到联结线上。

屏蔽层仅一端做等电位联结和另一端悬浮时，它只能防静电感应，防止不了磁场强度变化所感应的电压。为减小屏蔽芯线的感应电压，在屏蔽层仅一端做等电位联结的情况下，应采用双层屏蔽，外层屏蔽应至少在两端作等电位联结。在这种情况下，外屏蔽层与其他同样做了等电位联结的导体构成环路，感应出一电流，因此，产生降低源磁场强度的磁通，从而基本上抵消掉无外屏蔽层时所感应的电压。

某办公建筑物屏蔽、等电位联结和接地示意图，如图7-24所示。

为了防止布线间的相互干扰，电子设备的信号传输线、接地线等尽量远离产生强磁场的场所，在布线时尽量不要将有相互干扰的线路平行敷设，布线路径越短越好。传输线直流接地线应采用屏蔽线式穿钢管或用金属线槽敷设，屏蔽层和金属管、槽两端必须接地。屏蔽接地引线直接与PE线连接或与辅助等电位联结铜排相连，应采用 6mm² 以上铜芯绝缘线，引线长度不超过6m。

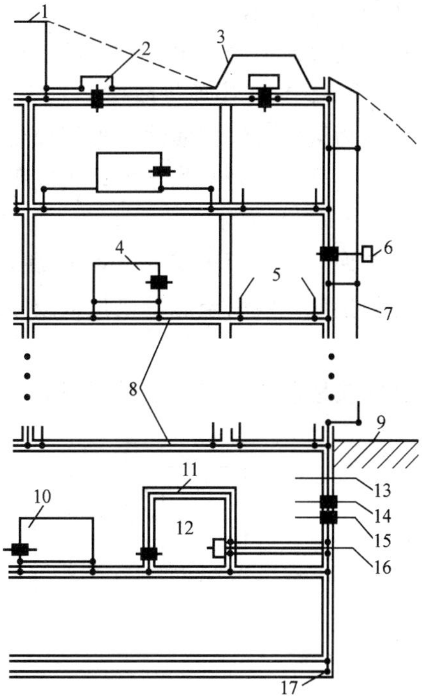

4.6 功 率 接 地

在电子设备中有交直流电源引进，各种频率的干扰电压会通过交直流电源线侵入，干扰低电平信号电路，有的电路内部会产生干扰信号，产生谐波的强电设备在电路中也会产生干扰信号，因此，电子设备中交直流滤波器必须接地，把干扰信号泄入接地体中，这种接地叫做功率接地。

4.7 安 全 接 地

电子设备在正常或故障状态下，其金属外壳可能会带电，对人与物产生电击的危险，因此，电子设备的金属外壳必须接地，这种接地称为安全接地。

图 7-24 某办公建筑物屏蔽、等
电位联结和接地示意图

1—屋顶上的金属物；2—屋顶上的设备；3—接闪器；4—有屏蔽的小室；5—等电位联结预留件；6—摄像机；7—混凝土中的钢筋；8—金属立面；9—地面；10—高度敏感的电子设备；11—钢筋；12—变电所；13—外来金属设施；14—通信线路；15、17—0.4kV 源；16—10kV 电源

在接地系统施工过程中，要始终贯串总等电位、辅助等电位及局部等电位的原则。明确哪些接地可以混接，哪些接地不能混接。电子设备及其布线要尽可能避开电磁干扰源，周密设计好电磁屏蔽接地及抗静电接地，并以统一接地方式来完成各类接地系统设计。

4.8 电子设备的接地

4.8.1 接地要求
当电子设备接地和防雷接地采用共同接地装置时，为了避免雷击时遭受反击和保证设备安全，应采用埋地铠装电缆供电。电缆屏蔽层必须接地，为避免产生干扰电流，对信号电缆和1MHz及以下低频电缆应一点接地；对1MHz以上电缆，为保证屏蔽层为地电位，应采取多点接地。

4.8.2 接地方式
电子设备的接地形式主要有串联式一点接地、并联式一点接地、多点接地、混合式接

地等，如图 7-25 所示。

一点接地形式适用于电平相近的各低频电子设备或电路。串联式一点接地形式，如图 7-25（a）所示。它将接地母线引至总等电位或接地极，电位最低者应距接地点最近。该图中，虚线为接地母线，实线为电子设备接地线，方框为电子设备。串联式一点接地形式的缺点在于信号可能会互相干扰，当电平相差较大时，会产生较大干扰。并联式一点接地形式如图 7-25（b）所示。

多点接地形式适用于 $f>10\text{MHz}$ 高频电子设备或电路。多点接地方式如图 7-25（c）所示。它将接地母线引至总等电位板或接地极。引至总等电位板或接地板的接地线应采取屏蔽。

混合式接地形式，实质上是串联式一点与多点混合接地形式的组合，如图 7-25（d）

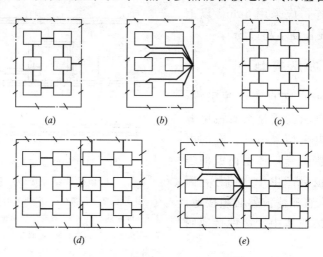

图 7-25　电子设备的接地方式
(a) 串联式一点接地；(b) 并联式一点接地；(c) 多点接地；
(d) 串联多点混合式接地；(e) 并联多点混合接地

所示；或并联式一点与多点混合接地形式组合，如图 7-25（e）所示。混合式接地适用于低频与高频之间的电子设备或电路。

智能建筑系统工作接地形式的选择如图 7-26 所示。

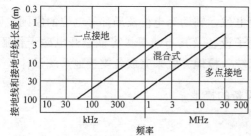

图 7-26　智能建筑系统工作接地形式选择图

4.8.3　接地系统的确定

电子设备的接地形式一般可根据接地引线长度及设备的工作频率确定：

（1）当 $L<\lambda/20$，频率在 1MHz 以下时，一般采用辐射式接地系统。将信号接地、功率接地和保护接地分开敷设的引下线接至电子设备电源室的总端子板，再将此总端子板引至公共接地装置。为避免环路电流、瞬时电流的影响，辐射式接地系统应采用一点接地。

（2）当 $L>\lambda/20$，频率在 10MHz 以上时，一般采用环状接地系统。将信号接地、功率接地和保护接地接至电子设备电源室的接地环上，再将此环引至公共接地装置。为消除各接地点的电位差，避免彼此之间产生干扰，环式接地系统应采用等电位连接。

（3）当 $L=\lambda/20$，频率在 $1\sim10\mathrm{MHz}$ 之间时，一般采用混合式接地系统（即敷设接地与环状接地相结合的系统）。对混合式接地系统，在电子设备内部采用辐射式接地，在电子设备外部采用环状接地系统。

4.8.4 接地装置的敷设

接地引下线一般采用绝缘导线穿 PVC 管，其引下线的截面积一般采取大于或等于 $16\mathrm{mm}^2$ 的铜芯线，但引下线的长度应避开波长的 1/4 及 1/4 的奇数倍，以防止产生驻波或起振。防静电接地可接至附近与接地装置相连的柱子主筋，也可接至就近的 PE 线。

接地线长度应按 $L=n\lambda+(\leqslant\lambda/20)$ 选用。表 7-10 是电子设备工作地接地线薄铜排（厚 $0.35\sim0.5\mathrm{mm}$）宽度选择表。

电子设备工作地接地线薄铜排（厚 $0.35\sim0.5\mathrm{mm}$）宽度选择表　　表 7-10

电子设备灵敏度($\mu\mathrm{V}$)	接地线长度(m)	电子设备工作频率(MHz)	薄铜排宽度(mm)
1	<1		120
1	1~2		200
10~100	1~5	>0.5	100
10~100	5~10		240
100~1000	1~5		80
100~1000	5~10		160

接地环母线的截面，当电子设备频率在 1MHz 以上时，用 $120\mathrm{mm}\times0.35\mathrm{mm}$ 钢箔；在 1MHz 以下时，用 $80\mathrm{mm}\times0.35\mathrm{mm}$ 钢箔。

电子设备的接地极宜采用地下水平敷设，做成靶形或星形。

4.9 数据处理设备的接地

4.9.1 接地要求

数据处理设备的接地电阻一般为 4Ω，当与交流工频接地和防雷接地合用时，接地电阻为 1Ω。

对于泄漏电流为 10mA 以上的数据处理设备，其主机室内的金属体应相互连接成一体，连接线可采用 $6\mathrm{mm}^2$ 的铜导线或 $25\mathrm{mm}\times4\mathrm{mm}$ 镀锌扁钢，并进行接地，接地电阻不大于 4Ω。

为减少集肤效应和通道阻抗，直流工作接地的引下线应采用多芯铜导线，截面积不宜小于 $35\mathrm{mm}^2$。当需要改善信号的工作条件时，宜采用多股铜绞线。

直流工作接地与交流工作接地若不采用共同接地时，两者之间的电位差应不超过 0.5V，以免产生干扰。

输入信号的电缆穿钢管敷设，或敷设在带金属盖板的金属桥架内，钢管及桥架均应接地。

4.9.2 防止保护线中断危险的措施

正常泄漏电流超过 10mA 时，采取防止保护线中断危险的措施提高保护线的机械强度。

1）采用单独的保护线（保护线为非多芯电缆的线芯）时，单独保护线的截面积应不小于 10mm²，双保护线的每根截面积应不小于 4mm²。

2）当保护线为多芯电缆中的线芯时，电缆中线芯截面积的总和应不小于 10mm²。

3）当采用电线、电缆套金属管的敷设方法，且保护线与金属管并联时，线芯截面积应不小于 2.5mm²。

4）利用能保证导电连续性，且具有足够电导的金属套管、母线槽、槽盒、电缆屏蔽层及铠装作保护线。

5）设备和电源的连接不用插头、插座，而用固定线路的连接方式。

装设保护线导电连续性的监视器，当保护线中断时，自动切断电源。

4.9.3　低干扰水平接地设施的防电击措施

数据处理设备的外露导电部分应直接接至建筑物进线处的总接地端子作一点接地。需作功能接地的Ⅱ类和Ⅲ类防电击类别设备的外露导电部分的接地，以及功能特低电压回路的接地，也应直接接至总接地端子。严禁能同时接触的各设备外露导电部分接至不同的接地极。个别情况下，如总接地端子上的干扰水平过高，不能满足设备的要求时，应另采取降低干扰水平的措施。

低干扰水平的安全接地应注意满足下述一般安全接地的要求：

1）保证用作接地保护的过电流保护器对过电流保护的有效性。

2）防止设备的外露导电部分出现过高的接触电压，并保证设备和邻近金属物体与其他设备之间，在正常情况和故障情况下的等电位。

3）防止过大对地泄漏电流带来的危险。

4.10　电声、电视系统的接地

电声、电视系统的接地电阻一般为 4Ω，工业电视系统如设备容量小于 0.5kVA 时，接地电阻可不大于 10Ω。

架设在建筑物顶部的天线金属底座必须与建筑物顶部的避雷网相连，构成避雷系统，通过至少在不同方向的两根引下线或建筑物内的主钢筋进行接地。

为避免由于接地电位差造成交流杂散波的干扰，闭路电视和工业电视必须采用一点接地。

电视系统的传输电缆穿金属管敷设时，金属管要接地，用以防止干扰。

演播室宜采取防静电接地，所处环境的电磁场干扰严重时，演播室、控制室及编辑室宜采取屏蔽接地。防静电接地、屏蔽接地可接到系统的接地装置上。

4.11　建筑物共用接地系统

建筑物共用接地系统如图 7-27 所示。

（1）接闪器

为了比较有效地保护大楼每个部件，宜采用针带组合接闪器。用 25mm×4mm 镀锌扁钢组成 10m×10m 网格避雷带覆盖在屋顶上，外圈与柱子上端内钢筋连接成闭环，选择合适的避雷针，将大楼置于其保护范围内。避雷针与避雷带作可靠连接。

（2）防雷引下线

在土建施工时，利用所有柱子钢筋作防雷接地引下线，引线下端与承台板钢筋连接，上端与屋顶楼面钢筋连接，中间与各圈梁钢筋连接（若无圈梁，可按每三层用 40mm×4mm 镀锌扁钢或 φ12mm 钢筋作闭环连接）及与每层楼层内钢筋连接。大楼外墙侧面上的金属构件（如金属窗框等），必须用预埋扁钢与防雷结构连接。

（3）接地装置

采用共用接地示意图如图 7-28 所示。用共用接地体时，必须利用大楼所有桩基作自然接地体。在土建施工作承台面时，将外圈桩基钢筋用 40mm×4mm 镀锌扁钢或 φ12mm 钢筋闭环连成一体，将所有桩基与闭环连接。

如果接地电阻值达不到 1Ω 时，必须增加人工接地体或采取降阻措施。

用共用接地极时，智能建筑接地引出线和建筑电气接地引出线不能从同一点引出，两者要相距 3m 以上。对抗干扰要求高的智能建筑设备，如计算机、消防控制室的接地干线，应用截面积不小于 25mm² 绝缘铜导线两根或固定在绝缘子上的接地排，避免和建筑电气接地线连通。

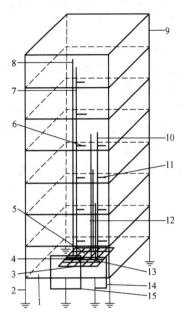

图 7-27　建筑物共用接地系统示意图

1—地下室；2—桩基接地体；3—变电所接地网格；4—变压器中心点接地；5—变压器；6—辅助等电位联结铜排；7—建筑电气；PE 干线绝缘支承；8—中性线 N；9—防雷接地系统；10—智能建筑 PE 干线绝缘支承；11—n 35mm² 绝缘铜芯直流接地线；12—总等电位连接铜排 100mm×10mm；13—网络接地线；14—总等电位连接铜排接地线；15—接地体

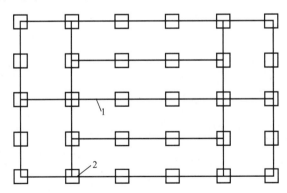

图 7-28　桩基共用接地示意图

1—40mm×4mm 扁钢；2—桩基钢筋

习　题

1. 智能建筑系统使用的电源有哪些？

2. 智能建筑系统电缆的敷设与建筑电气系统电缆敷设有何异同？不同的电缆在施工中应注意什么？

3. 光缆的施工包括什么内容？施工工序有何要求？

4. 光缆在接续、连接以及终端的施工中分别应注意哪些环节？

5. 光缆施工中与其他管线交叉和平行时的安全净距分别是多少？

6. 智能建筑系统的接地包含哪几种方式？不同的接地形式分别适用于什么场合？

7. 电子设备、计算机房、数据处理设备、电声和电视系统的接地分别有什么特殊要求？在施工中如何实现？

8. 安全接地，保护接地和防雷接地怎样实现？

参 考 文 献

1　柳涌主编. 智能建筑设计与施工系列图集. 北京：中国建筑工业出版社. 2004

2　郑李明等主编. 安全防范系统工程. 北京：高等教育出版社. 2004

3　张言荣等编著. 智能建筑安全防范自动化技术. 北京：中国建筑工业出版社. 2002

4　马鸿雁等编著. 智能住宅小区. 北京：机械工业出版社. 2003

5　杨清学主编. 有线电视技术. 北京：机械工业出版社. 2005

6　陶宏伟编著. 有线电视技术（第2版）. 北京：电子工业出版社. 2004

7　黄河主编. 综合布线与网络工程. 北京：中国建筑工业出版社. 2004

8　徐超汉编著. 住宅小区智能化系统. 北京：电子工业出版社. 2002

9　陈龙编著. 智能小区及智能大楼系统设计. 北京：中国建筑工业出版社. 2001

10　程大章主编. 住宅小区智能化系统设计与工程实施. 上海：同济大学出版社. 2001

11　李英姿编著. 建筑智能化施工技术. 北京：机械工业出版社. 2004

12　中国建筑标准设计研究所等编写. 住宅智能化电气设计手册. 北京：中国建筑工业出版社. 2001